本书由北京理工大学2020年“特立”系列专著项目资助出版

迭代接收机设计

ITERATIVE RECEIVER DESIGN

[美] 亨克·威米尔施（Henk Wymeersch）/ 著
李彬　武楠　王华 / 译

北京理工大学出版社
BEIJING INSTITUTE OF TECHNOLOGY PRESS

图书在版编目（CIP）数据

迭代接收机设计／（美）亨克·威米尔施著；李彬，武楠，王华译．--北京：北京理工大学出版社，2021.5
书名原文：Iterative Receiver Design
ISBN 978-7-5682-9816-2

Ⅰ.①迭… Ⅱ.①亨… ②李… ③武… ④王… Ⅲ.①迭代计算—接收机—设计 Ⅳ.①TN851

中国版本图书馆 CIP 数据核字（2021）第 084855 号

出版发行／北京理工大学出版社有限责任公司
社　　址／北京市海淀区中关村南大街 5 号
邮　　编／100081
电　　话／(010)68914775(总编室)
　　　　　(010)82562903(教材售后服务热线)
　　　　　(010)68944723(其他图书服务热线)
网　　址／http://www.bitpress.com.cn
经　　销／全国各地新华书店
印　　刷／保定市中画美凯印刷有限公司
开　　本／710 毫米×1000 毫米　1/16
印　　张／16　　　　　　　　　　　　　　　　　　责任编辑／孙　澍
字　　数／270 千字　　　　　　　　　　　　　　　文案编辑／孙　澍
版　　次／2021 年 5 月第 1 版　2021 年 5 月第 1 次印刷　　责任校对／周瑞红
定　　价／86.00 元　　　　　　　　　　　　　　　责任印制／李志强

图书出现印装质量问题，请拨打售后服务热线，本社负责调换

译者序

Translators' Preface

当今世界,通信技术快速发展,并在人类的生产、生活中发挥着十分重要的作用.接收机设计是数字通信系统中最为复杂和关键的部分,并决定了整个通信系统的性能.因此,数字通信接收机设计一直是学术界和工业界关注的重点.其中,迭代接收机设计方法已得到了广泛地关注,并应用于实际通信系统中,可以有效提升通信系统的性能.

我们翻译的«迭代接收机设计»一书由 H. Wymeersch 教授撰写的经典著作.该书不仅系统地讲述了数字通信接收机设计的基础理论,而且深入阐述了基于概率图模型的接收机设计方法.另外,该书详细讲述了因子图工具和利用因子图工具设计迭代接收机中的各个模块,包括解码、解映射、均衡、信道估计等,并结合示例讲解设计方法和算法,使读者可以轻而易举地掌握迭代接收机的设计方法与因子图上的消息传递算法.该书作者在数字通信接收机、统计推断等方面具有长期的研究经验,取得了一系列的学术成果,包括大量高水平学术论文.

该书内容非常丰富,共包括 15 章.该书由李彬、武楠和王华翻译,并对全书进行了审校.

在该书的翻译过程中,得到了北京理工大学通信技术研究所老师和学生的支持和帮助,在此向他们表示衷心的感谢. 借此机会, 特别向北京理工大学给予的支持和帮助表示感谢.

由于翻译整理时间仓促, 加之译者水平有限, 错误和不妥之处在所难免, 恳请读者批评指正.

译　者

2021 年 5 月

PREFACE 前言

2002年年初，我心不在焉地浏览网页，寻找着关于Turbo码的概述资料. 我在比利时根特大学学习时的博士生导师Marc Moeneclaey认为有必要让他的新学生熟悉这些强大的纠错编码. 尽管最终锁定了W. E. Ryan的文献“A Turbo code tutorial”，我却误打正着地搜索到了Niclas Wiberg的博士论文. 这篇论文描述了如何利用因子图描述编码，以及如何通过在因子图上传递消息进行译码. 这个想法尽管有趣，但却看上去玄而又玄，我也没有完全领会到它的重要性. 然而，Wiberg的论文一直停留在我的脑海中，我不会再像之前那样去看待因子图了.

2002到2003年，我主要从事Turbo码和LDPC码的同步与估计算法的研究. 我的同事Justin Dauwels，彼时是苏黎世联邦理工大学Andy Loeliger的博士生，已经基于Wiberg的因子图研究出一个引人注目的LDPC码同步算法. Justin Dauwels想要和我们的同步算法进行比较，因此在2004年年初的两个月来到我所在的实验室进行访问. 现在，我对和Justin Dauwels度过的许多时光仍记忆犹新，在那里他向我(费尽周折地)解释着错综复杂的因子图. 和他的讨论激励了我使用因子图框架重新编写了Turbo码和LDPC码的译码代码. 令我惊讶的是，其代码实现竟如此地轻而易举! 学习因子图使理解和编写算法代码更加容易，然而为什么使用因子图的人仍然寥寥无几呢? 思前想后，我意识到，尽管已经有了一些关于因子图的优秀文献，但是许多研究者面对因子图仍然畏缩不前.如果有人能写出一本通俗易懂的«初学者因子图»,那将是十分有用的.当我觉得自己已经在因子图上积累了相当多的经验时,我却不得不去撰写我的博士论文,而不能在这方面更进一步地做其他事情.

2005 年年末,我在麻省理工学院(MIT)读博士后,想要熬过我在波士顿的第一个冬天.出于一些原因(也许是学累了,也许是太冷了),我终于咬紧牙关决定写一本数字通信背景下的因子图书籍.幸运的是,我的博士后导师 Moe Win 宽厚地允许我全身心地投入此项工作.于是,就有了你现在所看到的这本书的几乎全部内容.即使完成它比我原计划耗费了更长的时间,本书仍然在许多方面有其局限之处.这主要是由于我的时间有限,并且对许多方面的理解还很欠缺.本书的许多安排来源于我感兴趣的内容,以及我追求完美而非删繁就简的偏好.

在此,我想对很多人致以谢意,特别是我在比利时根特大学学习时的博士生导师 Marc Moeneclaey 和在 MIT 的博士后导师 Moe Win.他们性格迥异,但是在各自的研究领域都颇有建树,并且都是非常好的人,我很荣幸有机会与他们一起共事.我也非常感谢比利时美国教育基金会,他们赞助了我在美国读书的奖学金,保障了我在 MIT 进行研究时的经济自由.我对因子图的了解有很大一部分直接来源于与一些非常聪明的人的学术讨论.显然,Justin Dauwels 首当其冲,他是我的"因子图百科全书".这些年,他总是不厌其烦地回答我无尽的问题.Marc Moeneclaey 的另一位博士生 Frederik Simoens 在这本书的内容方面也贡献良多.过去 4 年里我和 Frederik Simoens 一起共事,从在斯德哥尔摩的半夜里讨论卡尔曼滤波器,到在波士顿的夜总会里的闲暇时光,这一切都非常了不起.另一个必不可少的人是 Cédric Herzet,他现在在加州大学伯克利分校.他有很强的横向思维能力,本书中的一些深刻见解都是他的功劳.此外还有一些人,他们出现在我的生活中,帮助我审阅书稿,倾听我的问题,为我答疑解惑.在我的 MIT 时光里,感谢 Pedro Pinto, Faisal Kashif, Jaime Lien, Watcharapan Suwansantisuk, Damien Jourdan, Erik Sudderth, Wesley Gifford, Marco Chiani, Andrea Giorgetti, Gil Zussman, Alex Ihler, Hyundong Shin, Sejoon Lim, Sid Jaggi, Yuan Shen, Atilla Eryilmaz, Andrew Fletcher, Wee Peng Tay, Tony Quek, Eugene Baik 和 MIT 欧洲俱乐部(特别是 Bjorn – Mr. Salsa – Maes).回忆在比利时的日子,我想要感谢 Xavier Jaspar, Valéry Ramon, Frederik Vanhaverbeke, Nele Noels 和 Heidi Steendam.我也很高兴能与剑桥大学出版社的 Anna Littlewood 以及 Phil Meyler 一起工作.

最后，我要感谢我的家人，感谢他们的理解、爱与耐心，感谢他们在我困难时候对我的帮助(尤其是，自始至终!)，让我能远在异国他乡追求梦想.我比你们想象的更思念你们.

Henk Wymeersch

美国马萨诸塞州剑桥大学，2006 年 10 月

符号说明

本书中,黑斜体符号表示矢量,大写粗体符号表示矩阵. 矢量 $\boldsymbol{x}$ 的第 i 个元素记为 $[\boldsymbol{x}]_i$ 或 $\boldsymbol{x}_i$. 矩阵 $\boldsymbol{A}$ 第 i 行第 j 列的元素记为 $[\boldsymbol{A}]_{ij}$ 或 $\boldsymbol{A}_{i,j}$. 矢量 $\boldsymbol{x}$ 中第 l_1 到第 $l_2(l_1 \leqslant l_2)$ 个元素记为 $[\boldsymbol{x}]_{l_1:l_2}$ 或 $x_{l_1:l_2}$. 除特殊说明外,对数底数为 e.

常用符号 A

χ	变量 X, x 的域
$\boldsymbol{x}$	矢量
$\\|\boldsymbol{x}\\|$	矢量的 F 范数
$\boldsymbol{X}$	随机变量矢量或矩阵
$\boldsymbol{X}^{\mathrm{H}}$	矩阵 $\boldsymbol{X}$ 的共轭转置
$\boldsymbol{X}^{\mathrm{T}}$	矩阵 $\boldsymbol{X}$ 的转置
$\hat{\boldsymbol{x}}$	$\boldsymbol{x}$ 的估计
$\mathbb{E}\{\cdot\}$	求期望操作
$\mid S \mid$	集合 S 的基数
$\mathbb{B}$	二进制数$\{0,1\}$集合
$\mathbb{I}\{\cdot\}$	指示函数
δ_k	离散狄拉克函数
$\delta(t)$	连续狄拉克函数
$\boxed{=}(\cdot)$	相等函数
$\mathcal{R}_L(p_x(\cdot))$	采用 L 个样本粒子化表示分布 $p_x(\cdot)$
$\mathrm{diag}\{\boldsymbol{x}\}$	以 $\boldsymbol{x}$ 为对角线元素的对角矩阵
$f(x) \propto g(x)$	对于 $\forall x,\ f(x)=rg(x)$ 相差一个乘积常数
$\boldsymbol{I}_N$	$N \times N$ 单位矩阵
$\mu_{X\to f}(x)$	从边 X 传向节点 f 的消息，$x \in X$
$\mu_{f\to X}(x)$	从节点 f 传向边 X 的消息，$x \in X$
$a \ll b$	a 远小于 b
$\arg\max_x f(x)$	使 $f(\cdot)$ 取值最大的 x
$[a, b]$	闭区间 $\{x \in \mathbb{R}: a \leqslant x \leqslant b\}$
$[a, b)$	半闭半开区间 $\{x \in \mathbb{R}: a \leqslant x < b\}$

常用符号 B

$\boldsymbol{B}, \boldsymbol{b}$	信息比特码字
$\boldsymbol{C}, \boldsymbol{c}$	编码比特码字
$\boldsymbol{A}, \boldsymbol{a}$	编码符号码字
$\boldsymbol{Y}, \boldsymbol{y}$	观测
$\boldsymbol{n}$	噪声矢量
$\boldsymbol{h}(\cdot)$	信道函数
$\boldsymbol{H}$	信道矩阵
N_b	每个码字内携带的信息位个数
N_c	每个码字内含有的编码比特个数
N_s	每个码字内含有的编码符号个数
$\boldsymbol{N}_{\mathrm{T}}$	发射天线个数
N_{R}	接收天线个数
N_{u}	用户个数
N_{FFT}	每个 OFDM 符号内子载波个数
$\mathcal{M}$	系统模型
Ω	信号星座集

英文缩写

APD	A-Posteriori Distribution	后验分布
BICM	Bit-Interleaved Coded Modulation	比特交织编码调制
CDMA	Code-Division Multiple Access	码分多址
DS	Direct Sequence	直接序列
FDMA	Frequency-Division Multiple Access	频分多址
GMD	Gaussian Mixture Density	高斯混合密度
HMM	Hidden Markov Model	隐马尔可夫模型
iid	independent and identically distributed	独立同分布
LDPC	Low-Density Parity Check	低密度奇偶校验码
MAP	Maximum a-Posteriori	最大后验
MC	Monte Carlo	蒙特卡罗
MCMC	Markov-chain Monte Carlo	马尔可夫链蒙特卡罗
MIMO	Multi-input, Multi-output (Multi-Antenna System)	多输入/多输出(多天线系统)
MMSE	Minimum Mean-squared Error	最小均方误差
OFDM	Orthogonal Frequency-division Multiplexing	正交频分复用
OFDMA	Orthogonal Frequency-division Multiple Access	正交频分多址
pdf	probability density function	概率密度函数
pmf	probability mass function	概率质量函数
P/S	Parallel-to-Serial Conversion	并/串转换
S/P	Serial-to-Parallel Conversion	串/并转换
SPA	Sum-Product Algorithm	和积算法
SSM	State-Space Model	状态空间模型
TCM	Trellis-Coded Modulation	网格编码调制
TDMA	Time-Division Multiple Access	时分多址

目　录
CONTENTS

第 1 章　概述 …… 001

1.1　著书缘由 …… 001

1.2　本书结构 …… 002

第 2 章　数字通信 …… 004

2.1　概述 …… 004

2.2　数字通信基础 …… 005

2.2.1　从比特到波形 …… 005

2.2.2　信道模型 …… 007

2.2.3　通信方案 …… 008

2.3　单用户单天线通信 …… 008

2.3.1　单载波调制 …… 008

2.3.2　多载波调制——OFDM …… 009

2.4　多天线通信 …… 010

2.4.1　单载波调制 …… 010

2.4.2　多载波调制——MIMO - OFDM …… 012

2.5　多用户通信 …… 013

2.6　目标和系统假设 …… 015

2.7 本章要点 …… 015

第3章 估计理论和蒙特卡罗技术 …… 017

3.1 概述 …… 017
3.2 贝叶斯估计 …… 017
3.2.1 问题描述 …… 018
3.2.2 连续变量的估计 …… 019
3.2.3 离散变量的估计 …… 021
3.3 蒙特卡罗技术 …… 022
3.3.1 粒子化表示 …… 023
3.3.2 低维系统的采样 …… 025
3.3.3 高维系统的采样 …… 028
3.4 本章要点 …… 030

第4章 因子图与和积算法 …… 031

4.1 因子图简史 …… 031
4.2 十分钟因子图之旅 …… 034
4.2.1 因子图 …… 034
4.2.2 边缘函数与和积算法 …… 035
4.3 图论、因子和因子图 …… 038
4.3.1 图论基础 …… 038
4.3.2 函数,因式分解和边缘 …… 040
4.3.3 因子图 …… 042
4.4 边缘与和积算法 …… 046
4.4.1 连通无环因式分解的边缘函数 …… 046
4.4.2 第一步:变量分割 …… 046
4.4.3 第二步:因式分组 …… 048
4.4.4 第三步:计算边缘函数 …… 049
4.4.5 和积算法 …… 053
4.5 标准因子图 …… 057
4.5.1 起源 …… 057
4.5.2 定义 …… 058

4.5.3　标准因子图上的和积算法 …… 059
4.6　因子图剖析 …… 060
4.6.1　选择因子图的原因 …… 060
4.6.2　打开和关闭节点 …… 061
4.6.3　计算联合边缘函数 …… 062
4.6.4　复杂度分析 …… 062
4.6.5　连续变量的处理方法 …… 063
4.6.6　不连通和有环分解 …… 063
4.7　求和运算与求积运算 …… 065
4.7.1　概述 …… 065
4.7.2　最大和算法 …… 066
4.8　本章要点 …… 067

第 5 章　基于因子图的统计推断 …… 069

5.1　概述 …… 069
5.2　一般性表述 …… 070
5.2.1　统计推断的五大问题 …… 070
5.2.2　打开节点 …… 070
5.2.3　因子图上的推断 …… 071
5.2.4　示例 …… 073
5.3　消息及其表示 …… 077
5.3.1　消息缩放 …… 078
5.3.2　分布形式的消息 …… 080
5.3.3　离散变量的消息表示 …… 081
5.3.4　连续变量的消息表示 …… 085
5.4　循环推断 …… 090
5.5　本章要点 …… 094

第 6 章　状态空间模型 …… 095

6.1　概述 …… 095
6.2　状态空间模型 …… 096
6.2.1　定义 …… 096

6.2.2 因子图表示 …… 097
6.2.3 状态空间模型下的和积算法 …… 098
6.2.4 三类状态空间模型 …… 101
6.3 隐马尔可夫模型 …… 102
6.3.1 概述 …… 102
6.3.2 边缘后验分布计算 …… 102
6.3.3 似然函数计算 …… 104
6.3.4 联合后验分布的众数计算 …… 104
6.3.5 小结 …… 105
6.4 线性高斯模型 …… 106
6.4.1 概述 …… 106
6.4.2 求解边缘后验分布 …… 108
6.4.3 求解模型的似然 …… 114
6.4.4 求解联合后验分布的众数 …… 114
6.4.5 小结 …… 115
6.5 状态空间模型的近似推断 …… 115
6.5.1 概述 …… 115
6.5.2 边缘后验分布的计算 …… 116
6.5.3 似然函数的计算 …… 119
6.5.4 小结 …… 120
6.6 本章要点 …… 120

第7章 数字通信中的因子图 …… 121

7.1 概述 …… 121
7.2 总体原理 …… 122
7.2.1 数字接收机的推断问题 …… 122
7.2.2 因子图 …… 123
7.3 打开节点 …… 123
7.3.1 原理 …… 123
7.3.2 打开先验节点 …… 124
7.3.3 打开似然节点 …… 124
7.4 本章要点 …… 126

第 8 章　译码 …… 127
8.1　概述 …… 127
8.2　目标 …… 128
8.3　分组码 …… 129
8.3.1　基本概念 …… 129
8.3.2　两种编码 …… 129
8.3.3　编码与因子图 …… 131
8.3.4　打孔 …… 132
8.4　重复累积码 …… 133
8.4.1　描述 …… 133
8.4.2　因子图 …… 134
8.4.3　基本组件 …… 136
8.4.4　重复累积码的译码 …… 137
8.5　低密度奇偶校验码 …… 142
8.5.1　描述 …… 142
8.5.2　因子图 …… 143
8.5.3　基本组件 …… 144
8.5.4　低密度奇偶校验码的译码 …… 146
8.6　卷积码 …… 148
8.6.1　描述 …… 148
8.6.2　因子图 …… 150
8.6.3　基本组件 …… 151
8.6.4　卷积码的译码 …… 153
8.6.5　序列检测 …… 154
8.7　Turbo 码 …… 155
8.7.1　描述 …… 155
8.7.2　因子图 …… 156
8.7.3　Turbo 码的译码 …… 157
8.8　性能阐述 …… 159
8.9　本章要点 …… 160

第 9 章　解映射 …… 162

9.1　概述 …… 162
9.2　目标 …… 163
9.3　比特交织编码调制 …… 163
9.3.1　原理 …… 163
9.3.2　因子图 …… 164
9.3.3　基本组件 …… 164
9.3.4　解映射算法 …… 166
9.3.5　与译码节点的交互 …… 166
9.4　网格编码调制 …… 167
9.4.1　描述 …… 167
9.4.2　因子图 …… 167
9.4.3　解映射算法 …… 168
9.4.4　序列检测 …… 168
9.5　性能阐述 …… 169
9.6　本章要点 …… 170

第 10 章　均衡: 总体概述 …… 171

10.1　概述 …… 171
10.2　问题描述 …… 172
10.3　均衡算法 …… 173
10.3.1　概述 …… 173
10.3.2　和积算法均衡器 …… 174
10.3.3　结构化均衡器 …… 175
10.3.4　状态空间模型均衡器 …… 176
10.3.5　滑动窗均衡器 …… 177
10.3.6　蒙特卡罗均衡器 …… 180
10.3.7　高斯/最小均方误差均衡器 …… 182
10.4　与解映射和解码节点的交互 …… 185
10.5　性能阐述 …… 186
10.6　本章要点 …… 187

第 11 章　均衡:单用户单天线通信 …… 188

11.1　概述 …… 188
11.2　单载波调制 …… 190
11.2.1　接收信号波形 …… 190
11.2.2　匹配滤波接收机 …… 190
11.2.3　白化匹配滤波接收机 …… 192
11.2.4　过采样接收机 …… 193
11.3　多载波调制 …… 194
11.3.1　接收信号波形 …… 194
11.3.2　OFDM 接收机 …… 194
11.4　本章要点 …… 197

第 12 章　均衡:多天线通信 …… 198

12.1　概述 …… 198
12.2　单载波调制 …… 199
12.2.1　接收信号波形 …… 199
12.2.2　频率平坦信道下的接收机 …… 200
12.2.3　频率选择性信道下的接收机 …… 202
12.3　多载波调制 …… 203
12.3.1　接收信号波形 …… 203
12.3.2　MIMO-OFDM 接收机 …… 204
12.4　本章要点 …… 206

第 13 章　均衡:多用户通信 …… 207

13.1　概述 …… 207
13.2　直接序列码分多址 …… 208
13.2.1　接收信号波形 …… 208
13.2.2　同步传输下的接收机 …… 209
13.2.3　异步传输下的接收机 …… 211
13.3　正交频分多址 …… 213
13.3.1　接收信号波形 …… 214

13.3.2 OFDMA 接收机 …… 214
13.4 本章要点 …… 215

第 14 章 同步和信道估计 …… 216

14.1 概述 …… 216
14.2 信道估计,同步和因子图 …… 217
14.2.1 传统方法 …… 217
14.2.2 因子图方法 …… 217
14.3 示例 …… 218
14.3.1 问题描述 …… 218
14.3.2 因子图 …… 219
14.3.3 和积算法 …… 220
14.4 本章要点 …… 221

附录 …… 222

附录 1 重要的矩阵类型 …… 222
附录 2 随机变量和分布 …… 222
附录 3 信号表示 …… 225

参考文献 …… 226

第1章 概　　述

1.1 著书缘由

克劳德·E. 香农（Claude E. Shannon）是20世纪最伟大的学者之一。在20世纪40年代，他几乎以一己之力创建了信息论领域，为世界提供了一种看待信息和通信的新方式。信道编码定理是香农最重要的贡献之一。他在其中证明，总是存在良好的纠错码能够以任意低于信道容量的速率实现任意小错误概率的信息传输。然而，香农从未描述过如何构建这些编码。自从1948年他的标志性论文《通信中的数学原理》[1]发表以来，信道编码定理吸引了全世界的研究人员去寻求这种终极的纠错码。直到40多年后，当时最先进的纠错码的性能仍然离香农理论容量极限较远。由于发现这种接近香农极限的纠错码似乎遥遥无期，研究人员转而考虑使用一种当时纠错码可以达到的更实际的容量界，即截止速率[2]。

1993年，来自布列塔尼国立高等电信学校的两位彼时默默无闻的法国研究者——Claude Berrou和Alan Glavieux宣称发现了一种新型编码，其性能非常接近香农容量极限并且具有适中的译码复杂度。在译码过程中两个译码器来回传递信息，其由此得名“Turbo① 码”。他们首先在瑞士日内瓦举行的IEEE ICC会议上展示了他们的成果[3]。可以预见的是，他们当时受到传统编码领域一定程度上的质疑。然而，当他们的成果被其他实验室复现时，Turbo的思想真正取得了成功。简而言之，Turbo码的诞生引起了通信理论的巨大转变。接收机中不同组件之间来回传递信息（所谓的迭代过程或Turbo过程）的想法在最先进的接收机设计中已经变得很普遍。许多著作和国际学术会议都在致力于Turbo过程的研究。

---

① “Turbo”原指重复利用废气能量进一步产生性能增益的发动机涡轮增压技术，故得此名。本书脚注除特殊标注外均为原作者注，特此说明。——译者注

最初的 Turbo 译码器在某种程度上是一种因事为制的方法。20 世纪末，通过引入统计推断理论中的图模型[4,5]，一个优雅的数学框架描述了如何以自然而然的方式设计迭代接收机。本书的目的就是展现如何利用图模型框架完成迭代接收机设计中的各个任务，其中重要的实际问题如译码、均衡和多用户检测等都将被涉及。本书在必要的部分将提供算法伪代码，以便读者将本书学到的知识直接转化为实际应用。更重要的是，作者希望读者能够发现这些模型的内在美，认识到它们可以广泛地应用于求解诸多问题，而不仅仅是用于香农的编码问题。

1.2 本书结构

本书的组织结构如下：

- 第 2 章将简要回顾几种重要的数字传输方式，包括单载波和多载波传输，单天线和多天线传输以及单用户和多用户传输。每个系统都需要根据某种最优标准设计合适的接收机。
- 第 3 章将讨论上述最优标准，我们将讲解贝叶斯估计理论和蒙特卡罗方法等基本概念。
- 第 4 章将介绍因子图的概念，因子图是一种图形化表示函数分解的方法。我们将在一个抽象的理论框架下详细讲解因子图，展示如何通过相应因子图上的信息传递计算边缘函数。
- 第 5 章将结合第 3 章和第 4 章的知识，介绍如何使用因子图解决统计推断和估计问题。
- 基于状态空间模型的统计推断被应用于许多工程问题中。第 6 章中将把因子图应用于这种模型。本章将涉及隐马尔可夫模型、卡尔曼滤波和粒子滤波。
- 讨论完估计理论和因子图之后，我们将在第 7 章重新回到接收机设计问题上。本章将展示（至少在基本原理的层面上）如何构建基于因子图的数字接收机，揭示其 4 个关键功能：译码、解映射、均衡以及将接收波形转换为适当的观测值。
- 译码是第 8 章的主题，我们将讨论 4 种重要的纠错码：重复累加码、低密度奇偶校验码、卷积码和 Turbo 码。
- 在第 9 章中，我们将讨论因子图框架下的比特交织编码调制和网格编码调制的解映射。
- 一般场景下的均衡技术将在第 10 章中概述，并推导出多种通用的均衡器。

- 单用户单天线传输的均衡、多天线传输的均衡以及多用户传输的均衡将分别在第 11 章、第 12 章和第 13 章中进行讨论。对于每种传输方案，我们都将展示如何把接收到的波形信号转换为适当的观测，并指出可以应用第 10 章中的哪些均衡器。
- 第 14 章将介绍信道估计和同步。我们将展示如何把未知信道参数估计纳入因子图框架中。
- 第 15 章是附录。建议读者首先对第 15 章进行阅读。

各章节之间的逻辑关系如图 1.1 所示。

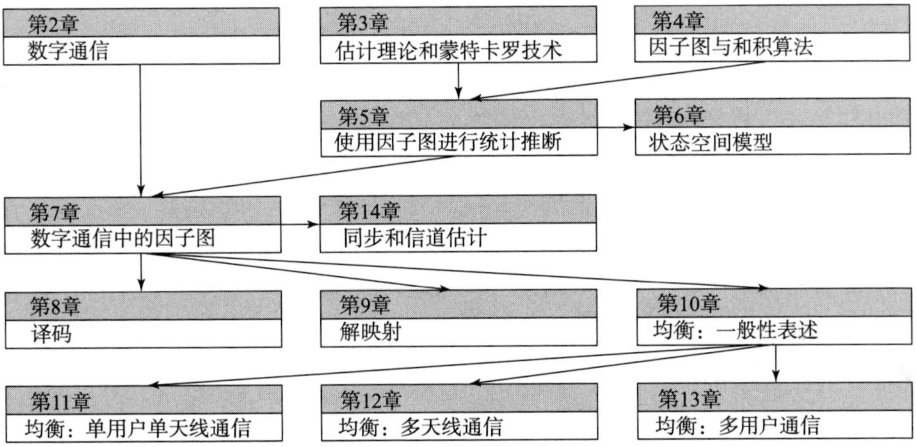

图 1.1　各章之间的逻辑关系

第 2 章

数字通信

2.1 概　　述

千里之行，始于足下，让我们从最基础的部分出发。数字通信研究从发射机向接收机传送（编码器输出的）二进制信息的问题。发射机将二进制信息转换为模拟波形，并通过物理介质（如有线介质或无线空间，我们将其称为信道）发送波形。我们将看到，信道会以多种方式改变这一波形。在接收端，由于热噪声的存在，被信道改变的波形进一步受到破坏。接收机不仅需要恢复原始的二进制信息，还必须处理信道影响、热噪声和同步问题。总而言之，在数字通信中接收机将会遇到很糟糕的情况。出于这个原因，本书主要研究接收机的设计，而只在很少的程度上涉及发射机。

在本章中，我们将介绍几种数字传输方案，详细介绍二进制信息是如何在发射机被转换为波形的，以及到达接收机的波形是如何被干扰破坏的。目前，我们的重点不在于如何设计相应的接收机。由于存在大量的数字通信传输方案，我们不得不将讨论限制在一些最重要的方案上，希望我们设计这些有限传输方案的接收机能对读者开发新型的接收机和理解现有的接收机得到启发。这里，我们假设读者至少已经对这些传输方案非常熟悉，同时我们列出了数字通信方面的教科书和参考书目[6-15]，供读者参考。

本章内容安排如下：

- 2.2 节将从码元序列转换为基带复波形这一基本原理开始，这个过程包括对信息进行编码、映射到符号星座集以及脉冲成型。
- 在 2.3 节中，我们接着讨论单发射机单天线的经典传输方案，包括单载波和多载波传输。

- 之后推广到多天线传输方案（2.4 节）和多用户传输方案（2.5 节）。
- 在介绍了传输方案之后，我们将在 2.6 节中概述本书的主要目标和系统假设。

2.2　数字通信基础

2.2.1　从比特到波形

数字通信的目标是从发射机向接收机传送二进制信息位序列。这些信息位称为码元，属于集合$\mathbb{B}=\{0,1\}$。二进制信息序列（可以是无限长的）被分割成长度为 N_b 的块。单个块写为 $\boldsymbol{b}\in\mathbb{B}^{N_b}$，表示一段信息码字。每段信息码字通过信道编码器进行编码，将 N_b 个信息比特转换为 N_c 个编码比特（$N_c>N_b$），编码函数为 f_c：$\mathbb{B}^{N_b}\rightarrow\mathbb{B}^{N_c}$，从而保护其对抗信道干扰影响。例如，我们可以应用卷积码、Turbo 码或低密度奇偶校验码（Low-Density Parity-Check，LDPC）。这些信道编码方案都会产生更长的二进制序列 $\boldsymbol{c}=f_c(\boldsymbol{b})$。

例 2.1【重复码】

编码信息流最简单的方法大概就是使用重复码，即把每一比特都重复 K 次。例如，当 $N_b=3$，$K=2$ 并且 $\boldsymbol{b}=[011]$ 时，有

$$\boldsymbol{c}=f_c([011])=[001111]$$

因此，$N_c=N_b\times K=6$。在实际中，N_b 可以非常大。

在编码之后，利用映射函数 f_a 将编码比特转换为 N_s 个复数编码符号组成的序列 $\boldsymbol{a}=f_a(\boldsymbol{c})$，其中第 k 个符号 a_k 属于信号星座集 Ω_k。例如，我们可以使用比特交织编码调制（Bit-Interleaved Coded Modulation，BICM）或网格编码调制（Trellis-Coded Modulation，TCM）。

例 2.2【映射】

将 $\boldsymbol{c}$ 映射到 $\boldsymbol{a}$ 的最简单（也是最常见的）方法如下：我们假设有一个信号星座集 $\Omega=\{-1,+1,-\mathrm{j},+\mathrm{j}\}$，其中 j 是虚数单位（$\mathrm{j}=\sqrt{-1}$）。我们为每个符号 a_k 选择相同的星座。对于 Ω 中的每个元素，我们都关联一个唯一的比特序列。由于在 Ω 中有 $|\Omega|=4$ 个元素，我们可以将 $\log_2|\Omega|=2$ 个比特关联到 Ω 中的每个元素，这里称为正交相移键控（Quadrature Phase-Shift Keying,

QPSK）。现在，我们可以定义下面的映射 $\boldsymbol{\Phi}$：$\mathbb{B}\times\mathbb{B}\rightarrow\boldsymbol{\Omega}$

$$\phi(0,0) = +1$$
$$\phi(0,1) = -1$$
$$\phi(1,0) = -\mathrm{j}$$
$$\phi(1,1) = +\mathrm{j}$$

我们把 $\boldsymbol{c}$ 分成长度为$\log_2|\boldsymbol{\Omega}|=2$ 的块，并使用函数 $\phi(\cdot)$ 将每个块映射到一个星座点上。在这个例子中，使用例 2.1 中的序列 $\boldsymbol{c}=[001111]$，可得

$$\boldsymbol{a} = [\phi(0,0)\phi(1,1)\phi(1,1)] = [+1 \quad +\mathrm{j} \quad +\mathrm{j}]$$

注意，$N_s = N_c/\log_2|\boldsymbol{\Omega}|$。

最后，在编码和映射完成之后，$\boldsymbol{a}$ 中的符号被包含在一个（可能是无限长的）数据流中并经过脉冲成型，从而产生复基带信号：

$$s(t) = \sqrt{E_s}\sum_{k=-\infty}^{+\infty}a_k p_k(t) \tag{2.1}$$

式中：E_s 为每个发送符号的能量；$p_k(t)$ 为对应于第 k 个符号的单位能量发射脉冲，满足

$$\int_{-\infty}^{+\infty}|p_k(t)|^2\mathrm{d}t = 1 \tag{2.2}$$

信号 $s(t)$ 可调制到载波频率为f_c 的载波波形上，产生一个实数的（而非复数的）射频（Radio-Frequency，RF）信号，即

$$s_{\mathrm{RF}}(t) = \Re\{\sqrt{2}s(t)\mathrm{e}^{\mathrm{j}2\pi f_c t}\} \tag{2.3}$$

RF 信号通过物理介质（如无线信道、光纤）传播，并且受到接收机中热噪声的干扰，最终成为接收信号 $r_{\mathrm{RF}}(t)$。接收到的 RF 信号被下变频到复基带，产生一个等效的复基带接收信号 $r(t)$。我们将遵循通常的做法，使用等效基带信号表示，得到以下接收机观测信号：

$$r(t) = \sqrt{E_s}\sum_{k=-\infty}^{+\infty}a_k p_k(t) + n(t) \tag{2.4}$$

式中：$h_k(t)$ 为第 k 个符号的等效信道，包含发射脉冲和等效基带物理信道 $h_{\mathrm{ch}}(t)$；$n(t)$ 为零均值复高斯白噪声过程，对于实部和虚部来说其功率谱密度均为 $N_0/2$，有

$$\mathbb{E}\{N(t)N^*(u)\} = N_0\delta(t-u) \tag{2.5}$$

等效信道$h_k(t)$ 可以写为发送脉冲和物理信道的卷积：

$$h_k(t) = \int_{-\infty}^{+\infty}p_k(u)h_{\mathrm{ch}}(t-u)\mathrm{d}u \tag{2.6}$$

例 2.3【脉冲成型】

通过设置 $p_k(t)=p(t-kT)$ 可以得到一类简单的复基带信号，其中 $p(t)$ 是单位能量方波脉冲，即

$$p(t)=\begin{cases}1/\sqrt{T},0\leqslant t<T\\0,\text{其他}\end{cases}$$

即每 T 秒发送一个数据符号。对于例 2.2，其中 $N_s=3$ 和 $\boldsymbol{a}=[+1,\ +\mathrm{j},\ +\mathrm{j}]$，这将产生一个如图 2.1（a）所示的信号，其中描绘了信号 $s(t)$ 的实部和虚部。假设等效基带信道由 $h_{\mathrm{ch}}(t)=\exp(\mathrm{j}\pi/4)\delta(t-\tau)$ 给出，给定传播延迟 $\tau\in\mathbb{R}$，则

$$r(t)=\sqrt{E_{\mathrm{s}}}\sum_{k=0}^{2}a_k\mathrm{e}^{\mathrm{j}\pi/4}p(t-kT-\tau)+n(t)$$

无噪声的接收信号 $r(t)$ 如图 2.1（b）所示。

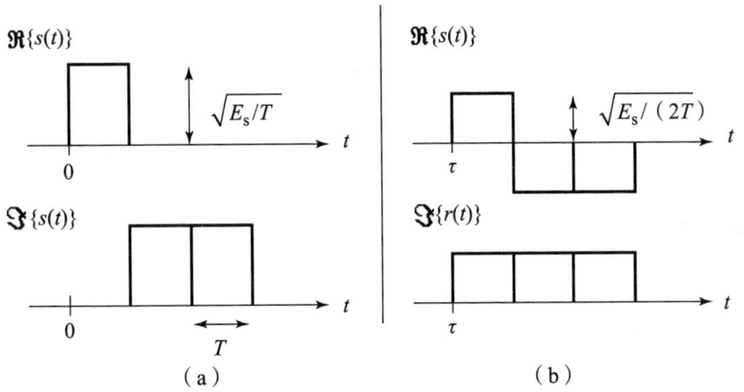

图 2.1　使用方形脉冲的脉冲成型

（a）发送序列为 $[+1,\ +\mathrm{j},\ +\mathrm{j}]$ 的发送信号；（b）在相位旋转 $\pi/4$ 和延迟 τ 后（无噪声）的接收信号

2.2.2　信道模型

无线通信中一种常见的信道模型是多径模型，其信道脉冲响应由许多不同的路径组成[16]：

$$h_{\mathrm{ch}}(t)=\sum_{l=0}^{L-1}\alpha_l\delta(t-\tau_l) \tag{2.7}$$

式中：α_l 和 τ_l 分别为第一条路径的复增益和传播延迟。

通常认为，这些路径是可解析的（$\tau_{l+1}-\tau_l\gg1/B$，其中 B 表示 $p(t)$ 的带宽）。这种假设不失一般性，因为不可解析的路径可以合并成一条路径，复增

益相加。

当信道至少有两条可解析的路径时被认为具有频率选择性。否则，该信道是频率非选择性的（也称频率平坦信道）。第一条路径的延迟 τ_0 对应于信号通过信道的传播延迟。

2.2.3 通信方案

我们可以将通信方案分为单天线和多天线传输、单载波和多载波传输，以及单用户和多用户传输。在下面的几节中，我们将更详细地描述这些方案。这里的内容不涉及所有的方案，只包含接收机设计的一部分。

2.3 单用户单天线通信

我们首先考虑只有一个用户传输的系统，发射机和接收机均配备单个天线，发射机将发送一长串由许多码字组成的数据流。

2.3.1 单载波调制

在单载波调制中，通过单载波每 T 秒发送一个符号，这将产生如下的发射信号：

$$s(t) = \sqrt{E_s}\sum_{k=-\infty}^{+\infty} a_k p(t-kT) \tag{2.8}$$

发射脉冲 $p(t)$ 通常根据特定的标准来选择。例如，我们希望脉冲具有有限的带宽，并且是速率为 $1/T$ 的单位能量平方根奈奎斯特脉冲。这里提醒读者，对于 $k \in \mathbb{Z}$，速率为 $1/T$ 的单位能量平方根奈奎斯特脉冲 $p(t)$ 满足

$$g(kT) = \begin{cases} 1, k = 0 \\ 0, \text{其他} \end{cases} \tag{2.9}$$

其中，

$$g(t) = \int_{-\infty}^{+\infty} p(u) p^*(t+u) \mathrm{d}u \tag{2.10}$$

脉冲 $g(t)$ 就是速率为 $1/T$ 的奈奎斯特脉冲。

接收到的信号可以表示为

$$r(t) = \sqrt{E_s}\sum_{k=-\infty}^{+\infty} a_k h(t-kT) + n(t) \tag{2.11}$$

式中：$h(t)$ 为等效信道（由发射脉冲和物理信道$h_{ch}(t)$ 的卷积给出，参见式(2.6)）；$n(t)$ 为复高斯白噪声过程。

2.3.2　多载波调制——OFDM

正交频分复用（Orthogonal Frequency-Division Multiplexing，OFDM）是一种著名的多载波传输技术，它可以对抗频率选择性信道上的符号间干扰[17,18]。从直观上，OFDM 是将传输带宽分解成窄的子带（子载波），使得信道在每个子载波上都是频率平坦的，通过预先附加循环前缀到发送的符号上避免符号间干扰。

具体来说，将数据流分解成多个长度为 N_{FFT} 的段，其中 N_{FFT} 通常是 2 的幂（如 256 或 1024）。将这样的一个分段表示为 $N_{\mathrm{FFT}}\times 1$ 的矢量 $\boldsymbol{a}$。我们将 $\boldsymbol{a}$ 乘以一个 N_{FFT} 点的逆离散傅里叶变换（IDFT）矩阵 $\boldsymbol{F}$，产生一个矢量，即

$$\check{\boldsymbol{a}} = \boldsymbol{F}\boldsymbol{a} \tag{2.12}$$

其中，

$$F_{m,n} = \frac{1}{\sqrt{N_{\mathrm{FFT}}}}\exp\left(\mathrm{j}2\pi\frac{m\times n}{N_{\mathrm{FFT}}}\right), m,n\in\{0,1,\cdots,N_{\mathrm{FFT}}-1\} \tag{2.13}$$

通常，可以通过计算效率高的逆快速傅里叶变换（IFFT）执行式（2.12）。然后，我们将符号 $\check{\boldsymbol{a}}$ 的最后 N_{CP} 个符号附加到 $\check{\boldsymbol{a}}$ 之前，并获得长度为 $N_{\mathrm{FFT}}+N_{\mathrm{CP}}$ 的矢量，也就是 OFDM 符号：

$$\Big[\underbrace{\check{a}_{-N_{\mathrm{CP}}}\cdots\check{a}_{-2}\check{a}_{-1}}_{\text{循环的……}}\ \underbrace{\check{a}_0\check{a}_1\check{a}_2\cdots\check{a}_{N_{\mathrm{FFT}}-1}}_{\check{\boldsymbol{a}}^{\mathrm{T}}}\Big]^{\mathrm{T}} \tag{2.14}$$

式中：$\check{a}_{-l}=\check{a}_{N_{\mathrm{FFT}}-l}$（$l=1,2,\cdots,N_{\mathrm{CP}}$）；长度为 N_{CP} 的序列 $[\check{a}_{-N_{\mathrm{CP}}}\cdots\check{a}_{-2}\check{a}_{-1}]^{\mathrm{T}}$ 称为循环前缀。

最后，使用下面的复基带信号传输一个 OFDM 符号（图 2.2）：

$$s(t) = \sqrt{\frac{E_{\mathrm{s}}N_{\mathrm{FFT}}}{N_{\mathrm{FFT}}+N_{\mathrm{CP}}}}\sum_{l=-N_{\mathrm{CP}}}^{N_{\mathrm{FFT}}-1}\check{a}_l p(t-lT) \tag{2.15}$$

式中：$p(t)$ 为单位能量发射脉冲。

我们也可以连续发送 OFDM 符号序列：

$$s(t) = \sqrt{\frac{E_{\mathrm{s}}N_{\mathrm{FFT}}}{N_{\mathrm{FFT}}+N_{\mathrm{CP}}}}\sum_{k=-\infty}^{+\infty}\sum_{l=-N_{\mathrm{CP}}}^{N_{\mathrm{FFT}}-1}\check{a}_{l,k}p(t-lT-kT_{\mathrm{OFDM}}) \tag{2.16}$$

式中：$\check{a}_{l,k}$ 为第 k 个 OFDM 符号的第一个分量；T_{OFDM} 为对应于单个 OFDM 符号的符号持续时间，$T_{\mathrm{OFDM}}=T(N_{\mathrm{FFT}}+N_{\mathrm{CP}})$。

接收到的信号通常写为

$$r(t) = \sum_{k=-\infty}^{+\infty}\sum_{l=-N_{\mathrm{CP}}}^{N_{\mathrm{FFT}}-1}\check{a}_l h(t-lT-kT_{\mathrm{OFDM}})+n(t) \tag{2.17}$$

式中：$h(t)$ 为等效信道，包括发射脉冲、物理信道以及常数因子，则

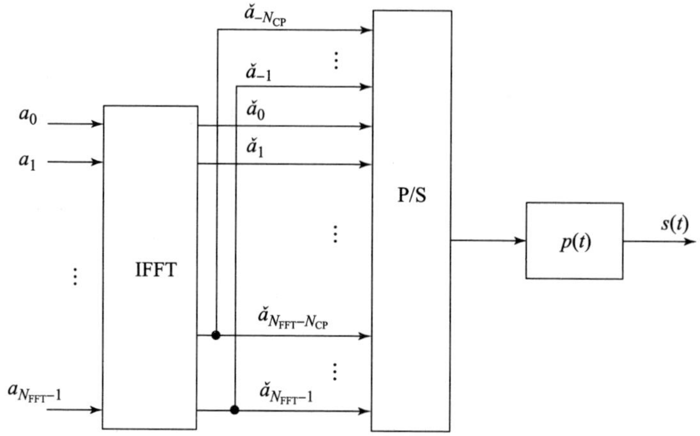

图 2.2　一个 OFDM 发射机（数据符号通过 IFFT，添加循环前缀，在并行到串行转换之后采用脉冲成型）

$$\sqrt{\frac{E_{\mathrm{s}}N_{\mathrm{FFT}}}{N_{\mathrm{FFT}}+N_{\mathrm{CP}}}}$$

式中：$n(t)$ 为复高斯白噪声过程。

术语

变量 $\check{a}_l$ 一般称为时域符号，而符号 a_q 称为频域符号。我们说 OFDM 有 N_{FFT}个子载波，符号 a_q 调制第 q 个子载波。

2.4　多天线通信

多天线系统（Multiple Input Multiple Output，MIMO，图 2.3）最初由 Winters[19]引入，是一种通过使用空间分集增加系统容量的方式。文献［20，21］中包含一些基础研究结论；在实际编码方案中的开创性工作参见文献［22－24］。有关 MIMO 的通俗易通的论述见文献［25，26］。

2.4.1　单载波调制

MIMO 同时在不同的天线上发射信号。我们用 $a_k^{(n)}$ 表示在第 k 个符号持续时间、第 n 个发射天线上发射的信号。假设发射天线个数为 N_{T}，那么时间 t 处的发射信号可以写为 $N_{\mathrm{T}}\times 1$ 的矢量 $\boldsymbol{s}(t)$：

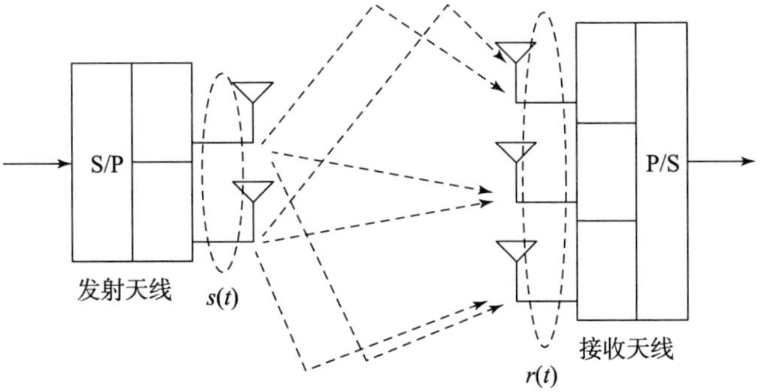

图 2.3　MIMO：一个拥有 2 个发射天线和 3 个接收天线的系统

$$\boldsymbol{s}(t) = \sqrt{E_s}\sum_{k=-\infty}^{+\infty}\begin{bmatrix} a_k^{(1)} \\ \vdots \\ a_k^{(N_T)} \end{bmatrix} p(t-kT) \tag{2.18}$$

$$= \sqrt{E_s}\sum_{k=-\infty}^{+\infty}\boldsymbol{a}_k p(t-kT) \tag{2.19}$$

式中：$\boldsymbol{a}_k$ 为在第 k 个符号周期期间发射的信号的矢量。

接收机拥有 N_R 个接收天线，第 m 个接收天线处接收的信号由下式给出，即

$$r_m(t) = \sum_{k=-\infty}^{+\infty}\sum_{n=1}^{N_T} a_k^{(n)} h_m^{(n)}(t-kT) + n_m(t) \tag{2.20}$$

式中：$h_m^{(n)}(t)$ 为发射天线 n 和接收天线 m 之间的等效信道。

我们可以将时间 t 处的接收信号叠加成长度为 N_R 的矢量，即

$$\boldsymbol{r}(t) = \sum_{k=-\infty}^{+\infty}\sum_{n=1}^{N_T} a_k^{(n)} \boldsymbol{h}^{(n)}(t-kT) + \boldsymbol{n}(t) \tag{2.21}$$

式中：$\boldsymbol{h}^{(n)}(t)$ 表示第 n 个发射天线和各个接收天线之间的等效信道。

MIMO 传输数据有两种常用的方法：空时编码和空间复用。空时编码的目标是最大化利用 MIMO 的信道分集，空间复用的目标是最大化传输速率[27]。

1. 空时编码

最常用的空时编码是空时分组码（Space-Time Block Codes，STBC）[24]。在这一类编码中，我们关注 Alamouti 方案[22]。假设在 $N_T = 2$ 和 $N_R = 2$ 的 MIMO 信道上传输两个复数（a 和 b），此时 Alamouti 方案需要两个符号时长。在第一个符号时长期间，我们发送 $\boldsymbol{a}_0 = [a, b]^T$，在第二个符号时长期

间，我们发送 $\boldsymbol{a}_1=[-b^*, a^*]^{\mathrm{T}}$。正如我们将在第 12 章中看到的，这种传输数据的方式将得出一个非常简单的 STBC 解码器。

2. 空间复用

在空间多复用中[19,28]，我们只需要将数据流 $\boldsymbol{a}$ 解复用（串/并转换）为 N_{T}个并行数据流，每一路对应一个发送天线①。换句话说，在 k 时刻发送

$$\boldsymbol{a}_k=[a_{kN_{\mathrm{T}}} \quad \cdots \quad a_{(k+1)N_{\mathrm{T}}-1}]^{\mathrm{T}} \tag{2.22}$$

和

$$\boldsymbol{a}_{k+1}=[a_{(k+1)N_{\mathrm{T}}} \quad \cdots \quad a_{(k+2)N_{\mathrm{T}}-1}]^{\mathrm{T}} \tag{2.23}$$

以此类推，可以观察到，对于 $N_{\mathrm{T}}=2$，我们可以在每个符号持续时间内传输两倍于 Alamouti 方案传输的信息。我们付出的代价是需要一个计算要求更高的接收机，并且会损失空间分集。

2.4.2 多载波调制——MIMO - OFDM

MIMO - OFDM 以一种直接的方式将多天线系统的容量增益优势和 OFDM 简单的接收机设计结合起来[29,30]。数据流 $\boldsymbol{a}$ 首先被解复用到各个发射天线上②。这意味着与空间复用一样，每个天线传输数据流的某一部分，第 n 个发射天线传输数据流 $\boldsymbol{a}^{(n)}$。如图 2.4 所示，在每个发射天线处，使用标准的 OFDM 调制，符号块大小为 N_{FFT}，它们通过 IFFT、附加循环前缀并进行脉冲成型之后，通过发射天线发射出去。第 n 个发射天线处的发射信号为

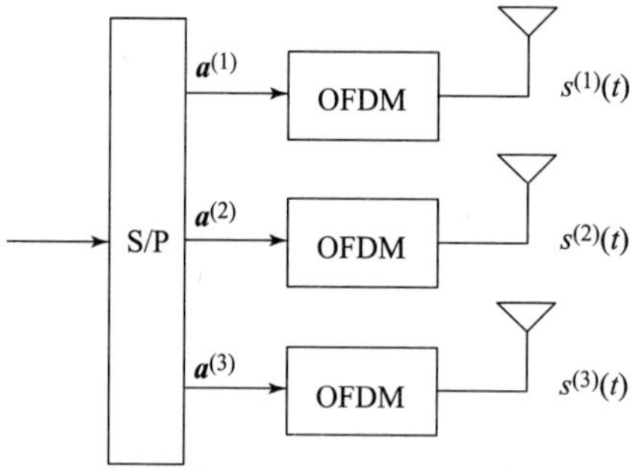

图 2.4 一个 MIMO - OFDM 发射机（$N_{\mathrm{T}}=3$）

① 在空间复用的一些变形中，每个发射天线都有一个编码器（称为 V - BLAST）。这个变化与我们的讨论无关。

② 在 MIMO - OFDM 的一些变形中，每个发射天线都有一个编码器（称为 V-BLAST OFDM）。这个变形与我们的讨论无关。

$$s^{(n)}(t) = \sqrt{\frac{E_s N_{FFT}}{N_{FFT} + N_{CP}}} \sum_{k=-\infty}^{+\infty} \sum_{l=-N_{CP}}^{N_{FFT}-1} \check{a}_{l,k}^{(n)} p^{(n)}(t - lT - kT_{OFDM}) \quad (2.24)$$

式中：$\check{a}_{l,k}^{(n)}$ 为第 n 个发射天线上发射的第 k 个 OFDM 符号中的第一个时域分量。

在有 N_R 个天线的接收机端，时间 t 处的接收信号可以表示为一个 $N_R \times 1$ 的矢量：

$$\boldsymbol{r}(t) = \sum_{k=-\infty}^{+\infty} \sum_{n=1}^{N_T} \sum_{l=-N_{CP}}^{N_{FFT}-1} \check{a}_{l,k}^{(n)} \boldsymbol{h}^{(n)}(t - lT - kT_{OFDM}) + \boldsymbol{n}(t) \quad (2.25)$$

式中：$\boldsymbol{h}^{(n)}(t)$ 为一个 $N_R \times 1$ 的矢量，表示第 n 个发射天线与不同接收天线之间的等效信道。

2.5　多用户通信

当多个用户发送信息到同一个接收机时（图 2.5），我们需要处理多用户通信和多用户检测问题[31,32]。第 n 个用户的发送信号可写为

$$s^{(n)}(t) = \sqrt{E_s^{(n)}} \sum_{k=-\infty}^{+\infty} a_k^{(n)} p_k^{(n)}(t) \quad (2.26)$$

式中：$E_s^{(n)}$ 为第 n 位用户的单位符号能量；$a_k^{(n)}$ 为第 n 位用户的第 k 个符号；$p_k^{(n)}(t)$ 为相应的发射脉冲。

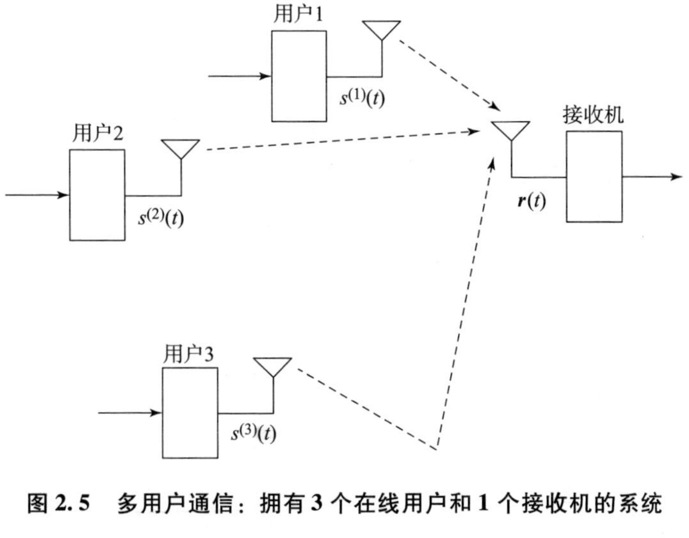

图 2.5　多用户通信：拥有 3 个在线用户和 1 个接收机的系统

对于用户总数为 N_u，接收到的信号为

$$\boldsymbol{r}(t) = \sum_{n=1}^{N_{\mathrm{u}}} \sum_{k=-\infty}^{+\infty} a_k^{(n)} h_k^{(n)}(t) + \boldsymbol{n}(t) \tag{2.27}$$

式中：$h_k^{(n)}(t)$ 为第 n 位用户的第 k 个符号的等效信道。

由于多个用户会访问相同的资源，我们需要一种方法共享可用资源，并确保接收方能够恢复出来自每个用户的信息流。过去的几十年中涌现出了许多这样的方案，包括时分多址（Time-Division Multiple Access，TDMA）、频分多址（Frequency-Division Multiple Access，FDMA）、码分多址（Code-Division Multiple Access，CDMA）和 OFDM 多址（OFDM Multiple Access，OFDMA）。在 TDMA（或 FDMA）中，用户可分配到不同的时隙（或频带），使得它们在时域（或频域）中不重叠。接收机在不同的时域（或频率）中监听不同的块来恢复不同的数据流。在其他多址方案中，接收机必须执行多用户检测以恢复不同用户的信号的叠加（图 2.5）。下面介绍两种重要的多址方案（CDMA 和 OFDMA）。相关的接收机将在第 13 章中讨论。

1. CDMA

我们将讨论直接序列 CDMA（DS-CDMA）[33,34]。第 k 个用户使用以下公式发送脉冲：

$$p_k^{(n)}(t) = \frac{1}{\sqrt{N_{\mathrm{SG}}}} \sum_{i=0}^{N_{\mathrm{SG}}-1} d_i^{(n)} p_{\mathrm{S}}\left(t - i\frac{T}{N_{\mathrm{SG}}} - kT\right) \tag{2.28}$$

式中，$p_{\mathrm{S}}(t)$ 为一个速率为 N_{SG}/T 的单位能量平方根奈奎斯特脉冲，即称为第 n 个用户的扩频序列

$$\boldsymbol{d}^{(n)} = [d_0^{(n)}, \cdots, d_{N_{\mathrm{SG}}-1}^{(n)}]^{\mathrm{T}}$$

式中：$d_i^{(n)}$属于某个离散集合（通常为 $\{-1, +1\}$ 或 $\{-1, +1, -\mathrm{j}, +\mathrm{j}\}$）；变量 N_{SG}被称为扩频增益或处理增益。

不同用户的扩频序列不同。在接收机端，用户的等效信道上也会有所不同。这种多样性使得接收机能够恢复不同的数据流。选择扩频序列 $\boldsymbol{d}^{(n)}$（$n = 1, 2, \cdots, N_{\mathrm{u}}$）时应具有良好的自相关和互相关特性[35]。

2. OFDMA

OFDMA 是一种多载波方案。它为每一个用户分配了一组子载波[36,37]，不同用户的子载波不重叠。考虑一个 $N_{\mathrm{u}}=2$ 个用户的系统。在每个 OFDM 符号持续时间期间，两个用户都传输 $N_{\mathrm{FFT}}/2$ 个数据符号：$a_0^{(n)}$，$a_1^{(n)}$，$\cdots$，$a_{N_{\mathrm{FFT}}/2-1}^{(n)}$（$n \in \{1, 2\}$）。然后用户 1 创建一个长度为 N_{FFT}的矢量，仅使用偶数索引的载波：

$$\boldsymbol{a}^{(1)} = [a_0^{(1)} \quad 0 a_1^{(1)} \quad 0 \quad \cdots \quad a_{N_{\mathrm{FFT}}/2-1}^{(1)} \quad 0]^{\mathrm{T}} \tag{2.29}$$

而用户 2 仅使用奇数索引载波：

$$\boldsymbol{a}^{(2)} = [0 \quad a_0^{(2)} \quad 0 \quad a_1^{(2)} \quad \cdots \quad 0 \quad a_{N_{\mathrm{FFT}/2-1}}^{(2)}]^{\mathrm{T}} \tag{2.30}$$

两个用户首先将他们的矢量乘以 N_{FFT}点的 IDFT 矩阵，得到 $\check{\boldsymbol{a}}^{(1)}$和 $\check{\boldsymbol{a}}^{(2)}$；然后他们使用脉冲 $p(t)$ 在信道上传输添加循环前缀之后所得到的时域序列。接收到的信号为

$$\boldsymbol{r}(t) = \sum_{n=1}^{N_{\mathrm{u}}} \sum_{k=-\infty}^{+\infty} \sum_{l=-N_{\mathrm{CP}}}^{N_{\mathrm{FFT}}-1} \check{a}_{l,k}^{(n)} \boldsymbol{h}^{(n)}(t - lT - kT_{\mathrm{OFDM}}) + \boldsymbol{n}(t) \tag{2.31}$$

正如我们将在第 13 章中看到的那样，只要用户在一定程度上同步，就可以有效地分离不同的信号。

2.6　目标和系统假设

读者可能已经注意到，我们描述了多种传输方案，但是没有提到如何设计相应的接收机。上述每一种传输方案都已经存在于广泛应用的接收机中。在本书中，我们将远离这些现有的接收机，并从头开始（好吧，也许不是从头开始，但某种程度上接近从头开始）设计接收机。任何接收机的最终目标都是以最佳（或接近最佳）的方式恢复信息流（信息位 $\boldsymbol{b}$）。本书的最终目标是从估计理论的基本原理开始，并利用因子图的描述，设计能够完成此任务的接收机。为了设计这些接收机，我们需要做出一些假设。

（1）我们只考虑线性调制。在某些情况下可以扩展到非线性调制。

（2）接收机端已知发射机使用的信道编码和映射的类型。

（3）接收机端已知噪声过程的特征。这是一个合理的假设，因为噪声特性通常不随着时间的推移而发生显著变化。

（4）物理信道是线性的。在某些情况下，可能会扩展到非线性信道。

（5）接收机端已知等效信道 $h_{\mathrm{ch}}(t)$。这基本上意味着接收机在数据检测之前已经估计了信道先验。只要信道随时间变化缓慢，这就是一个合理的假设。我们将在第 14 章中（部分地）取消这个假设。

（6）在传输 N_{s}个数据符号期间，等效信道 $h_{\mathrm{ch}}(t)$ 是静态的。虽然这个假设在大多数情况下不是必需的，但是它是有帮助的，因为它会使数学推导更加简洁方便。

2.7　本章要点

在本章中我们简要介绍了数字通信，包括信道编码、映射和脉冲成型。

根据活跃用户的数量、接收机和/或发射机的天线数量以及是否使用多载波，传输方案可以分成多种类别。在为这些不同传输方案设计接收机之前，我们首先需要理解以最佳方式恢复信息比特的意义，以及如何实现这种恢复。显然，我们需要抽象出一些估计或优化问题。为此，我们使用因子图的语言介绍基本的估计理论，而暂时抛开数字通信问题。我们将从第 7 章开始回到数字通信问题的讲解上来。

第 3 章
估计理论和蒙特卡罗技术

3.1 概　　述

在我们开始考虑如何设计迭代接收机之前，还有很多背景知识需要涉及。接收机的最终目标是最优地恢复发射机发送的信息比特序列。由于这些比特是随机的，并且在接收机端会受到随机噪声的影响，因此我们需要理解并量化这种随机性，将其融入接收机设计中。我们需要明确从接收信号中最优地恢复信息比特的含义——在何种意义上最优？估计理论可以回答这个问题。它使我们能够建立合适的优化问题，它的解将带给我们想要的最优恢复数据。然而，对于大多数实际的优化问题而言，寻找闭式解是很棘手的。有一类方法是通过采样的方式近似地解决这些问题。它们采用蒙特卡罗（Monte Carlo，MC）技术描述复杂的分布，并且通过一系列采样方法获取其特征。这些 MC 方法在因子图框架中将变得非常有用。

本章内容安排如下：

- 我们从 3.2 节贝叶斯估计理论的基础知识开始，介绍离散变量和连续变量的一些重要估计量。
- 在 3.3 节中，我们将简要介绍 MC 技术，包括分布的粒子化表示、重要性采样和马尔可夫链蒙特卡罗（Markov-Chain Monte Carlo，MCMC）方法。

3.2 贝叶斯估计

贝叶斯估计是估计理论的一个分支，其中变量是随机的，并且服从某些先验分布。在本节中，我们将描述贝叶斯估计问题，并且推导出连续变量和离散变量的一些重要估计量。估计理论的权威论述参见文献［38－41］。

3.2.1 问题描述

在贝叶斯估计理论中，我们感兴趣的是估计随机变量 $\boldsymbol{X}$ 的一个实例（实现），它属于集合 $\mathcal{X}$，具有先验分布 $p_X(x)$。变量 $\boldsymbol{X}$ 可以是离散的或连续的，并且先验分布可以由我们给出或指定①。我们不能直接观察到实例 $\boldsymbol{x}$，而是仅通过观测 $\boldsymbol{y} \in \mathcal{Y}$ 得到。也就是说，我们观察到随机变量 $\boldsymbol{Y}$ 的一个实现 $\boldsymbol{y}$，并且 $\boldsymbol{y}$ 通过已知的概率映射 $p_{Y|X}(\boldsymbol{y} \mid \boldsymbol{x})$ 与 $\boldsymbol{x}$ 相关。所有可能的观测都包含在观测空间 $\mathcal{Y}$ 中。变量 $\boldsymbol{Y}$ 可以是离散的或连续的。我们的目标是为变量 $\boldsymbol{X}$ 设计一个估计量。以上整个设定如图 3.1 所示。

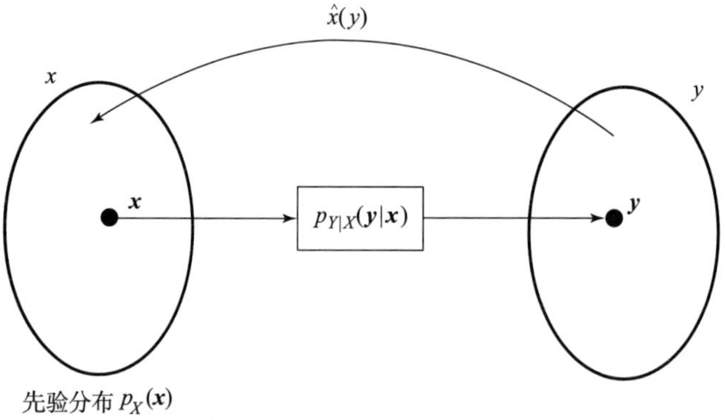

图 3.1 估计理论的一般问题变量 $\boldsymbol{x}$ 属于变量空间 $\mathcal{X}$ 并具有先验分布 $p_X(\boldsymbol{x})$，变量只能通过 $\boldsymbol{y} \in \mathcal{Y}$ 观察到，从 $\boldsymbol{x}$ 到 $\boldsymbol{y}$ 的概率映射 $p_{Y|X}(\boldsymbol{y} \mid \boldsymbol{x})$ 是已知的

定义 3.1【估计量】

估计量是从观测空间 $\mathcal{Y}$ 到变量空间 $\mathcal{X}$ 的函数，记为 $\hat{x}(y)$。对于每个元素 $y \in \mathcal{Y}$，我们关联唯一的元素 $\hat{x}(y) \in \mathcal{X}$。设计一个估计量以使期望代价最小化②：

$$C = \mathbb{E}_{X,Y}\{c(\boldsymbol{X}, \hat{\boldsymbol{x}}(\boldsymbol{Y}))\} \tag{3.1}$$

$$C = \int_{\mathcal{X}}\int_{\mathcal{Y}} c(\boldsymbol{x}, \hat{\boldsymbol{x}}(\boldsymbol{y}))\, p_{X,Y}(x,y)\, \mathrm{d}\boldsymbol{x}\mathrm{d}\boldsymbol{y} \tag{3.2}$$

$$C = \int_{\mathcal{Y}} p_Y(y) \underbrace{\int_{\mathcal{X}} c(\boldsymbol{x}, \hat{\boldsymbol{x}}(\boldsymbol{y}))\, p_{X,Y}(\boldsymbol{x}, \boldsymbol{y})\, \mathrm{d}\boldsymbol{x}\mathrm{d}\boldsymbol{y}}_{c(y)} \tag{3.3}$$

① 本书不会讨论贝叶斯估计与非贝叶斯估计的学术争论。

② 在某些情况下，积分应被求和所替换。

式中：$c(\cdot)$ 为从 $\mathcal{X}\times\mathcal{X}\to\mathbb{R}$ 的代价函数，其形式取决于具体问题。

这里，我们将只考虑 $c(x,\hat{x}(y))\geqslant 0$ 的代价函数。在这种情况下，通过最小化被积函数最小化期望代价，即

$$c(y)=\int_{\mathcal{X}}c(\boldsymbol{x},\hat{\boldsymbol{x}}(\boldsymbol{y}))p_{X|Y}(x\mid y)\,\mathrm{d}\boldsymbol{x} \tag{3.4}$$

术语

对于给定的观测值 $\boldsymbol{y}$，$p_{Y|X}(\boldsymbol{y}\mid\boldsymbol{x})$ 是 $\boldsymbol{x}$ 的函数，称为似然函数。注意，似然函数不是分布，因为 $\int p_{Y|X}(\boldsymbol{y}\mid\boldsymbol{x})\,\mathrm{d}\boldsymbol{x}$ 不一定等于1。另外，对于一个固定的 $\boldsymbol{y}$，$p_{X|Y}(\boldsymbol{x}\mid\boldsymbol{y})$ 是一个分布并且称为 $\boldsymbol{x}$ 的后验分布。

3.2.2　连续变量的估计

当 $\boldsymbol{X}$ 是一个连续的随机变量时，最重要的估计值是最小均方误差（Minimum Mean-Squared-Error，MMSE）估计值、线性 MMSE 估计值和最大后验概率（Maximum a-Posteriori MAP）估计值。

3.2.2.1　MMSE 估计值

自然代价函数是代价与 $\boldsymbol{x}$ 和 $\hat{\boldsymbol{x}}(\boldsymbol{y})$ 之间的距离的平方成正比的函数：

$$c(\boldsymbol{x},\hat{\boldsymbol{x}}(\boldsymbol{y}))=\|\boldsymbol{x}-\hat{\boldsymbol{x}}(\boldsymbol{y})\|^2 \tag{3.5}$$

$$=(\boldsymbol{x}-\hat{\boldsymbol{x}}(\boldsymbol{y}))^{\mathrm{T}}(\boldsymbol{x}-\hat{\boldsymbol{x}}(\boldsymbol{y})) \tag{3.6}$$

取 $C(y)$ 关于 $\hat{\boldsymbol{x}}$ 的导数并且令其等于零，我们可以得到（在一些放宽的条件下）如下公式：

$$\hat{\boldsymbol{x}}(\boldsymbol{y})=\int_{\boldsymbol{x}}\boldsymbol{x}p_{X|Y}(\boldsymbol{x}\mid\boldsymbol{y})\,\mathrm{d}\boldsymbol{x} \tag{3.7}$$

换句话说，MMSE 估计值是由后验分布 $p_{X|Y}(x\mid y)$ 的均值给出的。

例 3.1【高斯情况】

当 $\boldsymbol{X}$ 和 $\boldsymbol{Y}$ 是联合高斯时，我们可以写成 $\boldsymbol{Z}=[\boldsymbol{X}^{\mathrm{T}}\boldsymbol{Y}^{\mathrm{T}}]^{\mathrm{T}}$，其中，

$$z\sim N_z(\boldsymbol{m},\boldsymbol{\Sigma})$$

有 $\boldsymbol{m}=[\boldsymbol{m}_X^{\mathrm{T}}\quad\boldsymbol{m}_Y^{\mathrm{T}}]^{\mathrm{T}}$，并且

$$\boldsymbol{\Sigma}=\begin{bmatrix}\boldsymbol{\Sigma}_{XX} & \boldsymbol{\Sigma}_{XY}\\ \boldsymbol{\Sigma}_{XY}^{\mathrm{T}} & \boldsymbol{\Sigma}_{YY}\end{bmatrix}$$

式中：$\boldsymbol{\Sigma}_{XY}=\mathbb{E}\{(\boldsymbol{X}-\boldsymbol{m}_X)(\boldsymbol{Y}-\boldsymbol{m}_Y)^{\mathrm{T}}\}$；$\boldsymbol{\Sigma}_{XX}=\mathbb{E}\{(\boldsymbol{X}-\boldsymbol{m}_X)(\boldsymbol{X}-\boldsymbol{m}_X)^{\mathrm{T}}\}$，与 $\boldsymbol{\Sigma}_{YY}$ 类似。

后验分布为

$$p_{X|Y}(x\mid y)=N_x(\boldsymbol{m}_{X|Y}(y),\boldsymbol{\Sigma}_{X|Y})$$

其中（见15章的附录），

$$\boldsymbol{m}_{X|Y}(y) = \boldsymbol{m}_X + \boldsymbol{\Sigma}_{XY}\boldsymbol{\Sigma}_{YY}^{-1}(y - \boldsymbol{m}_Y)$$
$$\boldsymbol{\Sigma}_{X|Y} = \boldsymbol{\Sigma}_{XX} - \boldsymbol{\Sigma}_{XY}\boldsymbol{\Sigma}_{YY}^{-1}\boldsymbol{\Sigma}_{XY}^{\mathrm{T}}$$

下面可以得到 x 的 MMSE 估计值：

$$\hat{x}(y) = \boldsymbol{m}_X + \boldsymbol{\Sigma}_{XY}\boldsymbol{\Sigma}_{YY}^{-1}(y - \boldsymbol{m}_Y)$$

值得注意的是，估计 $\hat{x}$ (y) 是观测值 y 的线性函数。

3.2.2.2 线性 MMSE 估计

正如3.2.2.1 节中的例 3.1 所介绍的，当 X 和 Y 是联合高斯时，MMSE 估计值是观测的线性函数。当 X 和 Y 不是联合高斯时，我们仍然可以尝试找到最佳线性估计值（在 MMSE 意义上的最佳），也就是说，X 的估计值为

$$\hat{x}(y) = \boldsymbol{B}^{\mathrm{T}}y + \boldsymbol{d} \tag{3.8}$$

为了修正 $\boldsymbol{B}$ 和 $\boldsymbol{d}$，这个估计值应该在所有线性估计值中具有最小均方误差。可以证明，这样的 $\hat{x}(y)$ 由下式给出，即

$$\hat{x}(y) = \boldsymbol{m}_X + \boldsymbol{\Sigma}_{XY}\boldsymbol{\Sigma}_{YY}^{-1}(y - \boldsymbol{m}_Y) \tag{3.9}$$

这个估计值就是线性 - MMSE（L - MMSE）估计值。

例 3.2【线性模型】

考虑下面的模型，x 和 y 之间存在线性关系：

$$y = \boldsymbol{H}x + \boldsymbol{n}$$

式中：$\boldsymbol{H}$ 为一个已知矩阵；$x \sim p_X(\cdot)$, $n \sim p_N(\cdot)$，零均值；协方差矩阵为 $\boldsymbol{\Sigma}_{NN}$。此外，$\boldsymbol{N}$ 与 $\boldsymbol{X}$ 相互独立。让我们根据 y 确定 x 的 L - MMSE 估计。

我们知道

$$\hat{x}(y) = \boldsymbol{m}_X + \sum_{XY}\sum_{YY}^{-1}(y - \boldsymbol{m}_Y)$$

此时，$\boldsymbol{m}_Y = \boldsymbol{H}\boldsymbol{m}_X$，$\boldsymbol{\Sigma}_{XY} = \boldsymbol{\Sigma}_{XX}\boldsymbol{H}^{\mathrm{T}}$，有

$$\begin{aligned}\boldsymbol{\Sigma}_{YY} &= \mathbb{E}\{(\boldsymbol{HX} + \boldsymbol{N} - \boldsymbol{H}\boldsymbol{m}_X)(\boldsymbol{HX} + \boldsymbol{N} - \boldsymbol{H}\boldsymbol{m}_X)^{\mathrm{T}}\} \\ &= \boldsymbol{H}\boldsymbol{\Sigma}_{XX}\boldsymbol{H}^{\mathrm{T}} + \boldsymbol{\Sigma}_{NN}\end{aligned}$$

由此可以得出 x 的 L-MMSE 估计：

$$\hat{x}(y) = \boldsymbol{m}_X + \boldsymbol{\Sigma}_{XX}\boldsymbol{H}^{\mathrm{T}}(\boldsymbol{H}\boldsymbol{\Sigma}_{XX}\boldsymbol{H}^{\mathrm{T}} + \boldsymbol{\Sigma}_{NN})^{-1}(y - \boldsymbol{H}\boldsymbol{m}_X)$$

3.2.2.3 MAP 估计值

最大后验（或 MAP）估计值基于以下代价函数，对于任意小的 $\delta > 0$，有

$$c(x, \hat{x}(y)) = \begin{cases} 0, \| x - \hat{x}(y) \| < \delta \\ 1, \text{其他} \end{cases} \tag{3.10}$$

$$C(y) = \int_x c(x, \hat{x}(y)) p_{X|Y}(x \mid y)\mathrm{d}x \tag{3.11}$$

则

$$C(y) = 1 - \int_x (1 - c(x, \hat{x}(y))) p_{X|Y}(x \mid y) \mathrm{d}x \tag{3.12}$$

$$C(y) = 1 - \int_{\hat{x}(y)-\delta}^{\hat{x}(y)+\delta} p_{X|Y}(x \mid y) \mathrm{d}x \tag{3.13}$$

因此，我们需要最大化关于函数 $\hat{x}(y)$ 的第二项，以使期望代价最小。令 $\delta \to 0$ 时，我们发现当 $\hat{x}(y)$ 是 $p_{X|Y}(x \mid y)$ 的最大值时，代价是最小的。这就解释了为什么命名为最大后验估计：

$$\hat{x}(y) = \arg\max_{x \in x} p_{X|Y}(x \mid y) \tag{3.14}$$

注意，当 $\boldsymbol{X}$ 和 $\boldsymbol{Y}$ 是联合高斯时，$p_{X|Y}(x \mid y)$ 是高斯分布，其众数与其均值一致。换句话说，MAP 估计与 MMSE 估计一致。

例 3.3【抛硬币】

假设我们有一枚硬币，偏差为 x（正面的概率是 x，反面的概率是 $1-x$）。我们抛硬币 N 次，观察结果 $\boldsymbol{y}$，$\boldsymbol{y}$ 是一系列的正面和反面观测。我们希望估计 x。可以看到由 $p_{Y|X}(\boldsymbol{y}|x) = (1-x)^{N_H} x^{N_T}$ 给出，其中 $N_H(N_T)$ 是正面（反面）在 $\boldsymbol{y}$ 中出现的次数。根据贝叶斯理论，有

$$p_{X|Y}(x \mid \boldsymbol{y}) = C_y p_X(x)(1-x)^{N_H} x^{N_T}$$

式中：C_y 为相对于 x 而言不变的常数，xMAP 估计由下式给出：

$$\hat{x}(\boldsymbol{y}) = \arg\max_{x \in [0,1]} p_X(x)(1-x)^{N_H} x^{N_T}$$

让我们将 $p_X(x)$ 设置为一定间隔 $\left[\frac{1}{2}-\varepsilon, \frac{1}{2}+\varepsilon\right]$ 内的均匀分布，则 MAP 估计由下式给出：

$$\hat{x}(\boldsymbol{y}) = \begin{cases} \frac{1}{2} - \varepsilon, \frac{1}{2} - \varepsilon > N_H/N \\ N_H/N, \frac{1}{2} - \varepsilon < N_H/N < \frac{1}{2} + \varepsilon \\ \frac{1}{2} + \varepsilon, N_H/N > \frac{1}{2} + \varepsilon \end{cases}$$

当 $\varepsilon \to \frac{1}{2}$ 时，我们得到更一般的估计：

$$\hat{x}(\boldsymbol{y}) = \frac{N_H}{N}$$

3.2.3　离散变量的估计

当 $\boldsymbol{X}$ 是一个离散的随机变量时，说一个估计是正确的还是错误的是有意义的。此外，X 可能是一个没有太多数学结构的奇怪集合，以至于距离的概

念（我们之前用于描述 MMSE 估计值）可能不存在（如集合 $X = \{$香蕉，奶牛，MIT 史塔特中心$\}$）。在任何情况下，代价 $C(\boldsymbol{y})$ 都可以写为

$$C(\boldsymbol{y}) = \sum_{\boldsymbol{x} \in \chi} c(\boldsymbol{x}, \hat{\boldsymbol{x}}(\boldsymbol{y})) p_{\boldsymbol{x}|\boldsymbol{y}}(\boldsymbol{x} \mid \boldsymbol{y}) \tag{3.15}$$

假设选择以下代价函数：当 $\hat{\boldsymbol{x}}(\boldsymbol{y}) \neq \boldsymbol{x}$ 时，设置代价为 1，否则为 0。无论 X 是什么，这样的代价函数总是有意义的。由此得出

$$C(\boldsymbol{y}) = 1 - p_{\boldsymbol{x}|\boldsymbol{y}}(\hat{\boldsymbol{x}}(\boldsymbol{y}) \mid \boldsymbol{y}) \tag{3.16}$$

因此，代价取最小值当且仅当

$$\hat{\boldsymbol{x}}(\boldsymbol{y}) = \arg\max_{\boldsymbol{x} \in \chi} p_{\boldsymbol{x}|\boldsymbol{y}}(\boldsymbol{x} \mid \boldsymbol{y}) \tag{3.17}$$

我们再次得到了 MAP 估计值，在这种情况下，预期代价 C 可以解释为错误概率，即

$$C = \sum_{\boldsymbol{x} \in \chi} \int_{y} c(x, \hat{\boldsymbol{x}}(\boldsymbol{y})) p_{\boldsymbol{X}|\boldsymbol{Y}}(\boldsymbol{x}, \boldsymbol{y}) \mathrm{d}\boldsymbol{y} \tag{3.18}$$

和

$$C = \sum_{\boldsymbol{x} \in \chi} p_{\boldsymbol{x}}(\boldsymbol{x}) \int_{y} c(x, \hat{\boldsymbol{x}}(\boldsymbol{y})) p_{\boldsymbol{Y}|\boldsymbol{X}}(\boldsymbol{y} \mid \boldsymbol{x}) \mathrm{d}\boldsymbol{y} \tag{3.19}$$

$$C = \sum_{\boldsymbol{x} \in \chi} p_{\boldsymbol{x}}(\boldsymbol{x}) \underbrace{\int_{Y(\bar{\boldsymbol{x}})} p_{\boldsymbol{Y}|\boldsymbol{X}}(\boldsymbol{y} \mid \boldsymbol{x}) \mathrm{d}\boldsymbol{y}}_{P_{\mathrm{e}}(\boldsymbol{x})} \tag{3.20}$$

其中，对于给定的 $\boldsymbol{x}$，$Y(\bar{\boldsymbol{x}})$ 是观测空间 Y 的一部分，估计器为其选择一个不同于 $\boldsymbol{x}$ 的估计值 $\hat{\boldsymbol{x}}$。现在，$P_{\mathrm{e}}(\boldsymbol{x})$ 显然是估计误差的概率：它是 $\boldsymbol{y}$ 落在区域 $Y(\bar{\boldsymbol{x}})$ 内的概率，因为 $\boldsymbol{x}$ 是正确的值。因此，期望代价是期望错误概率：$C = \mathbb{E}_X\{P_{\mathrm{e}}(\boldsymbol{X})\}$。

3.3　蒙特卡罗技术

贝叶斯估计问题显然取决于如何确定后验概率分布 $p_{X|Y}(x \mid y)$ 的众数（对于 MAP）或者均值（对于 MMSE）。这通常不是一件容易的事，它经常需要对奇怪的函数做积分并解决各种优化问题，但是经典方法却往往力不从心。通过使用一系列样本来表示概率分布，蒙特卡罗技术成为代替经典方法的强大方案。积分和优化不再基于整个分布，而仅仅基于样本。

在本节中，我们将介绍粒子化表示的概念。粒子化是一种通过一系列有限的样本表示一种分布的方法。样本通过对一个合适的分布进行采样得到。我们将讨论几种采样技术，包括重要性采样（Importance Sampling）和吉布斯采样（Gibbs Sampling）。还有许多其他采样技术，但超出了本书的范围。感兴趣的读者可以参见文献［42－44］了解更多细节。

3.3.1 粒子化表示

3.3.1.1 原理

粒子表示是一种通过一系列样本表示分布的方法。通过一个例子可以很好地理解粒子表示的思想。

例3.4【蒙特卡罗积分】

我们假设有一个连续的随机变量 $\mathbf{Z}$ 和相关的分布 $p_{\mathbf{Z}}(z)$，我们的目标是确定①

$$I = \mathbb{E}_{\mathbf{Z}}\{f(\mathbf{Z})\}$$

对于一些实值函数 $f(z)$，抽取来自 $p_{\mathbf{Z}}(z)$ 的 L 个独立样本，记为 $z^{(1)}, z^{(2)}, \cdots, z^{(L)}$。那么，我们可以通过 I_L 逼近 I，即

$$I_L = \frac{1}{L}\sum_{l=1}^{L} f(z^{(l)})$$

式中：I_L 为 I 的近似值，因为 $\mathbb{E}_{\mathbf{Z}}\{I_L\} = I$，并且 $\mathbb{E}_{\mathbf{Z}}\{(I_L - I)^2\}$ 随着 L 的增大而减小，即

$$\begin{aligned}\mathbb{E}_{\mathbf{Z}}\{I_L\} &= \mathbb{E}_{\mathbf{Z}}\left\{\frac{1}{L}\sum_{l=1}^{L} f(\mathbf{Z}^{(l)})\right\} \\ &= \mathbb{E}_{\mathbf{Z}}\{F(\mathbf{Z})\}\end{aligned}$$

下面，引入 $\sigma_f^2 = \mathbb{E}_{\mathbf{Z}}\{(f(\mathbf{Z}))^2\} - I^2$。由于采样是独立的，有

$$\mathbb{E}_{\mathbf{Z}}\{(I_L - I)^2\} = \frac{\sigma_f^2}{L}$$

换句话说，估计误差的方差随着 L 增大而减小。样本 $z^{(1)}, z^{(2)}, \cdots, z^{(L)}$ 可以在不知道函数 $f(\cdot)$ 的情况下抽取。这些样本因此可以看作是 $p_{\mathbf{Z}}(z)$ 的表示。注意，当样本不是独立抽取时，$\mathbb{E}_{\mathbf{Z}}\{I_L\} = I$，但估计误差的方差通常远大于独立采样的情况（对于固定的 L）。

可以看出，分布能够有意义地用有限数量的独立样本表示。这个想法概括如下。

定义3.2【粒子表示】

给定一个随机变量 $\mathbf{Z}$，定义在集合 Z 上。分布 $p_{\mathbf{Z}}(z)$ 的粒子表示是 L 组 $(w^{(l)}, z^{(l)})$ 的集合，其中 $\sum_l w^{(l)} = 1$。对于 $Z \to \mathbb{C}$ 的任意可积函数 $f(z)$，则

---

① 例如，$p_{\mathbf{Z}}(z)$ 可以是一个后验分布，$f(z) = z$，在这种情况下，I 是一个 MMSE 估计。

$$I = \mathbb{E}_Z\{f(\boldsymbol{Z})\} \tag{3.21}$$

可以近似为

$$I_L = \sum_{l=1}^{L} w^{(l)} f(z^{(l)}) \tag{3.22}$$

这个近似应当理解为当 $L \to +\infty$ 时，几乎处处满足 $I_L \to I$。

我们将粒子表示记为以下符号：$\mathcal{R}_L(p_Z(\cdot)) = \{(\boldsymbol{w}^{(l)}, \boldsymbol{z}^{(l)})\}_{l=1}^{L}$，其中，$\boldsymbol{z}^{(l)}$ 称为具有权重 $w^{(l)}$ 的适当加权采样。

注意，我们不要求样本是相互独立的，也没有要求无偏性或估计误差的方差。应该如何选择样本和权重将成为 3.3.2～3.3.3 节研究的主题。

3.3.1.2 替代符号

考虑式（3.21）和式（3.22），对连续变量 $\boldsymbol{Z}$ 引入一个替代符号是有意义的：

$$p_{\boldsymbol{Z}}(z) \approx \sum_{l=1}^{L} w^{(l)} \delta(z - z^{(l)}) \tag{3.23}$$

式中：$\delta(\cdot)$ 为狄拉克分布（Dirac distribution）。

另外，对于离散变量 $\boldsymbol{Z}$，可以写为

$$p_{\boldsymbol{Z}}(z) \approx \sum_{l=1}^{L} w^{(l)} \mathbb{I}\{z = z^{(l)}\} \tag{3.24}$$

式中：$\mathbb{I}(\mathrm{P})$ 为关于命题 P 的指示函数，定义为当 P 为真时 $\mathbb{I}(\mathrm{P}) = 1$，当 P 为假时 $\mathbb{I}(\mathrm{P}) = 0$。

式（3.23）和式（3.24）中的符号"≈"应理解为将式（3.23）或式（3.24）代入式（3.21）可以得到近似值，即式（3.22）。通过引入以下等式可以很方便地使用更一般的符号表示：

$$\boxminus(\boldsymbol{x}_1, \boldsymbol{x}_2, \cdots, \boldsymbol{x}_D) = \begin{cases} \prod_{k=1}^{D-1} \delta(\boldsymbol{x}_{k+1} - \boldsymbol{x}_k), \boldsymbol{x}_k \text{ 为连续变量} \\ \prod_{k=1}^{D-1} \mathbb{I}(\boldsymbol{x}_{k+1} = \boldsymbol{x}_k), \boldsymbol{x}_k \text{ 为离散变量} \end{cases} \tag{3.25}$$

因此，对于连续变量和离散变量，都可以写为

$$p_z(z) \approx \sum_{l=1}^{L} w^{(l)} \boxminus(z, z^{(l)}) \tag{3.26}$$

3.3.1.3 有趣的粒子表示

粒子表示的一些重要用途如下：

（1）确定边缘概率。如果有一个分布 $\boldsymbol{Z} = [Z_1, Z_2, Z_3]$，其粒子表示为 $\mathcal{R}_L(p_Z(\cdot)) = \{(w^{(l)}, (z_1^{(l)}, z_2^{(l)}, z_3^{(l)}))\}_{l=1}^{L}$，我们能够得到边缘概率的粒子分布，如 $\mathcal{R}_L(p_{z_1}(\cdot)) = \{(w^{(l)}, z_1^{(l)})\}_{l=1}^{L}$ 和 $R_L(p_{z_1,z3}(\cdot,\cdot)) = \{(w^{(l)}, (z_1^{(l)},$

$z_3^{(l)}))\}_{l=1}^{L}$。

（2）重复采样。给定粒子表达式 $\mathcal{R}_L(p_{\mathbf{Z}}(\cdot)) = \{(w^{(l)}, \boldsymbol{z}^{(l)})\}_{l=1}^{L}$，我们可以把它看作概率质量函数并从中抽取样本。这将产生一个新的粒子表示 $\mathcal{R}_K(p_{\mathbf{Z}}(\cdot)) = \{(1/K, \boldsymbol{z}^{(l)})\}_{l=1}^{K}$，其中，$K$ 可以大于或小于 L。

（3）正则化。粒子表示可以通过正则化或密度估计的过程转换为平滑密度函数。给定一个粒子表示，即

$$\mathcal{R}_L(p_{\mathbf{Z}}(\cdot)) = \{(w^{(l)}, \boldsymbol{z}^{(l)})\}_{l=1}^{L}$$

我们用高斯混合①近似 $p_{\mathbf{Z}}(\cdot)$，即

$$p_{\mathbf{Z}}(z) \approx \sum_{l=1}^{L} w^{(l)} \mathcal{N}_z(z^{(l)}, \Sigma) \tag{3.27}$$

协方差矩阵是一个对角矩阵 $\boldsymbol{\Sigma} = \sigma^2 \boldsymbol{I}_D$，其中，$D$ 是 $\mathbf{Z}$ 的维度，方差 σ^2 表示密度估计中的带宽或大小。

在这个例子中[45]，方差的一个好的选择是 $\sigma^2 = (4/(L(D+2)))^{1/(D+4)}$。

3.3.2　低维系统的采样

3.3.2.1　概述

虽然我们现在明白什么是粒子表示，但是仍不清楚如何选择样本和权重。一种可能的方法是从 $p_{\mathbf{Z}}(z)$ 中抽取 L 个独立样本：$\boldsymbol{z}^{(1)}, \boldsymbol{z}^{(2)}, \cdots, \boldsymbol{z}^{(L)}$。这导致粒子表示为 $\mathcal{R}_L(p_{\mathbf{Z}}(\cdot)) = \{(1/L, \boldsymbol{z}^{(l)})\}_{l=1}^{L}$。然而，通常很难从一个任意的分布中采样。另外，当我们对计算期望值 $\mathbb{E}_Z\{f(\mathbf{Z})\}$ 感兴趣时，仅在 $f(z)$ 取有效值处选择样本才是明智的。否则，很多样本不会对式（3.22）中的总和做出贡献。重要性采样就是一种处理这些问题的方法。

3.3.2.2　重要性采样

重要性采样在以下情况下很有用：

（1）从 $p_{\mathbf{Z}}(z)$ 中采样很困难。

（2）$p_{\mathbf{Z}}(z)$ 与 $f(z)$ 不是很匹配。这发生在例如当 $f(z)$ 只有在那些 $p_{\mathbf{Z}}(z)$ 非常小的 z 处才能取到有效值的情况。那么，对于许多样本，$f(z^{(l)})$ 可能会忽略不计，并且会浪费大量的计算。

下面介绍一个简单的例子。

例 3.5【从后验分布中采样】

在估计问题中我们观测到了 $\boldsymbol{y}$，并且已知先验分布 $p_{\boldsymbol{X}}(\boldsymbol{x})$ 和似然函数

① 其他分布（核）的混合也是可能的。

$p_{Y|X}(\boldsymbol{y} \mid \boldsymbol{x})$。对于给定的观测值 $\boldsymbol{y}$，我们希望找到一个后验分布 $p_{X|Y}(\boldsymbol{x} \mid \boldsymbol{y})$ 的粒子表示。根据贝叶斯原理，有

$$p_{X|Y}(\boldsymbol{x} \mid \boldsymbol{y}) = \frac{p_{Y|X}(\boldsymbol{y} \mid \boldsymbol{x})p_X(\boldsymbol{x})}{p_Y(\boldsymbol{y})}$$

注意，$\boldsymbol{y}$ 是确定的，并且 $p_Y(\boldsymbol{y})$ 不依赖于 $\boldsymbol{x}$。当 $\boldsymbol{X}$ 是离散的并且具有低维度时，可以通过简单地计算分子 $\boldsymbol{\Phi}(\boldsymbol{x}_i) = p_{Y|X}(\boldsymbol{y} \mid \boldsymbol{x}_i)p_X(\boldsymbol{x}_i)$，对于每个 $\boldsymbol{x} \in X$，找到概率质量函数 $p_{X|Y}(\boldsymbol{x} \mid \boldsymbol{y})$，有

$$p_{X|Y}(\boldsymbol{x} \mid \boldsymbol{y}) \frac{\boldsymbol{\Phi}(\boldsymbol{x})}{\sum_{x_i \in \chi} \boldsymbol{\Phi}(\boldsymbol{x}_i)}$$

然后，可以从概率质量函数 $p_{X|Y}(\boldsymbol{x} \mid \boldsymbol{y})$ 中采样。当 $\boldsymbol{X}$ 是连续的时，我们不清楚如何从 $p_{X|Y}(\boldsymbol{x} \mid \boldsymbol{y})$ 中采样，因为 $p_Y(\boldsymbol{y})$ 通常是很难确定的。

重要性采样避免了如下问题：我们的目标是找到 $p_Z(z)$（称为目标分布）的粒子表示。取一个任何容易采样的分布 $q_Z(z)$（称为重要性采样分布）。我们引入一个附加函数 $w(z) = p_Z(z)/q_Z(z)$，并且限制当 $p_Z(z)$ 非零时 $q_Z(z)$ 也非零。然后，可以得出

$$I = \int_{-\infty}^{+\infty} f(z)p_Z(z)\mathrm{d}z \tag{3.28}$$

和

$$I = \frac{\int f(z)w(z)q_Z(z)\mathrm{d}z}{\int w(z)q_Z(z)\mathrm{d}z} \tag{3.29}$$

现在，从 $q_Z(z)$ 中抽取 L 个样本 $z^{(1)}, z^{(2)}, \cdots, z^{(L)}$，并使用蒙特卡罗积分近似分子和分母：

$$I \approx I_L \tag{3.30}$$

和

$$I = \frac{\frac{1}{L}\sum_{l=1}^{L} f(z^{(l)})w(z^{(l)})}{\frac{1}{L}\sum_{k=1}^{L} w(z^{(l)})} \tag{3.31}$$

$$I = \sum_{l=1}^{L} w^{(l)} f(z^{(l)}) \tag{3.32}$$

其中，

$$w^{(l)} = \frac{w(z^{(l)})}{\sum_{k=1}^{L} w(z^{(l)})} \tag{3.33}$$

$\mathcal{R}_L(p_Z(\cdot)) = \{(w^{(l)}, z^{(l)})\}_{l=1}^{L}$，则

$$w^{(l)} = \alpha \frac{p_z(z^{(l)})}{q_z(z^{(l)})} \tag{3.34}$$

式（3.34）和权重仅相差一个归一化常数（可以在所有样本抽取完成后确定）。现在可以选择一个合适的 $q_Z(z)$ ，以便大多数样本的权重不为零。显然，我们已经解决了两个问题：不需要直接从 $p_Z(z)$ 中采样，并且可以根据 $f(z)$ 调整 $q_Z(z)$。

3.3.2.3　重新考虑重要性采样

虽然重要性采样解决了我们的两个初始问题，但又出现一个新问题：我们需要知道 $p_Z(z)$ 和 $q_Z(z)$ 的解析式以计算 $w(z)$ 。在许多情况下，已知和 $p_Z(z)$ 、$q_Z(z)$ 相差一个常数，即

$$p_Z(z) = \frac{1}{C_p} \tilde{p}_Z(z) \tag{3.35}$$

或

$$q_Z(z) = \frac{1}{C_q} \tilde{q}_Z(z) \tag{3.36}$$

式中：$\tilde{p}_Z(z)$ 和 $\tilde{q}_Z(z)$ 是解析已知的；C_p 和 C_q 是未知常数。

我们引入 $\tilde{w}(z) = \tilde{p}_Z(z) / \tilde{q}_Z(z)$。

注意，这个函数可以对任何 z 精确求值。样本 $z^{(l)}$ 的权重由下式给出，即

$$w^{(l)} = \frac{w(z^{(l)})}{\sum_{k=1}^{L} w(z^{l})} \tag{3.37}$$

或

$$\tilde{w}^{(l)} = \frac{\tilde{w}(z^{(l)})}{\sum_{k=1}^{L} \tilde{w}(z^{l})} \tag{3.38}$$

因为因子 C_q/C_p 在分子和分母中抵消掉了，这意味着即使不知道常数 C_p 和 C_q ，我们仍然可以使用重要性采样。注意，当 $p_Z(z) = q_Z(z)$ 时，权重都等于 $1/L$ 。最终的算法在算法 3.1 中描述。

算法 3.1　重要性采样
1：**for** $l = 1 \sim L$ do
2：　draw $z^{(l)} \sim q_Z(z)$
3：　compute $w^{(l)} = \tilde{p}_Z(z^{(l)}) / \tilde{q}_Z(z^{(l)})$
4：**end for**
5：normalize weights
6：output：$\mathcal{R}_L(p_Z(\cdot)) = \{(w^{(l)}, z^{(l)})\}_{l=1}^{L}$

例 3.6【续例 3.5】

让我们回到希望得到粒子表示的例子，即

$$p_{X|Y}(\boldsymbol{X} \mid \boldsymbol{Y}) = \frac{p_{Y|X}(\boldsymbol{y} \mid \boldsymbol{x})p_X(\boldsymbol{x})}{p_Y(\boldsymbol{y})}$$
$$\propto p_{Y|X}(\boldsymbol{y} \mid \boldsymbol{x})p_X(\boldsymbol{x})$$

从先验 $p_X(\boldsymbol{x})$ 中抽取 L 个独立样本 $\boldsymbol{x}^{(1)},\boldsymbol{x}^{(2)},\cdots,\boldsymbol{x}^{(L)}$，那么 $\boldsymbol{x}^{(l)}$ 的权重为

$$w^{(l)} \propto \frac{p_{Y|X}(\boldsymbol{y} \mid \boldsymbol{x}^{(l)})p_X(\boldsymbol{x}^{(l)})}{p_X(\boldsymbol{x}^{(l)})}$$
$$= p_{Y|X}(\boldsymbol{y} \mid \boldsymbol{x}^{(l)})$$

因此，在权重归一化之后，对于固定的观测 $\boldsymbol{y}$，有 $\mathcal{R}_L(p_{X|Y}(\cdot \mid \boldsymbol{y})) = \{(w^{(l)},\boldsymbol{x}^{(l)})\}_{l=1}^{L}$。

3.3.3 高维系统的采样

当 $\boldsymbol{Z}$ 的维度很小时，重要性采样是有用的。然而在高维系统中，重要性采样会导致不可靠的表示，因为大多数权重将接近于零[46]。从高维分布采样的最重要的技术之一是基于马尔可夫链，由此产生了许多属于 MCMC 技术的算法。MCMC 方法的历史可以追溯到第二次世界大战，并且从那以后一直用于各种工程应用。MCMC 背后的复杂理论相对于本书的目标而言太过于复杂，所以只对 MCMC 进行一些直觉上的理解而不进行严格的推理证明。有兴趣的读者可以参见文献［42－44，46－48］了解更多信息。尽管存在许多 MCMC 采样技术，但我们只讨论著名的吉布斯采样[49]。

在本节中，首先介绍马尔可夫链的概念和不变分布；然后将展示如何从马尔可夫链中采样；最后将描述吉布斯采样。我们关注的是离散随机变量(为了便于说明，本书不需要将 MCMC 技术用于连续随机变量)。

3.3.3.1 马尔可夫链

考虑一个有限域 $\mathcal{Z} = \{a_1,a_2,\cdots,a_N\}$，包含 N 个元素。马尔可夫链是 Z 上随机变量的一个序列 $Z_0,Z_1,\cdots,Z_{n-1}$，满足马尔可夫性质：

$$p_{Z_n|Z_0,Z_1,\cdots,Z_{n-1}}(z_n \mid z_0,z_1,\cdots,z_{n-1}) = p_{Z_n|Z_{n-1}}(z_n \mid z_{n-1}) \tag{3.39}$$

式中：有限域 $\mathcal{Z}$ 称为状态空间；$\boldsymbol{Z}_n$ 为在时刻 n 处的状态（$n \geqslant 0$）。

当转移概率 $p_{Z_n|Z_{n-1}}(z_n \mid z_{n-1})$ 与时刻 n 无关时，马尔可夫链是齐次的。在一个齐次马尔可夫链中，可以定义一个所谓的转移核：

$$Q(z' \mid z) = p_{Z_n|Z_{n-1}}(z' \mid z) \tag{3.40}$$

将在时间 n 处的系统状态的分布记为 $p_n(\cdot)$。假设有初始分布 $p_0(\cdot)$，

那么在时间 $n=1$ 处的状态分布与在时间 0 处的状态分布可以表示为

$$p_1(z') = \sum_{z\in\mathcal{Z}} Q(z' \mid z)p_0(z) \tag{3.41}$$

下面将分布 $p_n(\cdot)$ 表示为 $N\times 1$ 的列矢量 $\boldsymbol{p}_n$，其中 $[\boldsymbol{p}_n]_i = p_n(a_i)$，并且转移核 $Q(z'\mid z)$ 是 $N\times N$ 的矩阵 $\boldsymbol{Q}$，其中 $[\boldsymbol{Q}]_{ij} = Q(\boldsymbol{a}_i \mid \boldsymbol{a}_j)$。注意，$\boldsymbol{p}_n$ 中的元素和为 1，矩阵 $\boldsymbol{Q}$ 中的各列也是如此。这意味着矩阵 $\boldsymbol{Q}$ 将至少有一个特征值等于 1，即

$$\boldsymbol{p}_n = \boldsymbol{Q}\boldsymbol{p}_{n-1} \tag{3.42}$$

或

$$\boldsymbol{p}_n = \boldsymbol{Q}^n\boldsymbol{p}_0 \tag{3.43}$$

因此，分布 $\boldsymbol{p}$ 对马尔可夫链是不变的，并且满足

$$\boldsymbol{p} = \boldsymbol{Q}\boldsymbol{p} \tag{3.44}$$

换句话说，它是特征值为 +1 的右特征矢量。至少存在一个这样的特征矢量，当马尔可夫链是不变的且对于某些有限的 n 和每个初始分布 $\boldsymbol{p}_0$ 都有 $\boldsymbol{p} = \boldsymbol{Q}^n\boldsymbol{p}_0$，则称分布 $\boldsymbol{p}$ 是有限的。

3.3.3.2 从马尔可夫链中采样

我们假设一个希望从中抽取样本的目标分布 $p_{\boldsymbol{Z}}(z)$，将 $p_{\boldsymbol{Z}}(z)$ 用矢量 $\boldsymbol{p}$ 表示，假设对于一个有限的分布 $\boldsymbol{p}$ 可以找到一个转移核 $\boldsymbol{Q}$。

我们从一些初始分布 $p_0(\cdot)$ 中首先抽取 $z^{(0)}$，然后从 $Q(\cdot\mid \boldsymbol{z}^{(0)})$ 中抽取 $\boldsymbol{z}^{(1)}$，最后从 $Q(\cdot\mid \boldsymbol{z}^{(1)})$ 中抽取 $z^{(2)}$，以此类推。经过一段时间后（称为定型阶段），我们最终将从目标分布 $\boldsymbol{p}$ 中抽取样本，样本通常不是相互独立的。独立（或近似独立）的样本可以通过对 MCMC 样本进行抽取（即对于一些适当大的自然数 M，丢弃每 M 个样本中的 $M-1$ 个）来获得。

3.3.3.3 吉布斯采样

吉布斯采样是一种非常有吸引力的技术，它可以从分布 $p_{\boldsymbol{Z}}(z)$ 中采样，其中 $\boldsymbol{Z}$ 是一个 D 维随机变量：$\boldsymbol{Z} = [Z_1, Z_2, \cdots, Z_D]$。为了简单起见，让我们关注 $D=3$ 的情况。很容易验证以下关系式成立：

$$\begin{aligned}\underbrace{p_{Z_1Z_2Z_3}}_{p_{\boldsymbol{Z}}(z')}(z'_1,z'_2,z'_3) &= p_{Z_3\mid Z_1Z_2}(z'_3\mid z'_1,z'_2)p_{Z_2\mid Z_1}(z'_2\mid z'_1)p_{Z_1}(z'_1)\\ &= \sum_{z_1z_2z_3}\underbrace{p_{Z_1Z_2Z_3}(z_1,z_2,z_3)}_{p_{\boldsymbol{Z}}(z)}\cdot\\ &\quad \underbrace{p_{Z_3\mid Z_1Z_2}(z'_3\mid z'_1,z'_2)p_{Z_2\mid Z_1Z_3}(z'_2\mid z'_1,z'_3)p_{Z_1\mid Z_2Z_3}(z'_1\mid z_2,z_3)}_{Q(z'\mid z)}\end{aligned}$$

即 $p_{\boldsymbol{Z}}(z)$ 为转移核的不变分布：

$$Q(z'_1,z'_2,z'_3\mid z_1,z_2,z_3) = p_{Z_3\mid Z_1Z_2}(z'_3\mid z'_1,z'_2)p_{Z_2\mid Z_1Z_3}(z'_2\mid z'_1,z'_3)p_{Z_1\mid Z_2Z_3}(z'_1\mid z_2,z_3)$$

对于给定的 z_1，z_2，z_3，执行如下对转移核的采样：从 $p_{Z_1|Z_2Z_3}(\cdot|z_2,z_3)$ 中抽取 z'_1，从 $p_{Z_2|Z_1Z_3}(\cdot|z'_1,z_3)$ 中抽取 z'_2，从 $p_{Z_3|Z_1Z_2}(\cdot|z'_1,z'_2)$ 中抽取 z'_3。

换句话说，我们只需要从条件分布中采样。这些一维条件分布通常比原始的 D 维分布更容易采样。很容易推广到 $D>3$ 的情形，如算法 3.2 所示。可以证明（在一般条件下），$p_{\boldsymbol{Z}}(\boldsymbol{z})$ 是马尔可夫链的一个有限分布。

算法 3.2　吉布斯采样

initialization：choose an initial state $\boldsymbol{z}^{(-N_{\text{burn}}-1)}$
for $l=-N_{\text{burn}}\sim L$ do
　for $i=1\sim D$ do
　　draw $z_i^{(l)}\sim p(Z_i\mid \boldsymbol{Z}_{1:i-1}=\boldsymbol{z}_{1:i-1}^{l},\boldsymbol{Z}_{i+1:D}=\boldsymbol{z}_{i+1:D}^{(l-1)})$
　end for
end for
output：$\mathcal{R}_L(p_{\boldsymbol{Z}}(\cdot))=\{(1/L,\boldsymbol{z}^{(l)})\}_{l=1}^{L}$

3.4　本章要点

在本章中，我们介绍了贝叶斯估计理论的一些基本思想。我们推导了最大后验（MAP）估计和最小均方误差（MMSE）估计，并且涉及了连续随机变量和离散随机变量的估计问题。我们现在可以自信地为数字通信中的接收机设计任务定义估计值并建模出相应的优化问题，这一工作将在第 7 章中完成。由于得出这些优化问题的闭式解通常代价高昂，我们在本章中简要介绍了一些蒙特卡罗技术，其中重点讨论了概率分布的粒子化表示，以及分布的重要性采样和吉布斯采样。

在接下来的章节里，我们将从通信和估计理论转入一个更加抽象的领域——因子图模型。

第 4 章
因子图与和积算法

4.1 因子图简史

因子图（Factor Graph）是一种用图形表示函数的因式分解的方法。和积算法（Sum - Product Algorithm，SPA）是一种通过在函数对应的因子图上传递消息计算函数边缘的算法。因子图的术语和概念最初由 Brendan Frey 在 20 世纪 90 年代后期作为刻画统计推断问题结构的一种方法而引入。它们可以替代存在了很多年的贝叶斯置信水平网络和马尔可夫随机场，并且非常具有吸引力。同时，因子图与编码理论有广泛的联系，它可以通过图形化的方式表示纠错编码。因子图概括了常用来描述编码的 Tanner 图、格图等概念。将编码抽象成图的想法可以追溯到 1963 年，当时 Robert Gallager 在他的 MIT 博士论文中描述了低密度奇偶校验（LDPC）码。虽然 LDPC 码一直被世人所遗忘，直到近期才被重新发现，但是用图表示编码的想法却一直沿用至今，包括在十多年后引入的格的概念，以及 1981 年引入的 Tanner 图。

通过下面的时间表可以了解因子图是如何诞生的，其中列举了该领域的一系列重要贡献。我将它们分为三类：【S】关于统计推断的研究，【C】关于编码理论的研究，以及【G】涵盖两个方面的交叉研究。

• 1963 年：【C】R. Gallager，“Low density parity check codes”，*MIT*。

在他的博士论文中，Gallager 使用图模型描述了编码比特之间的关系[50]。

• 1971 年：【S】F. Spitzer，“Random fields and interacting particle systems”，*MAA Summer Seminar Notes*。

这大概是关于马尔可夫随机场的第一篇研究工作[51]。

• 1973 年：【C】G. D. Forney，“The Viterbi algorithm”，*Proceedings of the IEEE*。

在本文中 Forney 引入了“格”的概念刻画有限状态机的时间特性[52]。

• 1980 年：【S】R. Kindermann 和 J. Snell，“Markov Random Fields and

Their Applications", *American Mathematical Society*。

本书提供了一个关于马尔可夫随机场的可读教程[53]。

• 1981 年：【C】M. Tanner, "A recursive approach to low complexity codes", *IEEE Transactions on Information Theory*。

Tanner 描述了现在的 Tanner 图的模型：利用子码进行编码的二分图表示[54]。

• 1988 年：【S】S. L. Lauritzen 和 D. J. Spiegelhalter，"Local computations with probabilities on graphical structures and their application to expert systems", *Journal of the Royal Statistical Society*。

本文描述了一种贝叶斯网络并明确地考虑了因果关系[55]。

• 1988 年：【S】J. Pearl，"Probabilistic Reasoning in Intelligent Systems", *Morgan – Kaufmann*。

这项关于概率推理与推断的开创性工作将贝叶斯网络描述为无环有向图[56]。

• 1996 年：【G】N. Wiberg, "Codes and decoding on general graphs", *Linköping University*。

Wiberg 将 Forney 的格和 Tanner 图利用贝叶斯置信度网络结合起来。在这项非凡的研究工作中，他将和积算法描述为一个在图上进行的消息传递算法。他的算法可以用于维特比算法、LDPC 译码算法和 Turbo 译码算法[57]。

• 1998 年：【G】B. J. Frey，"Graphical Models for Machine Learning and Digital Communication", *MIT Press*。

Frey 在此引入了术语"因子图"。他在本书中对基于图模型的推理进行了深刻的概述[5]。

• 2000 年：【G】S. M. Aji 和 R. J. McEliece，"The Generalized Distributive Law", *IEEE Transactions on Information Theory*。

这是一个基于图模型进行函数边缘化的通用框架。它标志性地使用了一种称为联结树的图模型[4]。

• 2001 年：【G】F. R. Kschischang，B. J. Frey 和 H. – A. Loeliger，"Factor Graphs and the Sum – product Algorithm", *IEEE Transactions on Information Theory*。

这是一篇关于因子图的非常具有可读性与洞察性的教程，可以看作 Aji 和 McEliece 研究工作的补充。它在很多方面是本书的灵感[58]。

• 2001 年：【C】G. D. Forney，"Codes on Graphs：Normal Realizations", *IEEE Transactions on Information Theory*。

Forney 在此引入了“标准因子图”的概念[59]。

• 2004 年：【G】H. – A. Loeliger，“An Introduction to factor graphs”，*IEEE Signal Processing Magazine*。

因子图从此开始变得主流[60]。

• 2005 年：【G】J. S. Yedidia，W. T. Freeman 和 Y. Weiss，“Constructing free energy approximations and generalized belief propagation algorithms”，*IEEE Transactions on Information Theory*。

这篇论文揭示了统计物理中最小化自由能与和积算法之间的重要联系。

因篇幅所限，这个简短的时间表并不完整。M. I. Jordan，M. Wainwright，K. Murphy，R. Kötter，D. MacKay 和许多其他研究者在这一领域已经或正在做出重要贡献。

此时，我们准备踏上因子图世界的旅程，选择自下而上地讨论因子图。虽然这不像传统的自上而下的推导那么优雅，但是希望它能带给读者更多的启发。

本章内容安排如下：

• 我们将从 4.2 节开始介绍因子图与和积算法的基本概念。这一节旨在让读者可以直接跳过本章的其余部分并转到第 5 章。

• 在 4.3 节中，我们将详细解释图、因式分解和因子图的基本知识。

• 之后，我们将在 4.4 节中介绍和积算法——一种计算函数边缘的有效方法，还将展示和积算法如何被看作是在对应因子图上的一种消息传递算法。

• 4.5 节将介绍 Forney 的标准因子图，它们与传统的因子图等价，但是具有一些符号表达上的优势。

• 因子图的一些细节将在 4.6 节中讨论。

• 在 4.7 节中，和积算法扩展到一个更具有一般性的情形，推导出了最大和算法。

注解

应该提醒读者，本章的部分内容有些抽象。4.4.2 节、4.4.3 节和 4.4.4 节标有星号（*），读者可以跳过它们而不遗漏任何重要知识点。本章的主要目标是让读者熟悉因子图与和积算法。

4.2 十分钟因子图之旅

在本节中，我们将介绍因子图与和积算法（SPA）的基本要素。本节下面的内容会对其各个方面进行深入的探讨，但是对于理解本书的其余章节而言不是必须要看的。

4.2.1 因子图

让我们直接介绍（标准）因子图的基本概念。假设有一个函数$f:\chi_1 \times \chi_2 \times \cdots \times \chi_N \rightarrow \mathbb{R}$，它被分解成$K$个因式，即

$$f(x_1, x_2, \cdots, x_N) = \prod_{k=1}^{K} f_k(s_k) \tag{4.1}$$

式中：$s_k \subseteq \{x_1, x_2, \cdots, x_N\}$为第$k$个变量子集；$f_k(\cdot)$为一个实值函数。

我们创建这个因式分解的因子图如下：为每个因式创建一个节点（绘制成一个圆或一个正方形），并为每个变量创建一个边（绘制成一条线）。当相应的变量出现在相应的因式中时，将某个边添加到某个节点上。由于一条边只能连接到两个节点，所以需要对出现在两个以上的因式中的变量采取特殊措施。对于出现在$D>2$个因式中的变量（如X_1），我们引入一个特殊的等效节点和D个虚拟变量$X_l^{(1)}, X_l^{(2)}, \cdots, X_l^{(D)}$。对于每个虚拟变量，创建一个边并将其附加到等效节点。等效节点对应以下函数（见3.3.1节）：

$$\equiv(x_l^{(1)}, \cdots, x_l^{(D)}) = \begin{cases} \prod_{k=1}^{D-1} \delta(x_l^{k+l} - x_l^{k}), & x_l \text{ 是连续的} \\ \prod_{k=1}^{D-1} \mathbb{I}\{x_l^{k+1} = x_l^{k}\}, & x_l \text{ 是离散的} \end{cases} \tag{4.2}$$

例 4.1

$$f(x_1, x_2, x_3, x_4) = f_A(x_1) f_B(x_1, x_2) f_C(x_1, x_3, x_4)$$

$$f(x_1, x_2, x_3, x_4) = f_A(x_1) f_B(x_1, x_2) f_C(x_1, x_3, x_4)$$

相应的因子图如图4.1所示。每个因式（f_A,f_B和f_C）都有一个节点，以及变量X_1有一个等值节点。

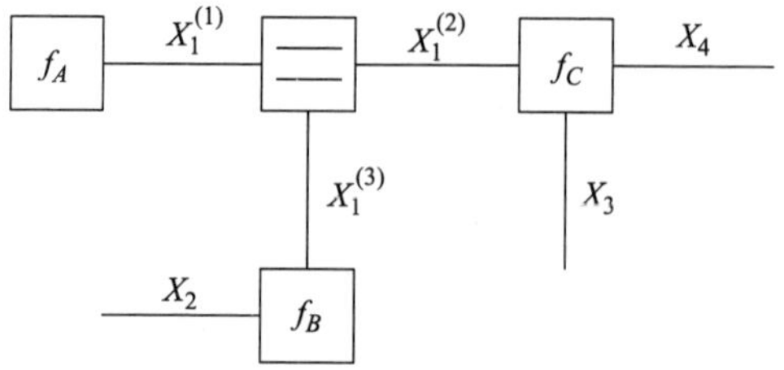

图4.1 因式分解$f_A(x_1)f_B(x_1,x_2)f_C(x_1,x_3,x_4)$的标准因子图

4.2.2　边缘函数与和积算法

我们的目标是计算函数 $f(\cdot)$ 相对于 N 个变量的边缘。X_n 的边缘由下式给出：

$$g_{x_n}(x_n) = \sum_{\sim\{x_n\}} f(x_1, x_2, \cdots, x_N) \tag{4.3}$$

式中：符号 $\sim\{x_n\}$ 表示除 x_n 之外的所有变量。

换句话说，这种边缘化需要对除 x_n 之外的所有变量的所有可能值进行求和。为了避免这种烦琐的计算，利用因式分解式（4.1）。根据 SPA，可以通过在因子图的边上传递消息的方式高效计算并求得 N 个变量的边缘。这些消息是相应变量的函数。SPA 的具体计算步骤详见算法 4.1。

在算法 4.1 中，我们像对待任何其他因式一样处理等效节点。应该注意的是，为了计算出现在 $D>2$ 个因式中的变量的边缘，可以简单地计算任何 D 对应虚拟变量的边缘。

算法 4.1　SPA

1：初始化所有节点 f_k 连接到单个边界 X_m，传递消息 $\mu_{f_k \to X_m}(x_m) = f_k(x_m), \forall x_m \in \chi_m$

2：初始化所有边界 X_n 连接到单个点 f_l，传递消息 $\mu_{X_n \to f_l}(x_n) = 1, \forall x_n \in \chi_n$

3：重复上述步骤

4：选择至少在 $D-1$ 个边界上接收到消息（$\mu_{X_l} \to f_k(x_l)$）的节点 f_k（如 $f_k(x_1, x_2, \cdots, x_D)$，连接到 D 个边缘）

5：根据保留在边界上的值 f_k 和在其他边界上的输入值，计算该边界的输出消息：

$$\mu_{f_k \to X_m}(x_m) = \sum_{\sim\{x_m\}} f_k(x_1, x_2, \cdots, x_D) \prod_{n \neq m} \mu_{X_n \to f_k}(x_n), \forall x_m \in \chi_m$$

6：直到所有的消息被计算出来

7：for $n=1 \sim N$ 进行计算

8：选择边缘 X_n 的任何节点 f_k

9：边缘 X_n 由下式给出：

$$gX_n(x_n) = \mu_{f_k \to X_n}(x_n) \mu_{X_n \to f_k}(x_n), \forall x_n \in \chi_n$$

10：结束

例 4.2

考虑函数 $f(x_1, x_2, x_3, x_4)$ 的分解：

$$f(x_1,x_2,x_3,x_4) = f_A(x_1)f_B(x_1,x_2)f_C(x_1,x_3,x_4)$$

相应的因子图如图 4.1 所示。假设所有的变量都只能取值 -1 和 1，即 $\chi_k = \{-1,1\}(k = 1,2,3,4)$。因此，所有的消息都只有两个取值：变量取 -1 时的消息值和变量取 1 时的消息值。SPA 算法计算过程如下：

(1) 初始化消息 $\mu_{f_A \to X_1^{(1)}}(x_1) = f_A(x_1)$，$\mu_{X_2 \to f_B}(x_2) = 1$，$\mu_{X_3 \to f_C}(x_2) = 1$，$\mu_{X_4 \to f_D}(x_2) = 1$。这 4 个消息如图 4.2 所示。注意，消息可以用两种方式表示，如 $\mu_{f_A \to X_1}(x_1)$ 可以写成 $\mu_{X_1^{(1)} \to ?}(x_2)$。

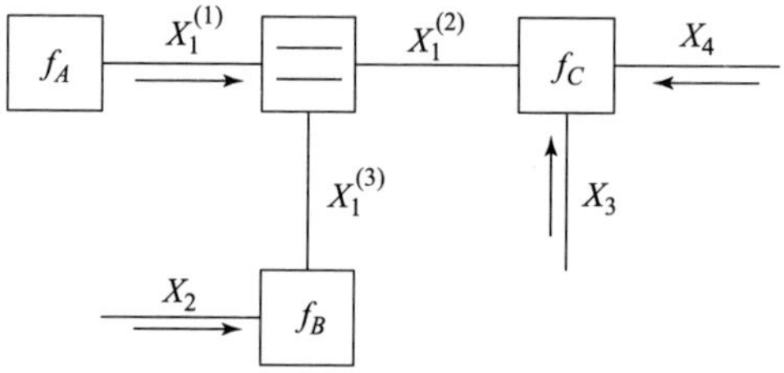

图 4.2　和积算法：初始化

(2) 下面计算消息 $\mu_{f_B \to X_1^{(3)}}(x_1)$：

$$\mu_{f_B \to X_1^{(3)}}(x_1) = \sum_{x_2} f_B(x_1,x_2)\mu_{X_2 \to f_B}(x_2)$$
$$= f_B(x_1,-1)\mu_{X_2 \to f_B}(-1) + f_B(x_1,1)\mu_{X_2 \to f_B}(1)$$

式中：$x_1 \in \{-1, +1\}$。

类似地，计算 $\mu_{f_C \to X_2^{(2)}}(x_1)$：

$$\mu_{f_C \to X_1^{(2)}}(x_1) = \sum_{x_3,x_4} f_C(x_1,x_3,x_4)\mu_{X_3 \to f_C}(x_3)\mu_{X_4 \to f_C}(x_4)$$

式中：$x_1 \in \{-1, +1\}$。

这两条消息如图 4.3 所示。

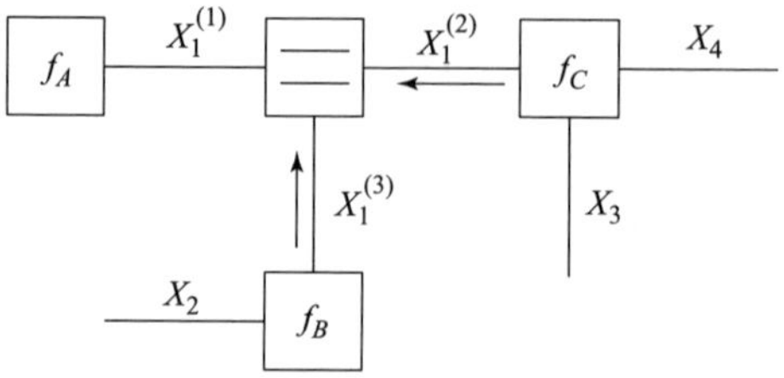

图 4.3　和积算法：消息计算

(3) 下面，我们可以计算出等效节点发出的所有消息：

$$\mu_{\boxminus\to X_1(3)}(x_1) = \sum_{x_1(1),x_1(2)} \boxminus(x_1^{(1)},x_1^{(2)},x_1)\mu_{X_1(1)\to\boxminus}(x_1^{(1)})\mu_{X_1(2)\to\boxminus}(x_1^{(2)})$$
$$= \mu_{X_1(1)\to\boxminus}(x_1)\mu_{X_1(2)\to\boxminus}(x_1)$$

同样地，有

$$\mu_{\boxminus\to X_1(2)}(x_1) = \mu_{X_1(1)\to\boxminus}(x_1)\mu_{x_1(3)\to\boxminus}(x_1)$$
$$\mu_{\boxminus\to X_1(1)}(x_1) = \mu_{X_1(2)\to\boxminus}(x_1)\mu_{X_1(3)\to\boxminus}(x_1)$$

可以看到，对于等效节点而言，在某个边上传出的消息是所有其他边上传入消息的点乘。$X_1^{(1)}$、$X_1^{(2)}$ 和 $X_1^{(3)}$ 消息如图 4.4 所示。

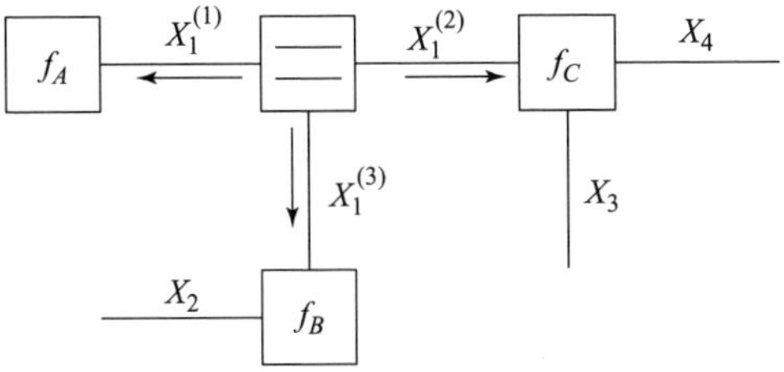

图 4.4　和积算法：$X_1^{(1)}$、$X_1^{(2)}$ 和 $X_1^{(3)}$ 消息计算

(4) 计算消息 $\mu_{f_C\to X_3}(x_3)$，$\mu_{f_C\to X_4}(x_4)$ 和 $\mu_{f_B\to X_2}(x_2)$，如图 4.5 所示。

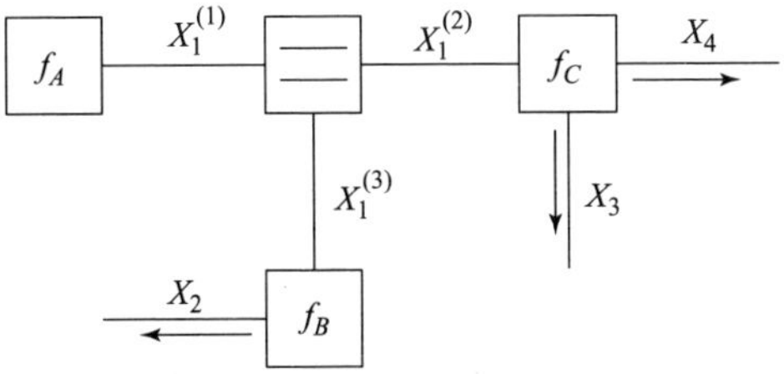

图 4.5　和积算法：X_2、X_3 和 X_4 消息计算

(5) 至此，所有消息都计算了出来，SPA 结束。现在可以计算 4 个变量的边缘：

$$g_{X_3}(x_3) = \mu_{f_C\to X_3}(x_3)\mu_{X_3\to f_C}(x_3), x_3 \in \{-1, +1\}$$

和

$$g_{X_1}(x_1) = \mu_{X_1(k)\to\boxminus}(x_1)\mu_{\boxminus\to X^{k(x_1)}1}$$

式中：$x_1 \in \{-1, +1\}$，这里可以选择任意 $k \in \{1,2,3\}$。

下面，我们聚焦于 X_3 并验证是否正确地计算了边缘，将 X_3 的边上的两个双向消息相乘：

$$\mu f_C \to X_3(x_3)\underbrace{\mu_{X_3-f_C}(x_3)}_{=1} = \mu_{f_C\to X_3}(x_3)$$

$$= \sum_{x_1, x_4} f_C(x_1, x_3, x_4) \mu_{X_1^{(2)} \to f_C}(x_1) \underbrace{\mu_{X_4 \to f_C}(x_4)}_{=1}$$

其中

$$\begin{aligned} \mu_{X_1^{(2)} \to f_C}(x_1) &= \mu_{X_1(1) \to \boxed{=}}(x_1) \mu_{X_1(3) \to \boxed{=}}(x_1) \\ &= f_A(x_1) = \sum_{x_2} f_B(x_1, x_2) \underbrace{\mu_{X_2 \to f_B}(x_2)}_{=1} \end{aligned}$$

因此，有

$$\mu_{f_C \to X_3(x_3)\mu X_3 \to f_C(x_3)} = \sum_{x_1, x_2} f_C(x_1, x_3, x_4) f_A(x_1) \sum_{x_2} f_B(x_1, x_2) = g_{X_3}(x_3)$$

注解

(1) 可以证明，当因子图没有环时（换句话说，当因子图是一个树状图时），SPA 将准确地求得边缘。当出现环时，SPA 会遇到问题：由于环引入了相关性，SPA 不再有自然而然的初始化或终止条件。在这种情况下，SPA 可以通过人为指定消息来强制初始化，而终止可以通过在运行一段时间后停止 SPA 来实现。但是，此时的 SPA 不再能确保提供准确的边缘（见 4.6.6 节）。

(2) 只要某些条件得到满足，“和”与“积”的概念就可以推广，并推导出新的算法，如最大和算法（见 4.7 节）。

至此，读者可以选择跳过本章的其余部分并继续阅读第 5 章。本章的其余部分将关注因子图与 SPA 的复杂细节，并将其作为背景知识。

4.3 图论、因子和因子图

正如标题所示，本节由三个部分组成：首先从一些图论的基本理论开始；然后介绍函数及其分解；最后结合这些内容得到因式分解的因子图表示。

4.3.1 图论基础

定义 4.1【图（Graph）】

一个图是一对 $G = (V, E)$ 的集合，其中 $E \subseteq V \times V$，E 中的元素是 V（无序）的二元子集。V 代表图的节点①集合，而 E 代表边的集合。在一个

① 在多数情况下，我们在本书中使用“节点”（node）一词而不使用“顶点”（vertex），在此向图论专家们致歉。

图中，通常为每一个顶点 $v \subseteq V$ 绘制一个点、圆形或者正方形；用一条线表示每个边 $e \in E$ 并用来连接两个对应顶点。这里，我们只讨论任何两个顶点之间只有一条边的图。

定义 4.2【邻接关系】

给定边 $e \in E$，有两个顶点 v_1, v_2，使得 $e=(v_1, v_2)$。我们说 v_1 和 v_2 彼此相邻。与顶点 v 相邻的顶点集合表示为 $A(v)$。

定义 4.3【度（Degree）】

顶点的度是与其相邻的顶点的数量。

定义 4.4【关联（Incident）】

给定边 $e \in E$，则存在两个顶点 v_1 和 v_2 满足 $e=(v_1, v_2)$。此时称 v_1 和 v_2 通过 e 相关联。以 $I(e)$ 表示边 e 的顶点的集合。类似地，通过顶点 v 而相关联的边的集合表示为 $I(v)$。显然，$v \in I(e) \Rightarrow e \in I(v)$。

定义 4.5【二分图（Bipartite graph）】

二分图的顶点集合 V 可以被划分成两个子集（子类）V_X 和 V_Y，使得 $E \in V_X \times V_Y$。换句话说，在同一子类中的顶点相互之间两两无关联。

例 4.3

在图4.6中，我们表示一个图 $G=(V, E)$，其顶点集合 $V=\{v_1, v_2, \cdots v_7\}$，边集合 $E=\{(v_1, v_5), (v_1, v_7), (v_6, v_5), (v_6, v_7), (v_4, v_3), (v_4, v_2)\}$。顶点可以分为两类，$V_X=\{v_1, v_4, v_6\}$（绘制成圆形），$V_Y=\{v_2, v_3, v_5, v_7\}$（绘制成正方形）。由于只有不同类的顶点之间存在边，该图是一个二分图。显然，v_1 和 v_5 的边 (v_1, v_5) 相邻，顶点 v_1 的度是2，并且 $I(v_1)=\{(v_1, v_5), (v_1, v_7)\}$。在图4.7中，显示通过移动顶点而得到一个等价的图表示。注意，图4.7表示与图4.6等价的图 G。

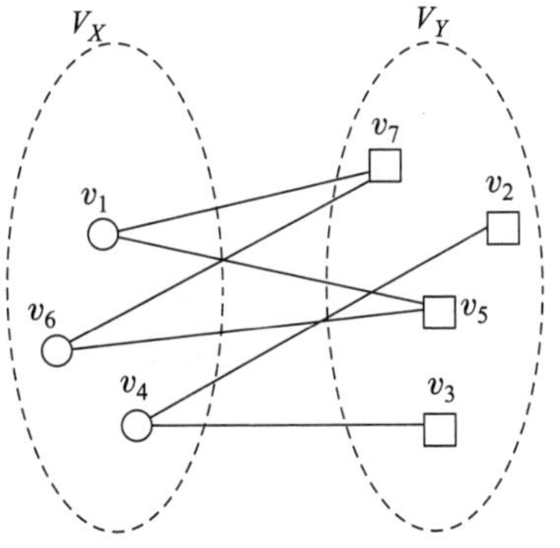

图 4.6 有7个顶点6条边的二分图

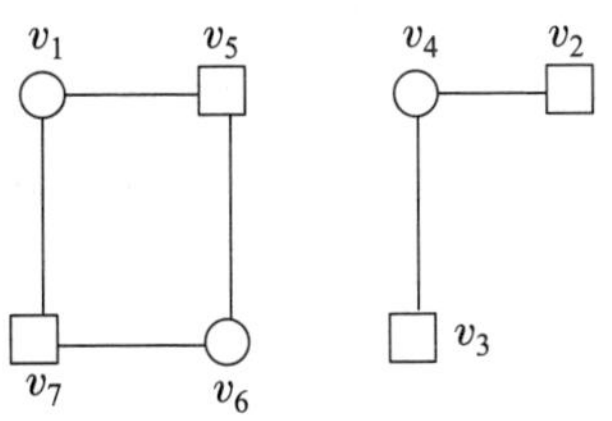

图 4.7 与图 4.6 不同的表现形式

定义 4.6【路径】

路径是一系列顶点的排序，每对连续的两个顶点构成边集 E 中的一个边。长度为 N 的路径由 $N+1$ 个顶点组成，记为 $p = v_{k1}, v_{k2}, \cdots, v_{kN+1}$，其中 $(v_{kl}, v_{kl+1}) \in E$。

定义 4.7【环（Cycle）】

给定图 G 中一个长度为 N（$N>1$）的路径，G 中的一个环由下述定义：当满足 $(v_{kn+1}, v_{k1}) \in E$ 时，即可以把 v_{k1} 再次添加到路径中，则得到 G 中的一个环。这个环的长度为 $N+1$。没有环的图称为“无环的”。

定义 4.8【连通图】

如果说在任何两个顶点之间存在路径，则图 G 是连通图。

定义 4.9【森林（Forest），树（Tree），叶（Leaf）】

森林定义为没有环的图。树状图定义为没有环的连通图。叶定义为度数是 1 的顶点。

例 4.4

图 4.7 中的图显然是非连通的：在顶点 v_4 和 v_1 之间不存在路径。在 v_1，v_5，v_6 和 v_7 之间存在一个环。这个图不是树，也不是森林。图 4.8 展示了一个没有环的连通图（一个树状图）。由于在任意两个顶点之间存在一条路径，所以图是连通的。粗体字表示的是路径（$p = v_1$，v_3，v_2）。图 4.9 展示了一个带环图。这个图同样是连通图，但是它不是一个树状图。然而，我们仍然可以将 v_1 看作一个叶顶点，因为它的度是 1。

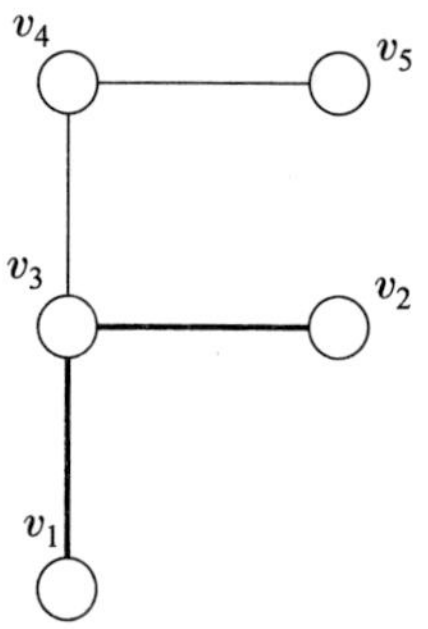

图 4.8　一个树状图（路径 $p = v_1$，v_3，v_2，用粗线在图中显示，其长度为 2）

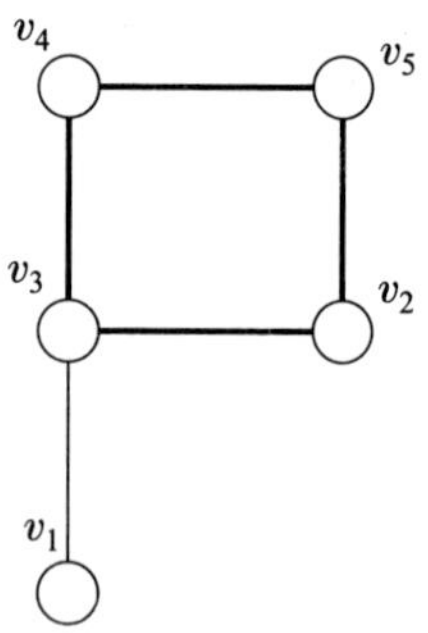

图 4.9　带状图（环长度为 4，在图中用粗线显示）

4.3.2　函数，因式分解和边缘

本节我们将介绍函数的无环因式分解的概念。考虑一个函数 $f: \chi_1, \chi_2, \cdots,$

$\chi_N \to \mathbb{R}$。我们用大写字母表示 N 个变量，用小写字母表示这些变量的实现，函数（抽象地）可以表示为

$$f(X_1, X_2, \cdots, X_N) \tag{4.4}$$

当 $X_1 = x_1, X_2 = x_2, \cdots, X_N = x_N$ 时函数取值为

$$f(X_1 = x_1, X_2 = x_2, \cdots, X_N = x_N) \tag{4.5}$$

为了表示方便，我们通常将式（4.5）写成 $f(x_1, x_2, \cdots, x_N)$。现在考虑将式（4.4）分解成 K 个因式：

$$f(X_1, X_2, \cdots, X_N) = \prod_{k=1}^{K} f_k(S_k) \tag{4.6}$$

式中：$S_k \subseteq \{X_1, X_2, \cdots, X_N\}$ 为第 k 个变量子集；$f_k(\cdot)$ 为一个实值函数。

给定函数 $f(\cdot)$ 可能有许多这样的因式分解。任何函数都存在如下“分解”：只含有一个因式（$f(\cdot)$ 本身）和 $S_1 \subseteq \{X_1, X_2, \cdots, X_N\}$。

定义 4.10【边缘】

函数 $f(\cdot)$ 关于变量 X_n 的边缘（通常称为 X_n 的边缘），是从 X_n 到 $\mathbb{R}$ 的一个函数，用 $g_{x_n}(X_n)$ 表示。它是通过求和其他所有变量得到的。更具体地说，取值 $x_n \in \chi_n$ 的边缘由下式给出：

$$g_{X_n}(x_n) = \sum_{x_1 \in \chi_1} \cdots \sum_{x_{n-1} \in \chi_{n-1}} \cdots \sum_{x_{n+1} \in \chi_{n+1}} \cdots \sum_{x_N \in \chi_N} f(X_1 = x_1, X_2 = x_2, \cdots, X_N = x_N) \tag{4.7}$$

为了方便表示，我们经常使用以下简写形式：

$$g_{x_n}(x_n) = \sum_{\sim\{x_n\}} f(x_1, x_2, \cdots, x_N) \tag{4.8}$$

或

$$g_{x_n}(x_n) = \sum_{x:x_n} f(x) \tag{4.9}$$

式中：$\sim\{x_n\}$ 表示除了 X_n 外变量集合的所有可能值；X_n 取值 x_n。

类似地，$\boldsymbol{x}:x_n$ 表示所有可能的序列 $\boldsymbol{x} = \{x_1, \cdots, x_N\}$，第 n 个分量等于 x_n。

例 4.5

考虑 $N=5$ 个变量的下列函数：

$$f(X_1, X_2, X_3, X_4, X_5) = f_1(X_1, X_3) f_2(X_2, X_3) f_3(X_1, X_2) f_4(X_2, X_4) \tag{4.10}$$

对应的 $S_1 = \{X_1, X_3\}, S_2 = \{X_2, X_3\}, S_3 = \{X_1, X_2\}, S_4 = \{X_2, X_4\}$。$X_1$ 的边缘由下式给出：

$$g_{x_n}(x_n) = \sum_{\sim\{x_n\}} f(X_1, X_2, X_3, X_4, X_5)$$

$$= \sum_{x_2,x_3,x_4,x_5} f_1(X_1,X_3)f_2(X_2,X_3)f_3(X_1,X_2)f_4(X_2,X_4)$$

分解因式不是唯一的。通过简单地将前三个因子集中在一起，也可以有另一个分解因式：

$$f(X_1,X_2,X_3,X_4,X_5) = \tilde{f}_1(X_1,X_2,X_3)f_4(X_2,X_4) \quad (4.11)$$

对应的 $\tilde{S}_1 = \{X_1,X_2,X_3\}, S_2 = \{X_2,X_4\}$。

定义 4.11【无环的因式分解】

若存在 L 个不同的二元集合 $\{X_{i_1},X_{i_2}\},\{X_{i_2},X_{i_3}\},\cdots,\{X_{i_L},X_{i_1}\}$，以及 L 个不同的变量子集 $S_{k_1},S_{k_2},\cdots,S_{k_L}$，满足对于所有 $l \in \{1,2,\cdots,L\}$ 都有 $\{X_{i_l}, X_{i_{l+1}}\} \subseteq S_{k_l}$，其中 $L \geqslant 2$，则函数 $f(X_1,X_2,X_3,X_4,X_5)$ 的因式分解 $\prod_{k=1}^{K} f_k(S_k)$ 包含长度为 L 的环。当不包含任何长度 $L \geqslant 2$ 的环时，该因式分解是无环的。

例 4.6

$f(X_1,X_2,X_3,X_4,X_5)$ 的分解式（4.10）有长度为 $L=3$ 的环：$\{X_1,X_3\} \subseteq S_1, \{X_3,X_2\} \subseteq S_2, \{X_2,X_1\} \subseteq S_3$。另外，同一函数的分解式（4.11）没有环，这样的分解是无环的。

定义 4.12【连通的因式分解】

当我们将函数 $f(X_1,X_2,\cdots,X_N)$ 的因式分解 $\prod_{k=1}^{K} f_k(S_k)$ 分组为 $\prod_{k=1}^{K} f_k(S_k) = f_A(S_A)f_B(S_A)$，并且 $S_A \cap S_A = \emptyset$ 时，该因式分解是非连通的。当不存在这样的分组时，我们认为分解是连通的。

例 4.7

考虑函数 $f(X_1,X_2,X_3,X_4,X_5)$。假设这个函数可以分解为三个因式，即

$$f(X_1,X_2,X_3,X_4,X_5) = f_1(X_1,X_2)f_2(X_3,X_4)f_3(X_4,X_5) \quad (4.12)$$

这个因式分解是非连通的，因为我们可以将它分成 $f_A(X_1,X_2) = f_1(X_1,X_2)$ 和 $f_B(X_3,X_4,X_5) = f_2(X_3,X_4)f_3(X_4,X_5)$，其中 $\{X_1,X_2\} \cap \{X_3,X_4,X_5\} = \emptyset$。

一个连通的因式分解如下：设 $\tilde{f}(X_1,X_2,X_3,X_4) = f_1(X_1,X_2)f_2(X_3,X_4)$，将该函数分解成如下两个因式：

$$f(X_1,X_2,X_3,X_4,X_5) = \tilde{f}(X_1,X_2,X_3,X_4)f_3(X_4,X_5)$$

这个分解是连通的。

这些定义都很冗长乏味。在 4.3.3 节中，我们将从图形化的角度考虑因式分解。像无环和连通因式分解这样的概念将会有图与之对应。

4.3.3 因子图

因子图是表示函数分解的一类图。在正式描述因子图之前，需要首先介

绍相邻和邻域的概念。

定义 4.13【邻域】

对于给定的因式分解，邻域的概念既与因子有关，也与变量有关。对于一个因子 f_k，用 $N(f_k)$ 表示 f_k 的邻域，该邻域表示出现在 f_k 中的所有变量。类似地，对于一个变量 X_n，X_n 的邻域用 $N(X_n)$ 表示，该邻域表示变量中含有 X_n 的所有因子。显然，$X_n \in N(f_k) \Leftrightarrow f_k \in N(X_n)$。

例 4.8

重新回顾函数 $f(X_1, X_2, X_3, X_4, X_5)$，我们发现 $N(X_1) = \{f_1, f_3\}$ 和 $N(f_2) = \{X_2, X_3\}$。

定义 4.15【因子图】

给定一个函数的因式分解

$$f(X_1, X_2, \cdots, X_N) = \prod_{k=1}^{K} f_k(S_k) \tag{4.13}$$

对应因子图 $G = (V, E)$ 是一个二分图，创建如下：

(1) 对于每个变量 X_n，我们创建一个顶点，称为变量节点（variable node）：$X_n \in V$；

(2) 对于每个因子 f_k，我们创建一个顶点，称为函数节点（function node）：$f_k \in V$；

(3) 对于每个因子 f_k 和每个变量 $X_n \in N(f_k)$，我们建立一个边 $e = (X_n, f_k) \in E$。

邻域的定义等价于图论中的邻接关系：当变量 X_n 出现在因子 f_k 中时，则 $X_n \in N(f_k)$ 并且 $f_k \in N(X_n)$。就因子图而言，X_n 节点将与 f_k 节点相邻。所以，我们可以写出（对于符号有轻微的过度使用）$X_n \in A(f_k)$ 且 $f_k \in A(X_n)$。在本章的剩余部分，我们将不再区分因式分解中的因式 f_k 和对应因子图中的函数顶点/节点。对于变量 X_k 和变量节点也是如此。

在因式分解和因子图之间有一一对应的映射关系。对于给定的因式分解，因子图通常非常容易绘制。给定一个因子图，可以通过简单地查看因子图获得因式分解的各种属性。连通性和有环因式分解的概念以自然的方式转化为连通的因子图和环。当看到一个因子图是一个树状图时，我们知道它对应于一个连通的无环因式分解。

这给我们带来了一个要点，即因子图的关键属性：它是一个图。这看起来可能是一个微不足道的评论，事实并非如此。因为它们是图形，所以我们容易思考并理解它们，这比理解一堆方程要容易得多。

例 4.9

在 4.2.2 节中，我们已经看到了几个函数的分解，现在回顾其中的一些分解。首先回到式（4.10）和式（4.11），它们是同一个函数的两种分解：

$$f(X_1,X_2,X_3,X_4,X_5) = f_1(X_1,X_3)f_2(X_2,X_3)f_3(X_1,X_2)f_4(X_2,X_4) \tag{4.14}$$

和

$$f(X_1,X_2,X_3,X_4,X_5) = \tilde{f}_1(X_1,X_2,X_3)f_4(X_2,X_4) \tag{4.15}$$

我们已经说明式（4.14）是有环的，而式（4.15）是无环的。

它们相对应的因子图分别如图 4.10 和图 4.11 所示。同样可以观察到，有环因式分解式（4.14）的因子图是带环的，而无环因式分解式（4.15）的因子图是无环的。

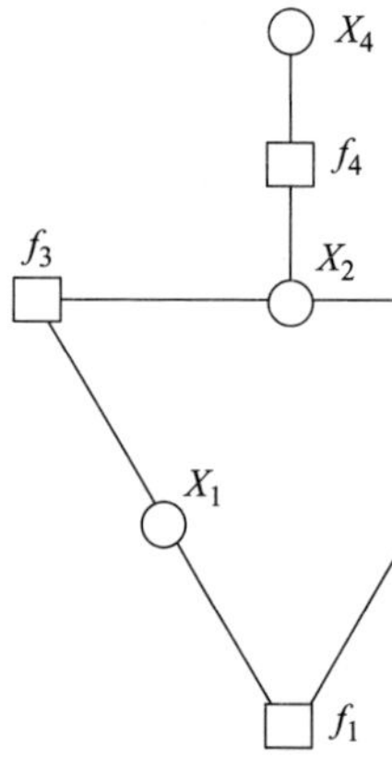

图 4.10　式（4.14）的因子图（包含一个环）

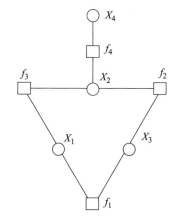

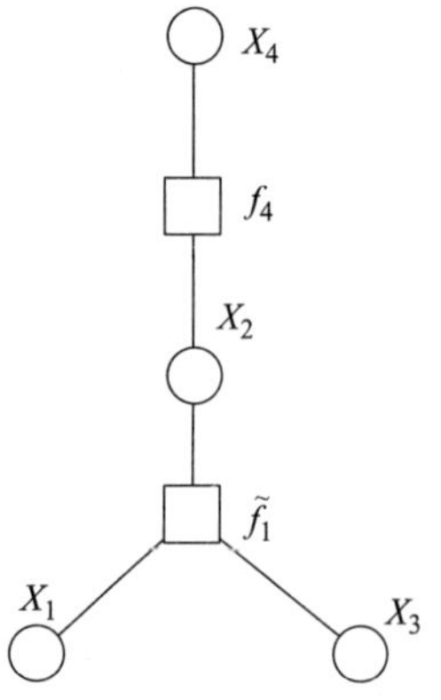

图 4.11　式（4.15）的因子图（该图是一个树状图）

例 4.10

在式（4.12）中，我们考虑了另一个函数的以下因式分解：

$$f(X_1,X_2,X_3,X_4,X_5) = f_1(X_1,X_2)f_2(X_3,X_4)f_3(X_4,X_5) \tag{4.16}$$

我们已经说明，这个分解是不连通的。式（4.16）的因子图如图 4.12 所示。注意，这个因子图也是不连通的。

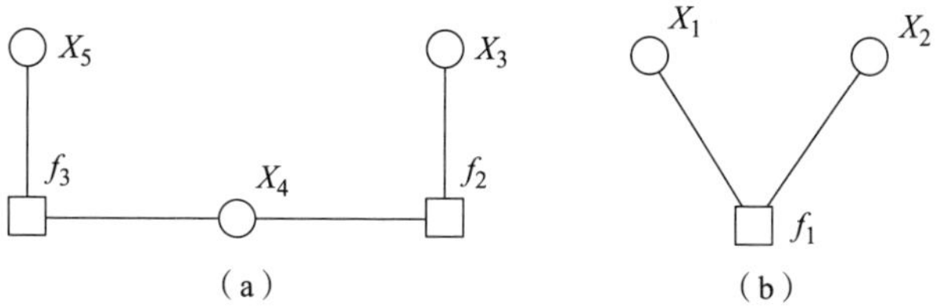

图 4.12　式（4.16）的因子图（该图是断开的且是无环的，这是森林）

例 4.11【贯穿本章的例子】

我们将在本章中多次使用下面的例子：考虑一个变量个数 $N=7$ 的函数，它可以分解成 $K=6$ 个因式，即

$$f(X_1,X_2,X_3,X_4,X_5,X_6,X_7)$$
$$= f_1(X_1,X_2,X_3)f_2(X_1,X_4)f_3(X_1,X_6,X_7)f_4(X_4,X_5)f_5(X_4)f_6(X_2) \tag{4.17}$$

显然，这个因式分解是连通的和无环的。相应的因子图如图 4.13 所示，从图中可以看出

$$\{X_1,X_2,X_3\} = N(f_1)$$

即

$$\{f_1,f_2,f_3\} = N(X_1)$$

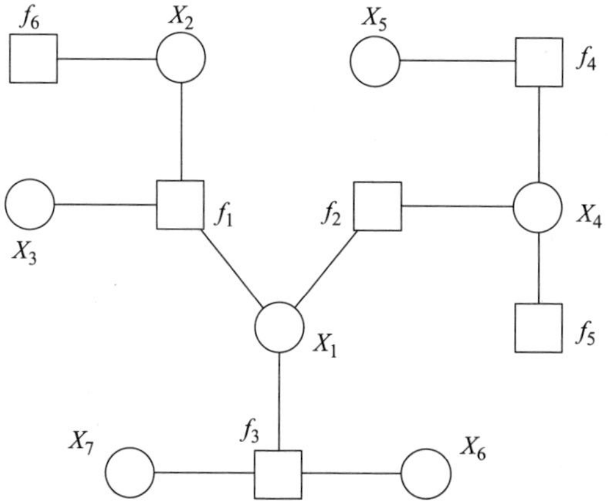

图 4.13　式（4.17）的因子图（该图是连通的且是无环的）

4.4 边缘与和积算法

4.4.1 连通无环因式分解的边缘函数

正如我们将在第 5 章中看到的，在一个函数的连通无环因式分解的基础上计算该函数的边缘是一个重要问题。下面我们从一个连通无环因式分解开始：

$$f(X_1, X_2, \cdots, X_N) = \prod_{k=1}^{K} f_k(S_k) \tag{4.18}$$

假设我们计算 $g_{x_1}(X_1)$，计算 $g_{x_1}(X_1)$ 要求对于任何 $x_1 \in X_1$，在 $X_2 \times \cdots \times X_N$ 上进行 $N-1$ 重求和。我们的目标是找到一种方法，利用连通无环因式分解进行高效的边缘计算。我们将该算法称为和积算法（SPA），它描述了如何以自动化和高效的方式计算边缘值。对于一个特定的变量（如 X_n），按照以下步骤操作：

（1）首先将因式分解式（4.18）显式地重写为 X_n 的函数。

（2）然后使用递归方法计算边缘值 $g_{x_n}(X_n)$。

在每一步中，我们都将首先进行枯燥乏味的数学描述，然后将之与有趣的因子图表示联系起来。在这里提醒读者，标有星号（*）的部分较为抽象，在第一次阅读时可以跳过这部分内容。

4.4.2 第一步：变量分割

4.4.2.1 数学的方式 *

考虑一个因式 f_k 和一个变量 $X_n \in N(f_k)$。通过这对 (X_n, f_k)，我们将递归地定义出一组变量 $S_{f_k}^{(X_n)}$，算法如算法 4.2 所示。

算法 4.2　可变分区：确定集合 $S_{f_k}^{(X_n)}$
1：输入：X_n 和 f_k
2：初始化：$S_{f_k}^{(X_n)} = \emptyset$
3：对于 $X_m \in N\{f_k\}/\{X_n\}$ 进行计算
4：将 X_m 添加到 $S_{f_k}^{(X_n)}$
5：对于 $f_l \in N\{X_m\}/\{f_k\}$ 进行计算
6：确定 $S_{f_l}^{(X_m)}$ 并加上 $S_{f_k}^{(X_n)}$
7：end for

8: end for
9: 输出: $S_{f_l}^{(X_m)}$

直观而言，算法 4.2 首先将出现在 f_k 中的所有变量（X_n 除外）添加到集合 $S_{f_l}^{(X_n)}$ 中；然后列举出这些变量作为参数出现的所有函数（f_k 除外）；最后将这些函数的所有变量添加到集合 $S_{f_l}^{(X_n)}$ 中。

例 4.12【贯穿本章的例子】

下面返回到例 4.11:

$$f(X_1,X_2,X_3,X_4,X_5,X_6,X_7)$$
$$= f_1(X_1,X_2,X_3)f_2(X_1,X_4)f_3(X_1,X_6,X_7)f_4(X_4,X_5)f_5(X_4)f_6(X_2)$$

让我们首先确定集合 $S_{f_1}^{(X_1)}$。首先找出 f_1 中出现的变量（X_1 除外）；然后找到这些变量的所有函数（f_1 除外），并添加这些函数的所有变量。

(1) 显然，$N(f_1)/\{X_1\} = \{X_2,X_3\}$，所以 X_2 和 X_3 属于 $S_{f_1}^{(X_1)}$。

(2) $N(X_3)/\{f_1\} = \phi$，所以递归的这个分支结束。

(3) $N(X_2)/\{f_1\} = \{f_6\}$，所以需要将 $S_{f_6}^{(X_2)}$ 加到 $S_{f_1}^{(X_1)}$ 中去。由于 $N(f_6)/\{X_2\} = \emptyset$，$S_{f_6}^{(X_2)} = \phi$，所以递归的这个分支结束。

最终，我们确定了 $S_{f_1}^{(X_1)} = \{X_2,X_3\}$。类似地，$S_{f_2}^{(X_1)} = \{X_4,X_5\}$，$S_{f_3}^{(X_1)} = \{X_6,X_7\}$。并且可以很容易地验证 $S_{f_1}^{(X_1)} \cup S_{f_2}^{(X_1)} \cup S_{f_3}^{(X_1)} \cup \{X_1\} = \{X_1,X_2,\cdots,X_7\}$ 以及 $S_{f_{k'}}^{(X_1)} \cap S_{f_k}^{(X_1)} = \emptyset(k' \neq k)$。

4.4.2.2 因子图的方式

变量的划分可以使用非常直观的因子图方式实现。取一个变量节点 X_n，该变量节点与函数节点 $|N(X_n)|$ 相邻。移除节点 X_n 会得到 $|N(X_n)|$ 个因子图。假设 $f_k \in N(X_n)$，那么这些因子图中的一个叶节点是 f_k。该因子图中的一组变量正好是 $S_{f_k}^{(X_n)}$。

例 4.13【贯穿本章的例子】

该示例的因子图如图 4.14 所示。我们关注变量节点 X_1，其中 $N(X_1) = \{f_1,f_2,f_3\}$。移除点 X_1 得到三个因子图，此时包含 f_1 的因子图具有变量节点 $S_{f_1}^{(X_1)} = \{X_2,X_3\}$。

现在，再将节点 X_1 放回三个因子图中。之前得到的三个因子图在图 4.14 中表示为 G_1、G_2、G_3。G_1 中的变量是（X_1 除外）$S_{f_1}^{(X_1)} = \{X_2,X_3\}$。$G_2$ 中的变量是（X_2 除外）$S_{f_2}^{(X_1)} = \{X_4,X_5\}$。$G_3$ 中的变量是（X_1 除外）$S_{f_3}^{(X_1)} = \{X_6,X_7\}$。这三个因子图各自表示一个函数的因式分解。将由 G_1 表示的函数记为 $h_{f_1}^{(X_1)}(X_1,S_{f_1}^{(X_1)})$，$G_2$ 的函数记为 $h_{f_2}^{(X_1)}(X_1,S_{f_2}^{(X_1)})$，$G_3$ 的函数记为

$h_{f_3}^{(X_1)}(X_1,S_{f_3}^{(X_1)})$。显然，有

$$f(X_1,X_2,X_3,X_4,X_5,X_6,X_7)=\prod_{f_k\in N(X_1)}h_{f_k}^{(X_1)}(X_1,S_{f_k}^{(X_1)})$$

注意，我们可以对其他变量使用相同的方法。

例如，考虑 X_2：

$$f(X_1,X_2,X_3,X_4,X_5,X_6,X_7)=h_{f_6}^{(X_2)}(X_2,S_{f_6}^{(X_2)})h_{f_1}^{(X_2)}(X_2,S_{f_1}^{(X_2)})$$

则

$$h_{f_1}^{(X_1)}(X_1,S_{f_1}^{(X_1)})=f_1(X_1,X_2,X_3)h_{f_6}^{(X_2)}(X_6,S_{f_6}^{(X_2)})$$

在4.4.3节中，我们将说明最终的观察结果。

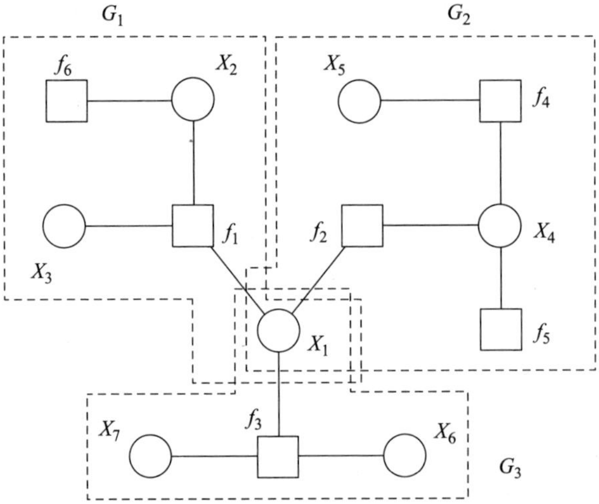

图4.14　函数 $f_1(X_1,X_2,X_3)f_3(X_1,X_4)f_3(X_1,X_6,X_7)f_4(X_4,X_5)f_5(X_4)f_6(X_2)$ 因式分解的因子图

4.4.3　第二步：因式分组

4.4.3.1　数学的方式 *

当因式分解是无环的，其满足 $S_{f_k}^{(X_n)}\cap S_{f_{k'}}^{(X_n)}=\phi(k'\neq k)$。当因式分解是连通的时，可以得到 $\{\cup_{f_k\in N(X_n)}S_{f_k}^{(X_n)}\}\cup\{X_n\}=\{X_1,X_2,\cdots,X_N\}$。这些性质允许我们用下式表达函数 $f(X_1,X_2,\cdots,X_N)$：

$$f(X_1,X_2,\cdots,X_N)=\prod_{f_k\in N(X_n)}h_{f_k}^{(X_n)}(X_n,S_{f_k}^{(X_n)})\tag{4.19}$$

式中：$h_{f_k}^{(X_n)}(X_n,S_{f_k}^{(X_n)})$ 递归地定义为

$$h_{f_k}^{(X_n)}(X_n,S_{f_k}^{(X_n)}) = f_k(\{X_m\}_{X_m \in N(f_k)}) \prod_{X_m \in N(f_k) X_n\}} \{\prod_{f_l \in N(X_m) f_k\}} h_{f_l}^{(X_m)}(X_m,S_{f_l}^{(X_m)})\} \tag{4.20}$$

式（4.20）中，$\{X_m\}_{X_m \in N(f_k)}$ 代表出现在 f_k 中的变量。当 $N(f_k)\setminus\{X_n\}$ 或 $N(X_m)\setminus\{f_k\}$ 是空集时，递归结束。

例 4.14【贯穿本章的例子】

下面返回例 4.11，我们可以将函数 $f(\cdot)$ 表示成三个因式的乘积：$f(X_1,X_2,X_3,X_4,X_5,X_6,X_7) = h_{f_1}^{(X_1)}(X_1,S_{f_1}^{(X_1)})h_{f_2}^{(X_1)}(X_1,S_{f_2}^{(X_1)})h_{f_3}^{(X_1)}(X_1,S_{f_3}^{(X_1)})$ 其中，

$$h_{f_1}^{(X_1)}(X_1,S_{f_1}^{(X_1)}) = f_1(X_1,X_2,X_3)\underbrace{h_{f_6}^{(X_2)}(X_2,S_{f_6}^{(X_2)})}_{=f_6(X_2)}$$

$$h_{f_2}^{(X_1)}(X_1,S_{f_2}^{(X_1)}) = f_2(X_1,X_4)\underbrace{h_{f_4}^{(X_4)}(X_4,S_{f_4}^{(X_4)})}_{=f_4(X_4,X_5)}\underbrace{h_{f_5}^{(X_4)}(X_4,S_{f_5}^{(X_4)})}_{=f_5(X_4)}$$

$$h_{f_3}^{(X_1)}(X_1,S_{f_3}^{(X_1)}) = f_3(X_1,X_6,X_7)$$

上述公式虽然毫无疑问是正确的，但是它们很烦琐并且难以理解。让我们看看因子图能否给我们提供帮助。

4.4.3.2　因子图的方式

我们重新考虑函数 $f(\cdot)$ 的因式分解的因子图。当我们关注特定的变量节点时（如 X_n），可以将因子图分解成 $|N(X_n)|$ 个树状图，X_n 在这些图中作为叶节点出现。每一个树状图都是一个函数的因子图。考虑其中一个树状图，X_n 将会与一个函数节点相邻（如 f_k）。该树是函数 $h_{f_k}^{(X_n)}(X_n,S_{f_k}^{(X_n)})$ 的因子图。下面，考虑一个例子（图 4.15）。显然，$N(X_n) = \{f_1,f_2,f_3)\}$，虚线框标记出函数 $h_{f_3}^{(X_n)}(X_n,S_{f_3}^{(X_n)})$ 和 $h_{f_3}^{(X_n)}(X_n,S_{f_3}^{(X_n)})$。从节点 X_n 的角度，通过分别考虑函数 f_2 和 f_3 相连的树，可以很容易地得出虚线框中的内容。递归关系式（4.20）可以从因子图中立即获得。

例 4.15【贯穿本章的例子】

因子图如图 4.16 所示。图 4.14 中的图 G_2 和 G_3 对应于函数 $h_{f_2}^{(X_1)}(X_1,S_{f_2}^{(X_1)})$ 和 $h_{f_3}^{(X_1)}(X_1,S_{f_3}^{(X_1)})$（在图 4.16 中用虚线框标记）。

图 4.16 还描述了函数 $h_{f_6}^{(X_2)}(X_2,S_{f_6}^{(X_2)})$（$S_{f_6}^{(X_2)}$ 是空集）。我们可以看出 $h_{f_1}^{(X_1)}(X_1,S_{f_1}^{(X_1)}) = f_1(X_1,X_2,X_3)h_{f_6}^{(X_2)}(X_2,S_{f_6}^{(X_2)})$。

4.4.4　第三步：计算边缘函数

4.4.4.1　一个重要的事实

边缘 $gx_n(X_n)$ 取值 $x_n \in \chi_n$ 时的计算公式由下式给出：

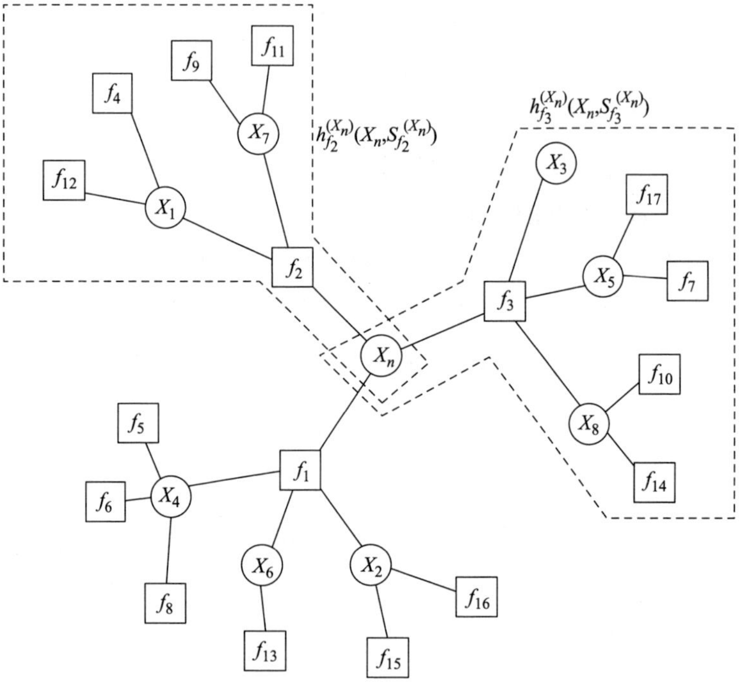

图 4.15　因子图上的划分变量和分组因式

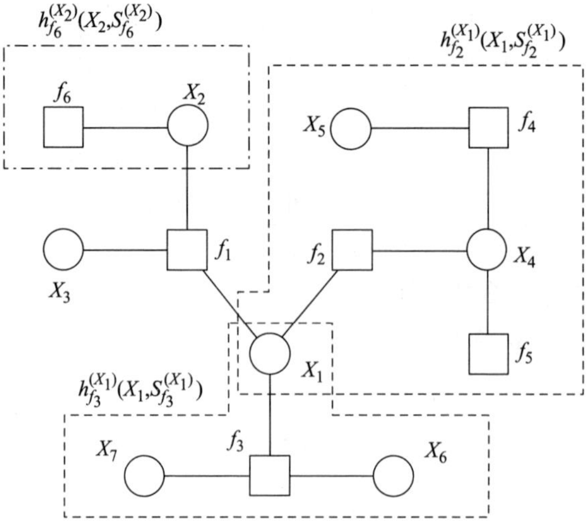

图 4.16　因式分解 $f_1(X_1,X_2,X_3)f_2(X_1,X_4)f_3(X_1,X_6,X_7)f_4(X_4,X_5)f_5(X_4)f_6(X_2)$

（从节点 X_n 的角度来看，函数 $h_{f_k}^{(X_n)}(X_n,S_{f_k}^{(X_n)})$ 的因子图是节点 f_k 的一部分）

$$gx_n(x_n) = \sum_{\sim\{x_n\}} f(x_1, x_2, \cdots, x_N) \tag{4.21}$$

将式（4.19）代入式（4.21），可得到

$$gx_n(x_n) = \sum_{\sim\{x_n\}} \Big\{ \prod_{f_k \in N(X_n)} h_{f_k}^{(X_n)}(x_n, s_{f_k}^{(X_n)}) \Big\} \tag{4.22}$$

和

$$gx_n(x_n) = \prod_{f_k \in N(X_n)} \Big\{ \sum_{s_{f_k}^{(X_n)}} h_{f_k}^{(X_n)}(x_n, s_{f_k}^{(X_n)}) \Big\} \tag{4.23}$$

以及

$$gx_n(x_n) = \prod_{f_k \in N(X_n)} \Big\{ \sum_{\sim(X_n)} h_{f_k}^{(X_n)}(x_n, s_{f_k}^{(X_n)}) \Big\} \tag{4.24}$$

式（4.22）和式（4.23）是因为对于无环因式分解，集合 $\{S_{f_k}^{(X_n)}\}_{f_k \in N(X_n)}$ 是互不重叠的。考虑下面这个问题，这是一个重要的结果。

例 4.16【贯穿本章的例子】

通过 4.4.3 节可知，我们的例子中使用的函数可以写为

$$f(X_1, X_2, X_3, X_4, X_5, X_6, X_7) = h_{f_1}^{(X_1)}(S_{f_1}^{(X_1)}, X_1) h_{f_2}^{(X_1)}(S_{f_2}^{(X_1)}, X_1) h_{f_3}^{(X_1)}(S_{f_3}^{(X_1)}, X_1)$$

X_1 的边缘为

$$\begin{aligned}
gx_1(x_1) &= \sum_{\sim\{x_1\}} \{ h_{f_1}^{(X_1)}(s_{f_1}^{(X_1)}, x_1) h_{f_2}^{(X_1)}(s_{f_2}^{(X_1)}, x_1) h_{f_3}^{(X_1)}(s_{f_3}^{(X_1)}, x_1) \} \\
&= \sum_{s_{f_1}^{(X_1)}, s_{f_2}^{(X_1)}, s_{f_3}^{(X_1)}} \{ h_{f_1}^{(X_1)}(s_{f_1}^{(X_1)}, x_1) h_{f_2}^{(X_1)}(s_{f_2}^{(X_1)}, x_1) h_{f_3}^{(X_1)}(s_{f_3}^{(X_1)}, x_1) \} \\
&= \Big\{ \sum_{s_{f_1}^{(X_1)}} h_{f_1}^{(X_1)}(s_{f_1}^{(X_1)}, x_1) \Big\} \Big\{ \sum_{s_{f_2}^{(X_1)}} h_{f_2}^{(X_1)}(s_{f_2}^{(X_1)}, x_1) \Big\} \Big\{ \sum_{s_{f_3}^{(X_1)}} h_{f_3}^{(X_1)}(s_{f_3}^{(X_1)}, x_1) \Big\} \\
&= \prod_{f_k \in N(X_1)} \Big\{ \sum_{\sim(X_1)} h_{f_k}^{(X_1)}(x_1, s_{f_k}^{(X_1)}) \Big\}
\end{aligned}$$

4.4.4.2　两个特殊函数：数学的方式 *

在此我们介绍变量 X_n 的两个特殊函数：对于任意的 $f_k \in N(X_n)$，定义 $\mu_{X_n \to f_k}: \chi_n \to \mathbb{R}$ 和 $\mu_{f_k \to X_n}: \chi_n \to \mathbb{R}$ 如下：

$$\mu_{f_k \to X_n(x_n)} = \sum_{\sim(x_n)} h_{f_k}^{(X_n)}(x_n, s_{f_k}^{(X_n)}) \tag{4.25}$$

和

$$\mu_{X_n \to f_k(x_n)} = \prod_{f_l \in N(X_n) \setminus \{f_k\}} \Big\{ \sum_{\sim(x_n)} h_{f_l}^{(X_n)}(x_n, s_{f_l}^{(X_n)}) \Big\} \tag{4.26}$$

注意，当 $N(f_k) = \{X_n\}$ 时，$\mu_{f_k \to X_n} = f_k(x_n)$；当 $N(X_N) = \{f_k\}$ 时，$\mu_{X_n \to f_k} = 1$。函数 $\mu_{X_n \to f_k}(X_n)$ 和函数 $\mu_{f_k \to X_n}(X_n)$ 可以通过以下关系关联起来。

（1）把式（4.25）代入式（4.26），可得

$$\mu_{X_n \to f_k(x_n)} = \prod_{f_l \in N(X_n) \setminus (f_k)} \mu_{f_l \to X_n(x_n)} \tag{4.27}$$

（2）由于因式分解无环，将式（4.20）代入式（4.25），可得

$$\begin{aligned}
&\mu_{f_k \to X_n(x_n)} \\
&= \sum_{\sim \{x_n\}} f_k(\{X_m = x_m\} x_m \in N(f_k)) \prod_{X_m \in N(f_k) \setminus \{X_n\}} \left\{ \prod_{f_l \in N(X_m) \setminus \{f_k\}} h_{f_l}^{(X_m)}(x_m, s_{f_l}^{(X_m)}) \right\} \\
&= \sum_{\sim \{x_n\}} f_k(\{X_m = x_m\} x_m \in N(f_k)) \prod_{X_m \in N(f_k) \setminus \{X_n\}} \left\{ \prod_{f_l \in N(X_m) \setminus \{f_k\}} \sum_{\sim \{x_n\}} h_{f_l}^{(X_m)}(x_m, s_{f_l}^{(X_m)}) \right\} \\
&= \sum_{\sim \{x_n\}} f_k(\{X_m = x_m\} x_m \in N(f_k)) \prod_{X_m \in N(f_k) \setminus \cdot \{X_n\}} \mu_{x_m \to f_k}(x_m)
\end{aligned} \tag{4.28}$$

（3）根据式（4.24），利用这些特殊的函数可以将取值 x_n 的边缘函数 $g_{X_n}(x_n)$ 用下面两个公式表示：

$$g_{X_n}(x_n) = \prod_{f_k \in N(X_n)} \mu_{f_k \to X_n}(x_n) \tag{4.29}$$

和

$$g_{X_n}(x_n) = \mu_{f_l} \to X_n(x_n) \mu_{X_n \to f_l}(x_n) \tag{4.30}$$

并且，式（4.30）对任意 $f_l \in N(X_n)$ 都成立。

4.4.4.3 两种特殊函数：因子图的方式

在因子图中，函数 $\mu_{X_n \to f_k}(X_n)$ 和函数 $\mu_{f_k \to X_n}(X_n)$ 可以表示为消息，通过因子图上的边传递计算。将因子图的每个节点想象成一个小型计算机，将每个边想象成一个通信链路，则存在两种类型的计算机：与变量 X_n 有关的计算机和与变量 f_k 有关的计算机。每个计算机通过每个连接它的边传递消息。我们用 $\mu_{X_n \to f_k}(X_n)$ 表示变量节点 X_n 到函数节点 $f_k \in N(X_n)$ 的消息。同理，用 $\mu_{f_k \to X_n}(X_n)$ 表示变量节点 f_k 到函数 X_n 的消息。

消息是与其相关联的变量的函数。从 X_n 到 f_k 的消息是根据传入其中的消息 $\mu_{f_l \to X_n}(X_N), f_l \in N(X_N) \setminus \{f_k\}$，利用式（4.27）计算的。该计算步骤如图 4.17 所示。同样地，从 f_k 到 X_n 的消息是根据 $\mu_{X_m \to f_k}(X_m)(X_m \in N(f_k) \setminus \{X_n\})$，利用式（4.28）计算的。该计算步骤如图 4.18 所示。

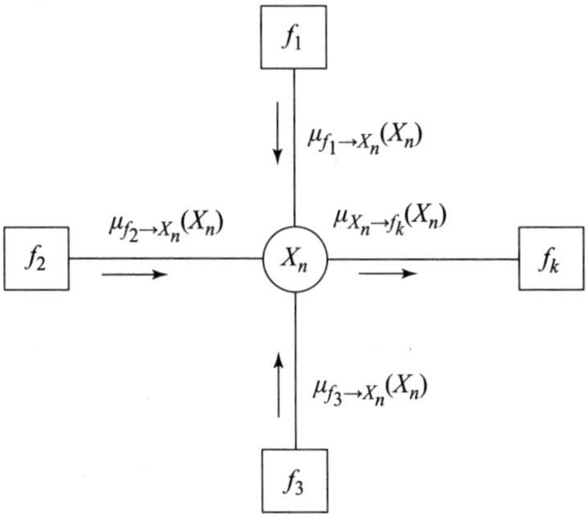

图 4.17 和积算法：由变量节点到函数节点的计算规则

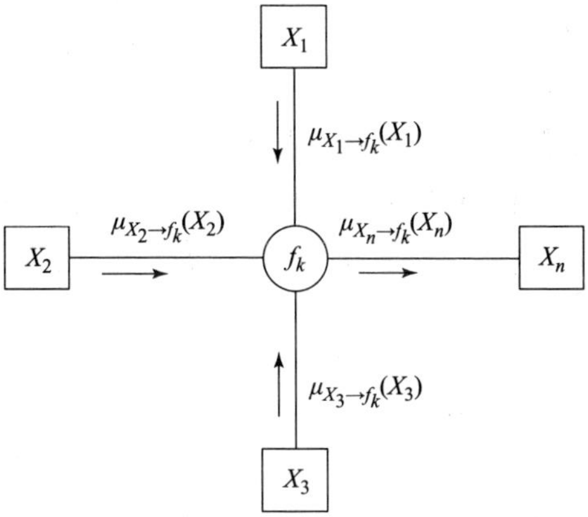

图 4.18 和积算法：从函数节点到变量节点的计算规则

4.4.5 和积算法

基于函数 $\mu_{X_n\to f_k}(X_n)$ 和函数 $\mu_{f_k\to X_n}(X_n)$ 计算边缘的方法称为 SPA。该算法因式（4.28）中的求和与求积而得名。$\mu_{X_n\to f_k}(X_n)$ 可以通过递归地使用式（4.27）和式（4.28）计算。一旦计算完了所有的函数 $\mu_{X_n\to f_k}(X_n)$ 和 $\mu_{f_k\to X_n}(X_n)$（对于所有的 X_n 和所有的 $f_k\in N(X_n)$），就可以使用式（4.30）求得变量的边缘。

为了方便起见，我们从因子图的叶节点开始描述该算法。算法一共分为三个阶段：初始化阶段，在此阶段计算叶节点处的消息；计算阶段，在此阶段计算所有其他消息；终止阶段，在此阶段求得所有变量的边缘。

1. 初始化

（1）对于每个将消息发送到变量节点 X_m 的函数叶节点 f_k，$\{X_n\}=N(f_k)$，有 $\mu_{f_k\to X_m}=f_k(x_m)(x_m\in\chi_m)$。

（2）对于每个将消息发送到函数节点 f_l 的变量叶节点 X_n，$f_l=N(X_n)$，有 $\mu_{X_n\to f_l}(x_n)=1(x_n\in\chi_n)$。

2. 消息计算规则

执行到所有的消息 $\mu_{X_n\to f_k}(X_n)$ 和消息 $\mu_{f_k\to X_n}(X_n)$ 都被计算出来。每条消息只计算一次。

（1）对于度为 D 的任何函数节点 f_k：当 f_k 收到来自 $D-1$ 个不同的变量节点 $\{X_n\}\in N(f_k)$ 传入的消息后，节点 f_k 可以根据式（4.28）将消息 $\mu_{f_k\to X_m}(X_m)$ 输出到余下的那个变量节点 X_m，即

$$\mu_{f_k\to X_m}(X_m)=\sum_{\sim\{x_m\}}f_k(\{X_n=x_n\}_{X_n\in N(f_k)})\prod_{X_n\in N(f_k)/\{X_m\}}\mu_{X_n\to f_k}(x_n) \tag{4.31}$$

消息计算如图 4.18 所示。

（2）对于任何度数为 D 的变量节点 X_n：当 X_n 收到来自 $D-1$ 个不同的函数节点 $f_k\in N(X_n)$ 传入的消息后，节点 X_n 根据式（4.27）将消息 $\mu_{X_n\to f_l}(X_N)$ 输出到余下的那个函数节点 f_l，即

$$\mu_{X_n\to f_l}(x_n)=\prod_{f_k\in N(X_n)/\{f_l\}}\mu_{f_k\to X_n}(x_n) \tag{4.32}$$

消息计算如图 4.17 所示。

3. 终止

首先计算 X_n 取值 $x_n\in\chi_n$ 的边缘，取任意的 $f_k\in N(X_n)$；然后根据式（4.30）将边（X_n,f_k）上的两个消息相乘，即

$$gX_n(x_n)=\mu_{f_k\to X_n}(x_n)\mu_{X_n\to f_k}(x_n) \tag{4.33}$$

注意，集合 $S_{f_l}^{(X_m)}$ 和函数 $h_{f_l}^{(X_m)}(X_m,S_{f_l}^{(X_m)})$ 不再需要明确求出。

例 4.17【贯穿本章的例子】

让我们回到例 4.11。我们有一个 $N=7$ 的变量函数，可以分解为如下 $K=6$ 个因式：

$$f(X_1,X_2,X_3,X_4,X_5,X_6,X_7)=f_1(X_1,X_2,X_3)f_2(X_1,X_4)f_3(X_1,X_6,X_7)\cdot f_4(X_4,X_5)f_5(X_4)f_6(X_2) \tag{4.34}$$

相应的因子图如图 4.13 所示。现在在此使用 SPA。

步骤 1 首先从叶节点计算消息，叶节点分别为 X_3,X_5,X_6,X_7 和 f_5,f_6。消息 $\mu_{X_3\to f_1}(X_3),\mu_{X_5\to f_4}(X_5),\mu_{X_6\to f_3}(X_6)$ 和 $\mu_{X_7\to f_3}(X_7)$ 都等于 1，则

$$\begin{cases}\mu_{f_6\to X_2}(x_2) = f_6(x_2)\\ \mu_{f_5\to X_4}(x_4) = f_5(x_4)\end{cases}$$

这些消息如图 4.19 所示。

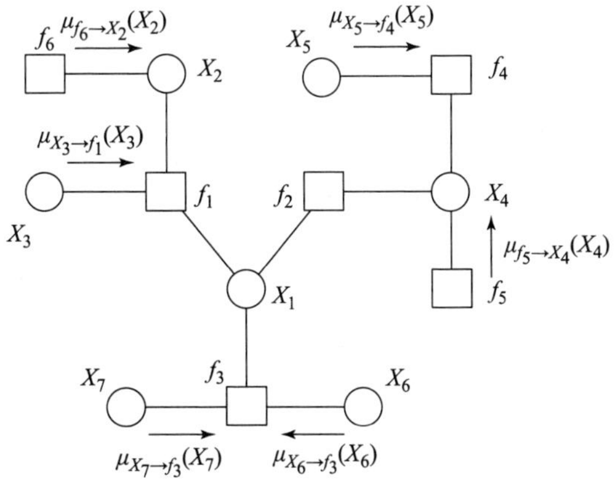

图 4.19　步骤 1：从叶节点传出消息

步骤 2　现在计算三个新消息。例如，函数节点 f_3 的度为 3，它首先接收到两个消息（一个来自 X_6，一个来自 X_7）。现在它可以使用式（4.31）计算剩余的变量节点 X_1 的消息 $\mu_{f_3\to X_1}(X_1)$：

$$\mu_{f_3\to X_1}(X_1) = \sum_{\sim\{x_1\}} f_3(x_1,x_6,x_7)\mu_{X_6\to f_3}(x_6)\mu_{X_7\to f_3}(x_7)$$

相似地，函数节点 f_4 可以用下式计算传递到 X_4 的消息 $\mu_{f_4\to X_4}(X_4)$：

$$\mu_{f_4\to X_4}(X_4) = \sum_{\sim\{x_4\}} f_4(x_4,x_5)\mu_{X_5\to f_4}(x_5)$$

同时，变量节点 X_2 接收到来自 f_6 的消息，使用式（4.32）传递消息 $\mu_{2\to f_1}(X_2)$ 到函数节点 f_1：

$$\mu_{X_2\to f_1}(x_2) = \mu_{f_6\to X_2}(x_2)$$

这些消息如图 4.20 所示。在步骤 1 中计算的消息使用虚线箭头标记。

步骤 3　如图 4.21 所示，利用式（4.31），函数节点 f_1 传递消息 $\mu_{f_1\to X_1}(X_1)$ 到变量节点 X_1：

$$\mu_{f_1\to X_1}(X_1) = \sum_{\sim\{x_1\}} f_1(x_1,x_2,x_3)\mu_{X_2\to f_1}(x_2)\mu_{X_3\to f_1}(x_3)$$

同时，变量节点 X_4 现在使用式（4.32）向函数节点 f_2 传递消息 $\mu_{X_4\to f_2}(X_4)$：

$$\mu_{X_4\to f_2}(X_4) = \mu_{f_4\to X_4}(x_4)\mu_{f_5\to X_4}(x_4)$$

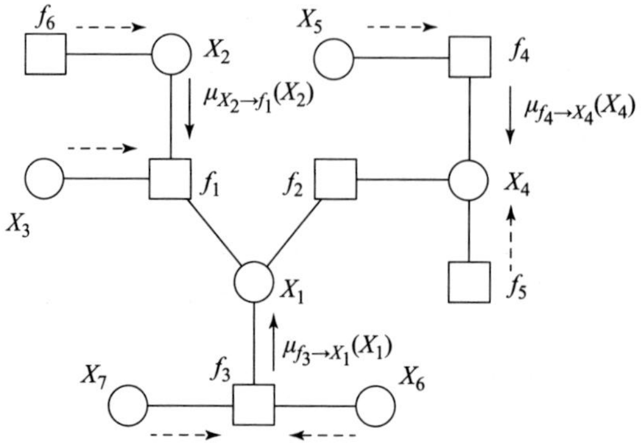

图 4.20　步骤 2：从已有消息计算新消息

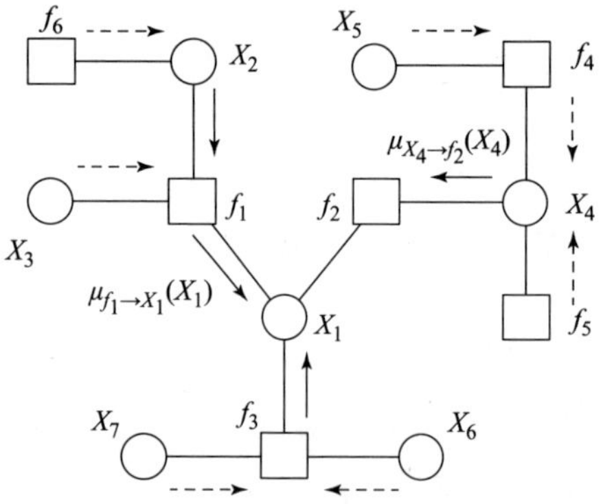

图 4.21　步骤 3：传递消息

步骤 4　如图 4.22 所示，此时 f_2 使用式（4.31）传递消息 $\mu_{f_2\to X_1}(X_1)$ 到 X_1：

$$\mu_{f_2\to X_1}(X_1) = \sum_{\sim\{x_1\}} f_2(x_1,x_4)\mu_{X_4\to f_2}(x_4)$$

同时，变量节点 X_1 使用式（4.32）传递消息 $\mu_{X_1\to f_2}(X_1)$ 到 f_2：

$$\mu_{X_1\to f_2}(X_1) = \mu_{f_1\to X_1}(x_1)\mu_{f_3\to X_1}(x_1)$$

注意，此时对于 $x_1\in\chi_1$，我们可以通过边（X_1,f_2）上的消息的点乘计算边缘 $gx_1(X_1)$：

$$gX_1(x_1) = \mu_{X_1\to f_2}(x_1)\mu_{f_2\to X_1}(x_1)$$

下面的计算步骤从略，但是读者可以很容易地在步骤 4 中计算出所有消息，并且可以求得所有边缘。

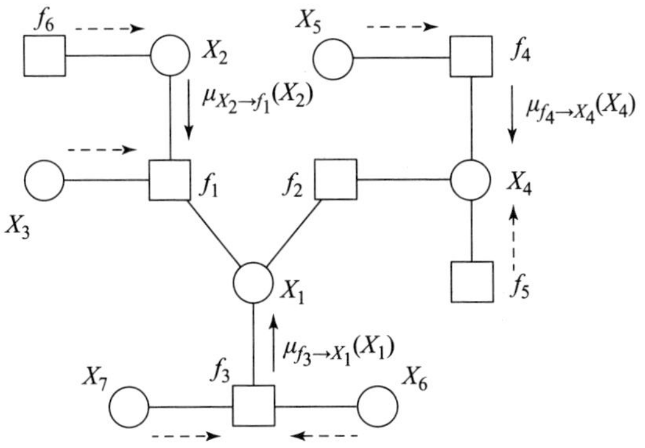

图22　步骤 4：从已有消息计算新消息，求所有边缘

4.5　标准因子图

4.5.1　起源

在有些文献中可以找到两种不同类型的因子图。我们刚才讨论的是比较传统的因子图。除此之外，Forney 引入了另一种类型的因子图，称为标准因子图（Normal Factor Graph，NFG）。后者与传统的因子图相等价，图中计算的消息传递是完全一样的。标准因子图（乍一看）需要对图结构进行一些奇怪的修改。标准因子图不算是严格意义上的图。就我个人而言，我总是使用标准因子图。有两个简单的原因：首先，标准因子图的顶点/节点比传统因子图的更少，这使得标准因子图更容易理解；其次，在标准因子图中只有一种类型的顶点/节点：函数节点。因此，只有一个消息计算规则。在明确地描述标准因子图之前，总结出传统因子图的以下几个特点。

（1）度为 1 的每个变量节点 X_n 在其域 χ_n 上传递消息 1。

（2）度为 2 的每个变量节点 X_n 简单地转发任意的传入消息，不做修改。仔细思考式（4.32）中度 $D=2$ 的变量节点不难意识到这一点。

（3）每个度 $D>2$ 的变量节点 X_n 都对传入消息进行点乘以获得传出消息。另外，考虑一个度为 D 的函数节点 f_k，映射关系 $\chi^D\to\mathbb{R}$，其定义为

$$f_k(x_1,x_2,\cdots,x_D)=\boxed{=}(x_1,x_2,\cdots,x_D) \tag{4.35}$$

式中：$\boxed{=}(\cdot)$ 在 3.3.1 节定义为

$$\boxed{=}(x_1,x_2,\cdots,x_D)=\begin{cases}\prod_{k=1}^{D-1}\delta(x_{k+1}-x_k), & x_k\text{ 为连续的}\\ \prod_{k=1}^{D-1}\mathbb{I}\{x_{k+1}=x_k\}, & x_k\text{ 为离散的}\end{cases} \tag{4.36}$$

式中：对于命题 P，$\mathbb{I}(P)$ 是指示函数，当 P 为真时 $\mathbb{I}(P)=1$；当 P 为假时 $\mathbb{I}(P)=0$。

对于这样一个函数节点，消息计算规则是什么？假设已知传入消息 $\mu_{X_n\to f_k}(X_N)$，$(n=2,\cdots,D)$，我们希望计算传出消息 $\mu_{f_k\to X_1}(X_1)$。利用式(4.31)，可得

$$\mu_{f_k\to X_1}(x_1)=\sum_{\sim\{x_1\}}f_k(x_1,x_2,\cdots,x_D)\prod_{n=2}^{D-1}\mu_{X_n\to f_k}(x_n) \tag{4.37}$$

$$=\prod_{n=2}^{D-1}\mu_{X_n\to f_k}(x_1) \tag{4.38}$$

可以看到，这样的函数节点与变量节点对传入消息的逐点乘法完全等价。因此，我们将这样的节点称为等效节点。

4.5.2 定义

现在，让我们正式地介绍标准因子图。我们用一个顶点表示每个因子，用一条边表示每个变量。

定义 4.14【标准因子图】

给出一个函数的因式分解

$$f(X_1,X_2,\cdots,X_N)=\prod_{k=1}^{K}f_k(S_k) \tag{4.39}$$

并建立相应的传统因子图 $G=(V,E)$。由此得到标准因子图的步骤如下：

(1) 除去每个度为 1 的变量节点 X_n，这产生了所谓的半边（仅与一个节点相连）。此半边标记为 X_n。

(2) 移除每个度为 2 的变量节点 X_n 以及与其相连的边。我们直接用一个边连接节点 f_k 和 f_l 并记为边 X_n，其中 $\{f_k,f_l\}=N(X_n)$。

(3) 每个度 $D>2$ 的变量节点 X_n 被一个等效节点 $\boxminus(X_n^1,X_n^2,\cdots,X_n^{(D)})$ 替换，这里 $X_n^1,X_n^2,\cdots,X_n^{(D)}$ 是虚拟变量。等效节点和节点 f_{k_m} 连接的边标记为 $X_n^{(m)}$，其中 $\{f_{k1},f_{k2},\cdots,f_{kD}\}=N(X_n)$。

例 4.18【贯穿本章的例子】

让我们回到以前的示例中。有一个变量数 $N=7$ 的函数，它可以被分解成 $K=6$ 个因式：

$$f(X_1,X_2,X_3,X_4,X_5,X_6,X_7)=f_1(X_1,X_2,X_3)f_2(X_1,X_4)f_3(X_1,X_6,X_7)\cdot f_4(X_4,X_5)f_5(X_4)f_6(X_2) \tag{4.40}$$

传统的因子图如图 4.23 所示，对应的标准因子图如图 4.24 所示。可以看到它有更少的节点，并且 X_1 和 X_4 的变量节点都被一个等效节点和三个虚

拟变量替换了。

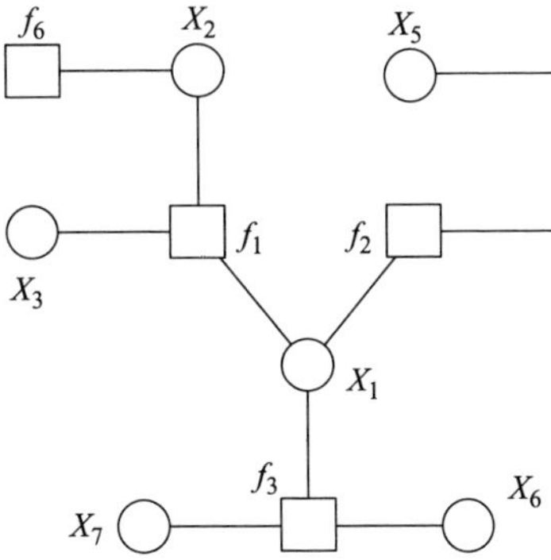

图 4.23　一个传统的因子图

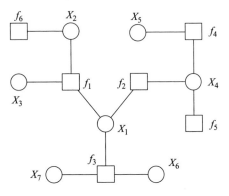

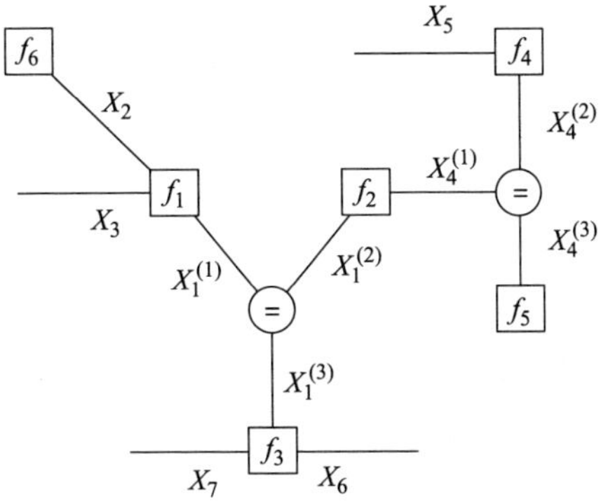

图 4.24　与图 4.23 相对应的标准因子图

4.5.3　标准因子图上的和积算法

现在我们将描述标准因子图的 SPA。为了清楚起见，我们不区分虚拟变量和真实的变量。这将使我们可以像对待其他函数节点一样对待等效节点。此外，在命名消息时需要注意到一点：给定一个边（如表示 X_n）和两个函数节点（表示 f_k 和 f_l），来自函数节点 f_k 在 X_n 上传递的消息有以下等价的名称：$\mu_{X_n \to f_k}(X_n)$，$\mu_{f_k \to X_n}(X_n)$ 甚至 $\mu_{f_k \to f_l}(X_n)$。

1. 初始化

（1）对于每个与 X_m 相连的函数叶节点 f_k，传递消息 $\mu_{f_k \to X_m}(X_m)$，其中 $\mu_{f_k \to X_m}(X_m) = f_k(x_m)(\forall x_m \in X_m)$。

（2）对于每个连接函数节点 f_l 的半边 X_n，传递消息 $\mu_{X_n \to f_l}(X_n) = 1(\forall x_n \in X_n)$。

2. 消息计算规则

直到计算完所有的 $\mu_{X_n \to f_k}(X_n)$ 和所有的 $\mu_{f_k \to X_n}(X_n)$ 。每个消息只计算一次。

对于任意度为 D 的节点 f_k : f_k 接收到来自 $D-1$ 个不同的边 $X_n \in N(f_k)$ 的传入消息后，节点 f_k 可以在剩余边 X_m 上发送一条传出消息 $\mu_{f_k \to X_m}(X_m)$ ，即

$$\mu_{f_k \to X_m}(x_m) = \sum_{\sim \{x_m\}} f_k(\{X_n = x_n\}_{X_n \in N(f_k)}) \prod_{X_n \in N(f_k) \setminus \{X_m\}} \mu_{X_n \to f_k}(x_n) \quad (4.41)$$

标准因子图的消息计算规则如图 4.25 所示。

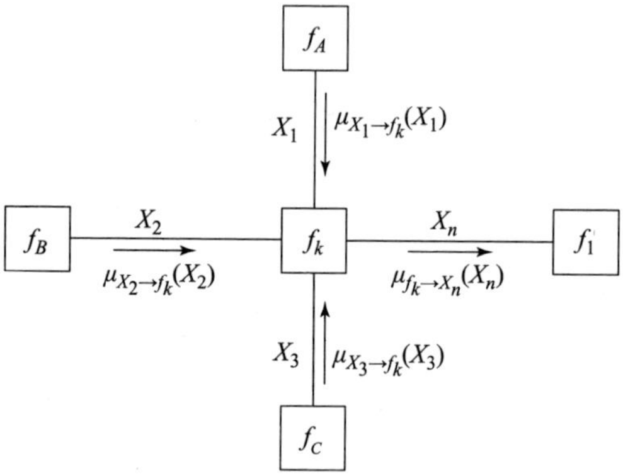

图 4.25　标准因子图的消息计算规则

（注意，$\mu_{X_1 \to f_k}(X_n)$ 其实是 $\mu_{f_k \to X_1}(X_n)$ 的另一个名字）

3. 终止

要计算 X_n 的边缘：首先取任意的 $f_k \in N(X_n)$ ；然后将 X_n 边上的两个消息相乘，即得到边缘 $gx_n(X_n)$ ：

$$g_{x_n}(x_n) = \mu_{f_k \to X_n}(x_n)\mu_{X_n \to f_k}(x_n) \quad (4.42)$$

例 4.19

读者可以很容易地验证，在图 4.24 的标准因子图上执行 SPA 与在图 4.23 的传统因子图上执行 SPA 的结果完全相同。

从现在开始，我们将只使用标准因子图。

4.6　因子图剖析

4.6.1　选择因子图的原因

因子图到底何足轻重？我们为什么需要这些图？谁又会对它们计算得出

的边缘感兴趣呢？因子图有一些非常吸引人的特性，随着本书对因子图的深入研究，这些特性将变得明显起来。

（1）它们很简单：我们很容易从一个因式分解构造出它的因子图。

（2）它们很容易理解：人们读懂一个形象的图比阅读一堆公式要容易得多。

（3）通过使用 SPA，我们可以高效、自动化地计算边缘。

（4）因子图允许分层建模和系统功能的划分：通过将一个因子图的某几部分组合成一个单一的超顶点，可以抽象出系统功能的某个部分。

（5）它们与传统的框图和流程图兼容。

最后两点很重要，所以下面对此进行更详细的讨论。

4.6.2　打开和关闭节点

给定代表因式 $f_k(X_1,X_2,\cdots,X_D)$ 的一个函数节点，只要满足以下两个条件，就可以用另一个函数 $g(X_1,X_2,\cdots,X_D,U_1,U_2,\cdots,U_K)$ 无环因式分解得到的因子图来代替它。

（1）变量 $U_1,U_2,\cdots,U_K$ 在图中其他地方没有出现过。

（2）函数 f_k 和 g 满足

$$\sum_{u_1\ldots u_K} g(x_1,x_2,\cdots,x_D,u_1,u_2,\cdots,u_K) = f_k(x_1,x_2,\cdots,x_D)$$

很容易看出，这种替换不会改变在边 $(X_1,X_2,\cdots,X_D)$ 上计算的消息。这个过程称为打开节点 f_k。逆操作称为关闭节点。

打开节点将在本书中频繁进行，因为它可以带来分层的建模，并可以揭示或隐藏节点的结构。

例 4.20【存储中间结果】

我们给出一个函数 $f_k(x_1,x_2,x_3)$：

$$f_k(x_1,x_2,x_3) = h(\varphi(x_1,x_2),x_3)$$

式中的因子图如图 4.26 所示。我们可以引入一个额外的变量 u，$u = \varphi(x_1,x_2)$。这使我们能够使用以下因式分解的因子图节点替换节点 $f_k(x_1,x_2,x_3)$：

$$g(x_1,x_2,x_3,u) = \boxed{=}(u,\varphi(x_1,x_2))\cdot h(u,x_3)$$

可以看到

$$\begin{aligned}\sum_u g(x_1,x_2,x_3,u) &= \sum_u \boxed{=}(u,\varphi(x_1,x_2))\cdot h(u,x_3)\\ &= h(\varphi(x_1,x_2),x_3)\\ &= f_k(x_1,x_2,x_3)\end{aligned}$$

打开节点f_k来揭示其结构［图4.26（b）］：我们看到另一个变量U和两个节点$h(u,x_3)$和$\tilde{\varphi}(u,x_1,x_2)$，即

$$\tilde{\varphi}(u,x_1,x_2)=\boxed{=}(u,\varphi(x_1,x_2))$$

在两个因子图中X_1、X_2和X_3边上的消息传递是相同的。

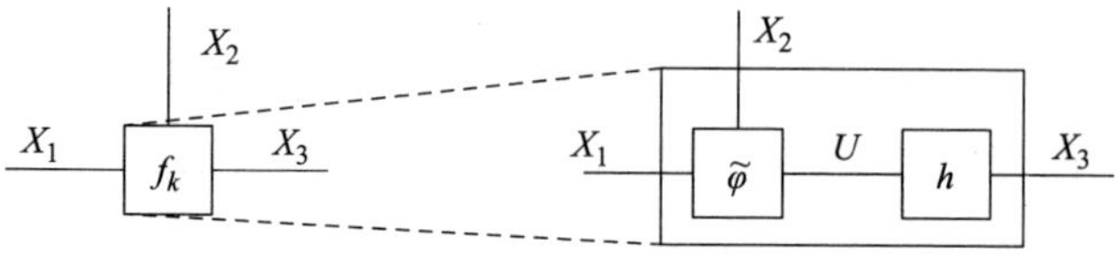

图4.26　打开节点：$f_k(x_1,x_2,x_3)=h(\varphi(x_1,x_2),x_3)$和$\tilde{\varphi}(u,x_1,x_2)=\boxed{=}(u,\varphi(x_1,x_2))$

4.6.3　计算联合边缘函数

当关注$f(\cdot)$的因式分解中的一个因子$f_k(S_k)$时，我们总是可以把函数写成如下形式：

$$f(X_1,X_2,\cdots,X_N)=\prod_{k=1}^{K}f_k(S_k) \tag{4.43}$$

$$f(X_1,X_2,\cdots,X_N)=f_k(S_k)\prod_{X_n\in N(f_k)}\prod_{f_l\in N(X_n)\setminus\{f_k\}}h_{f_l}^{X_n}(X_n,S_{f_l}^{X_n}) \tag{4.44}$$

变量集$S_k=\{X_n\}_{X_n\in N(f_k)}$的联合边缘可以写为

$$gs_k(s_k)=\sum_{\sim\{s_k\}}f(x_1,x_2,\cdots,x_N) \tag{4.45}$$

$$gs_k(s_k)=f_k(s_k)\prod_{X_n\in N(f_k)}\left\{\prod_{f_l\in N(X_n)\setminus\{f_k\}}\sum_{\sim\{x_n\}}h_{f_l}^{X_n}(x_n,s_{f_l}^{X_n})\right\} \tag{4.46}$$

$$gs_k(s_k)=f_k(s_k)\prod_{X_n\in N(f_k)}\mu_{X_n\to f_k}(x_n) \tag{4.47}$$

式（4.27）是根据式（4.26）得出的。换句话说，SPA可以帮助我们计算多个变量的联合边缘[61]。

4.6.4　复杂度分析

由于一个函数可以具有许多种因式分解，因此它可以具有许多因子图。当分解是无环的（或者等效地，因子图没有环），SPA计算的边缘将是准确的。但是，某些因式分解可能会导致计算复杂度更高的SPA。为了深入理解SPA的这一点，现在考虑以下情形。

我们有一个变量数为N的函数，所有变量都在同一个域X上定义。将之分解为K个无环因式分解，从而产生一个含有K个函数节点的（传统）因

子图。假设在函数节点中，d_1 的度是 1，d_2 的度是 2，……，d_D 的度是 D，其中 D 是因子图中函数节点最大的度。为简单起见，假设变量节点的消息计算时间可以忽略，并假设 CPU 需要一个周期去计算函数中每个变量的每个取值，则总的计算复杂度（以周期表示）可以近似地表示为

$$C_1 = \sum_{k=1}^{D} k d_k |\chi|^k \tag{4.48}$$

作为对比，通过简单地把所有其他变量取值相加计算边缘的复杂度，即

$$C_2 = N|\chi|^N \tag{4.49}$$

通常 $D \ll N$，因此 $C_1 \ll C_2$。

4.6.5　连续变量的处理方法

变量 X_n 是可能在一个连续域 X_n 上定义的，但是我们之前没有明确地考虑这一点。在这种情况下只要用积分代替求和，之前的推导依然成立，则

$$\sum_{\sim\{x_k\}} f(x_1, x_2, \cdots, x_D) \tag{4.50}$$

变成对除了 x_k 以外的所有变量的积分，我们将之简写为

$$\int f(x_1, x_2, \cdots, x_D) \sim \{\mathrm{d}x_k\} \tag{4.51}$$

对于度为 D 的等效节点，有

$$u_{\boxed{=}\to x_k}(x_k) = \int \boxed{=}(x_1, x_2, \cdots, x_D) \prod_{X_l \neq X_k} u_{X_l \to \boxed{=}}(x_l) \sim \{\mathrm{d}x_k\} \tag{4.52}$$

$$= \prod_{X_l \neq X_k} u_{X_l \to \boxed{=}}(x_k) \tag{4.53}$$

4.6.6　不连通和有环分解

某些分解可能是非连通或者是有环的。当因子图为森林时（非连通、无环），只需要在不同的树上执行 SPA 然后进行简单的缩放，就可以得出边缘。细节推导留给勤奋的读者自己去考虑。如果因子图是连通的，但是有环，那么 SPA 就会遇到问题。下面用一个简单的例子来说明这一点。

例 4.21

我们有两个变量 X 和 Y，分别定义在有限域 X 和 Y 上。假设这些域都包含 L 元素：$X = \{x_1, x_2, \cdots, x_l\}$ 和 $Y = \{y_1, y_2, \cdots, y_l\}$。我们考虑的函数可以因式分解为

$$f(X,Y) = f_A(X,Y) f_B(X,Y)$$

在这种情况下，标准因子图有一个环，如图 4.27 所示。因为 X 和 Y 是

有限的，所以消息可以由一个含有 L 个数的列表表示；列表中的第一个元素对应于在域 X 或 Y 中的第一个元素的取值。因此，我们用 $L\times 1$ 列矢量 $\boldsymbol{m}_{A\to X}$ 表示 $\mu_{f_A\to X}(X)=\mu_{X\to f_B}(X)$，同样，$\mu_{f_B\to X}(X)$ 表示为 $\boldsymbol{m}_{B\to X}$，$\mu_{f_B\to Y}(Y)$ 表示为 $\boldsymbol{m}_{B\to Y}$，而 $\mu_{f_A\to Y}(Y)$ 表示为 $\boldsymbol{m}_{A\to Y}$。我们计算 $f_A(x,y)$ 在 $\forall(x,y)\in X\times Y$ 上的取值并将结果放在 $L\times L$ 矩阵 $\boldsymbol{A}$ 中，即

$$[\boldsymbol{A}]_{ij}=f_A(x_i,y_j)$$

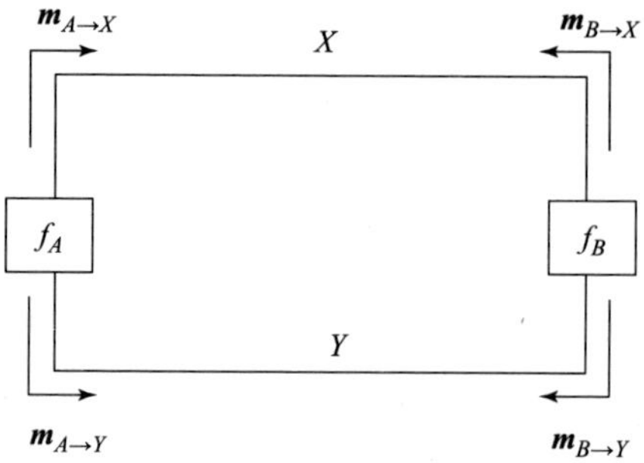

图 4.27　函数 $f_A(X,Y)f_B(X,Y)$ 的标准因子图（此图有环）

类似地，$f_B(x,y)$ 在 $\forall(x,y)\in X\times Y$ 上的取值被放入一个 $L\times L$ 矩阵 $\boldsymbol{B}$ 中。使用这些符号，我们看到 SPA 现在对应于两个分离的消息计算集：$\boldsymbol{m}_{A\to X}$ 和 $\boldsymbol{m}_{B\to Y}$ 在图 4.27 中按顺时针方向更新：

$$\boldsymbol{m}_B\to Y=\boldsymbol{B}\boldsymbol{m}_A\to X$$

$$\boldsymbol{m}_A\to X=\boldsymbol{A}^{\mathrm{T}}\boldsymbol{m}_B\to Y$$

而消息 $\boldsymbol{m}_{A\to X}$ 和 $\boldsymbol{m}_{B\to Y}$ 在图 4.27 中是逆时针更新的，即

$$\boldsymbol{m}_A\to Y=\boldsymbol{A}^{\mathrm{T}}\boldsymbol{m}_B\to X$$

$$\boldsymbol{m}_B\to X=\boldsymbol{B}\boldsymbol{m}_A\to Y$$

由于环的依赖关系，SPA 无法启动。例如，计算消息 $\boldsymbol{m}_{B\to Y}$ 需要首先计算消息 $\boldsymbol{m}_{A\to X}$，反之亦然。

由于因子图带环，SPA 无法计算所有的消息。规避这个问题的一种自然而然的方法是人为地初始化缺失的消息（设一个消息相应的域上等于 1）。这使得 SPA 至少得以启动。然而，带来了一个新问题：SPA 现在将在环上无限期地运行，永远不会终止。为了解决这个问题，我们人为地在一段时间之后终止 SPA（并希望此时 SPA 已经在某种意义上收敛），并计算这个边缘（我们希望它是）。现在，让我们回到例 4.21。

例 4.22

如果选择初始化消息 $\boldsymbol{m}_{A\to X}^{(0)}$，则可以迭代顺时针地更新消息。若选择初

始化消息 $\boldsymbol{m}_{B\to X}^{(0)}$；同理，可以逆时针迭代更新消息。$\boldsymbol{n}$ 次迭代后 $\boldsymbol{m}_{A\to X}$ 变为

$$\boldsymbol{m}_{A\to X}^{(n)} = \boldsymbol{C}^n \boldsymbol{m}_{A\to X}^{(0)}$$

式中：$\boldsymbol{C} = \boldsymbol{A}\boldsymbol{B}^{\mathrm{T}}$。

假设可以找到一组张成 $\mathbb{R}^L$ 的特征矢量以及对应的特征值①$\{(\boldsymbol{\lambda}_k, v_k)\}_{k=1}^{L}$。某些特征值可能会被多次计数，而某些特征值可能是零。然后，我们可以将 $\boldsymbol{m}_{A\to X}$ 表达为特征矢量的一个线性组合，即

$$\boldsymbol{m}_{A\to X}^{(0)} = \sum_{k=1}^{L} \alpha_k v_k$$

因此

$$\boldsymbol{m}_{A\to X}^{(n)} = \sum_{k=1}^{L} \alpha_k \boldsymbol{\lambda}_k^n v_k$$

由此可以看出，随着迭代的进行，$|\boldsymbol{\lambda}_k| < 1$ 时将趋于零，而 $|\boldsymbol{\lambda}_k| > 1$ 时将由绝对值最大的特征值决定。除了极少数情况外，消息通常会收敛到零或发散。

总的来说，在带环的因子图上应用 SPA 不太可能产生正确的边缘。听起来这意味着带环的因子图没有实际意义。然而毫无疑问，因子图方法最具讽刺性的一点是，其最吸引人的应用场景的模型往往都是带环的因子图。更多的细节我们将在第 5 章中讨论。

4.7　求和运算与求积运算

4.7.1　概述

本章之前的内容考虑了映射域 $\chi_1 \times \cdots \times \chi_N \to \mathbb{R}$ 上的函数。其中的求和（用 $\sum$，$\int$ 或 + 表示）和求乘积（$\prod$ 或 ×）我们都很熟悉。但是，SPA 可以扩展到更一般的情况。在上面的内容中，我们仅要求（$\mathbb{R}$，+，×）是一个交换半环（commutative semi - ring）。SPA 可以应用于具有适当的“求和”（$\oplus$）和“求积”（$\otimes$）运算的一般化抽象集 F，从而使（F，$\oplus$，$\otimes$）形成交换半环。这意味着存在以下特性：

（1）$\oplus$满足结合律和交换律（关于$\oplus$存在一个幺元 $e_{\oplus}$）。

（2）$\otimes$满足结合律和交换律（关于$\otimes$存在一个幺元 $e_{\otimes}$）。

（3）$\otimes$在$\oplus$上满足分配律：对于任何 $a,b,c \in F$，$a \otimes (b \oplus c) = (a \otimes b) \oplus$

① 作为复习，对于给定矩阵 $\boldsymbol{C}$ 的特征值 λ 和特征（列）矢量 $\boldsymbol{v}$，有 $\boldsymbol{C}\boldsymbol{v} = \lambda \boldsymbol{v}$。

$(a \otimes c)$。

现在，SPA 可以使用新的求和与求积运算，但是本质保持不变。唯一微妙的变化在于，SPA 的初始化步骤中，半边在相应域上传递的消息为 $e_{\otimes}$。

例 4.23

三元组（$\mathbb{R}$，max，+）形成一个交换半环，下面进行验证。

（1）max 满足结合律，$\max(a,\max(b,c)) = \max(\max(a,b),c)$。

（2）max 满足交换律，$\max(a,b) = \max(b,a)$。

（3）对于 $\forall a \in \mathbb{R}$，存在一个 max 的幺元 $e_{\oplus}$，使得 $\max(a,e_{\oplus}) = a$。我们看到 $e_{\oplus} = -\infty$ 满足此条件。

（4）+满足结合律和交换律，幺元 $e_{\oplus} = 0$。

（5）+在 max 上满足分配率：$a + \max(b,c) = \max(a+b,a+c)$。

在这种情况下，SPA 通常赋予一个更恰当的名称：最大和算法（max-sum algorithm）。容易验证，类似于（$\mathbb{R}$，max，+），（$\mathbb{R}^+$，max，×）形成一个 $e_{\oplus} = -\infty$ 和 $e_{\otimes} = 1$ 的交换半环，从而产生最大乘积算法。更多的例子详见文献［4］。

4.7.2 最大和算法

下面讨论最大和算法。映射域 $X_1 \times \cdots \times X_N \to \mathbb{R}$上的函数存在以下无环因式分解：

$$f(X_1,X_2,\cdots,X_N) = \sum_{k=1}^{K} f_k(S_k) \tag{4.54}$$

然后，我们可以构造此分解的因子图，并按如下步骤应用最大和算法。

1. 初始化

（1）对于每个连接边 X_m 的叶节点 f_k，传递消息 $\mu_{f_k \to X_m}(X_m)$，其中 $\mu_{f_k \to X_m}(x_m) = f_k(x_m)(x_m \in X_m)$。

（2）对于每个连接节点 f_l 的半边 X_n，传递消息 $\mu_{X_n \to f_l}(x_n) = 0(\forall x_n \in X_n)$。

2. 消息计算规则

对于任何度为 D 的节点 f_k，当 f_k 从 $D-1$ 个不同的边 $X_n \in N(f_k)$ 接收到传入消息后，节点 f_k 可以在余下的边 X_m 上发送传出的消息 $\mu_{f_k \to X_m}(X_m)$，有

$$\mu_{f_k \to X_m}(x_m) = \bigoplus_{\sim \{x_m\}} \left\{ f_k(\{X_n = x_n\}_{X_n \in N(f_k)}) \otimes \bigotimes_{X_n \in N(f_k) \setminus \{X_m\}} \mu_{X_n \to f_k}(x_n) \right\} \tag{4.55}$$

和

$$\mu_{f_k \to X_m}(x_m) = \max_{\sim\{x_m\}} \{f_k(\{X_n = x_n\}_{X_n \in N(f_k)}) + \sum_{X_n \in N(f_k) \setminus \{X_m\}} \mu_{X_n \to f_k}(x_n)\} \tag{4.56}$$

3. 终止

为了计算 X_n 的边缘，取任意的 $f_k \in N(X_n)$，对于任意 $x_n \in X_n$，将边上的消息求和以获得边缘 $g_{x_n}(X_n)$：

$$g_{X_n}(x_n) = \mu_{f_k \to X_n}(x_n) \otimes \mu_{X_n \to f_k}(x_n) \tag{4.57}$$

和

$$g_{X_n}(x_n) = \mu_{f_k \to X_n}(x_n) + \mu_{X_n \to f_k}(x_n) \tag{4.58}$$

在这样的半环上，边缘的定义为

$$g_{X_n}(x_n) = \bigoplus_{\sim\{x_m\}} f(x_1, x_2, \cdots, x_N) \tag{4.59}$$

$$g_{X_n}(x_n) = \max_{\sim\{x_m\}} f(x_1, x_2, \cdots, x_N) \tag{4.60}$$

所以对于任意 n，总的最大值可以写为

$$\max_{x_1, x_2, \cdots, x_N} f(x_1, x_2, \cdots, x_N) = \max_{x_n} g_{X_n}(x_n) \tag{4.61}$$

这是一个重要的结果：最大和算法使我们能够确定函数的最大值。

注意，这与确定达到此最大值时 $x = [x_1, x_2, \cdots, x_N]$ 的取值是不同的。在优化问题中，我们通常感兴趣的不是找到函数的最大值，而是找到达到该最大值时 x 的取值。那么最大和算法能有用武之地吗？让我们用 $\hat{x}_n$ 表示最大化 $g_{x_n}(X_n)$ 的值：

$$\hat{x}_n = \arg\max_{x_n} g_{X_n}(x_n) \tag{4.62}$$

则

$$g_{X_n}(\hat{x}_n) = \max_{x_1, \cdots, x_N} f(x_1, x_2, \cdots, x_N) \tag{4.63}$$

下面构造一个矢量 $\hat{\boldsymbol{x}} = [\hat{x}_1, \hat{x}_2, \cdots, \hat{x}_N]$，可以保证存在唯一的 $\hat{x}$：

$$\hat{x} = \arg\max_{x_1, \cdots, x_N} f(x_1, x_2, \cdots, x_N) \tag{4.64}$$

当 $f(\cdot)$ 存在多个极大值时，达到这些极大值的参数取值（至少原则上）可以通过考虑使边缘最大的所有参数组合来获得，然后一一代入求得 $f(x_1, x_2, \cdots, x_N)$ 的值并保留那些使 $f(\cdot)$ 最大的参数组合。因此，最大和算法允许我们高效地确定函数的最大值以及达到该最大值的变量取值。

4.8　本章要点

在本章中，我们在因子图与和积算法的世界里进行了一次悠然的旅行。

因子图是一种图形化表示函数因式分解的方法。一个（标准）因子图可由以下方式生成：根据因式分解的形式，为每一个变量创造一个边，为每一个因子创造一个节点。当且仅当相应的变量作为参数出现在相应的因子中时，连接这些边和节点。出现在超过两个因子里的变量需要一个特殊的等效节点去表示。

SPA 在因子图的边上进行消息传递运算，它可以高效地求得函数边缘。我们用 $\mu_{f_k\to X_m}(X_m)$ 表示从节点 f_k 沿着 X_m 传递的消息。消息是关于对应变量的函数。SPA 的运行起始于图中的叶节点（此时 $\mu_{f_k\to X_m}(x_m)=f_k(x_m)$）和半边（此时对于所有 $x_n\in\chi_n, \mu_{X_n\to f_k}(x_n)=1$）。节点接收传入的消息并计算传出的消息。由传入消息 $\mu_{X_n\to f_k}(x_n)$ 计算传出消息 $\mu_{f_k\to X_m}(x_m)$ 的规则（图 4.28）为

$$\mu_{f_k\to X_m}(x_m)=\sum_{\sim\{x_m\}} f_2(\{X_n=x_n\}_{X_n\in N(f_k)})\prod_{X_n\in N(f_k)\setminus\{X_m\}}\mu_{X_n\to f_k}(x_n) \quad (4.65)$$

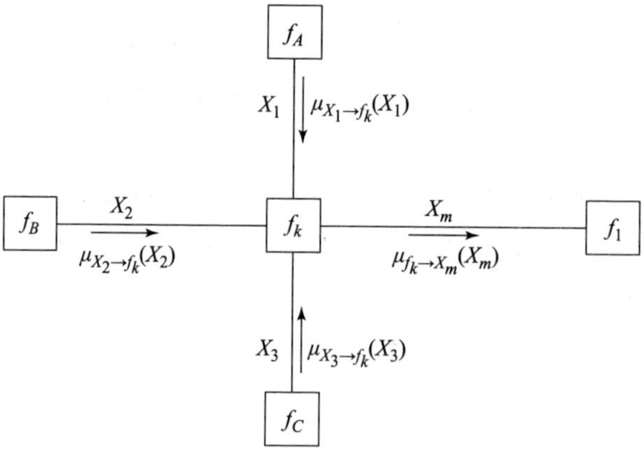

图 4.28 标准因子图的更新规则

（注意，$\mu_{X_1\to f_k}(X_1)$ 仅仅是 $\mu_{f_A\to X_1}(X_1)$ 的另一个名字）

这一计算法无疑是本书中最重要的关系，请多读几遍，熟记于心。在所有的消息都被计算完成后，任何变量（如 X_n）的边缘都可以通过对应边上两个消息的点乘求得。当因子图带环时，SPA 会遇上一些麻烦。

我们还介绍了打开节点的概念，并说明了如何将 SPA 推广到任意交换半环。一个特别的扩展是最大和算法，它可以视为一个优化技术/算法。

第 5 章
基于因子图的统计推断

5.1 概　　述

在第 3 章和第 4 章中，我们介绍了估计理论和因子图。事实上，这两个看似不相关的主题之间有着密切的联系。在本章中，我们将使用因子图来解决估计问题，继而推广到解决统计推断问题。因子图可以在统计推断中起到重要作用有以下两个原因：首先，它让我们能够使用明确并且自洽的符号和术语，通过非常简洁的方式重新构造若干重要的统计推断算法。在后续章节中将会看到，如前向后向算法、维特比算法、卡尔曼滤波和粒子滤波等著名算法都可以很自然地融入因子图框架中。其次，在因子图框架下，我们可以非常简单直观地推导新的、最优的（或近似最优的）推断算法。仅依赖于基本组件中的本地计算，就可以在因子图上应用和积算法。一旦理解了因子图的基本组件，我们就只需要记住一个规则：和积规则。在本章中，我们将详细介绍如何使用因子图进行推断。文献［62］在一些方面为本章提供了启发。

本章内容安排如下：

- 在 5.2 节中，我们将讨论统计推断中的各类问题，并提供一个用来解决这些问题的通用因子图框架。
- 我们将在 5.3 节讨论消息应被如何表示的问题（在第 4 章中只轻描淡写地介绍了该话题）。消息的表示具有许多重要的含义，读完本书后即可明晰。
- 在 5.4 节讨论一个有趣的话题：有环推断，即在带环的因子图上进行统计推断。

5.2 一般性表述

5.2.1 统计推断的五大问题

本节首先介绍统计推断的5个重要问题，希望能够通过一些观测推断出一些随机变量的值。让我们将感兴趣的变量表示为一个定义在 $X_1 \cdot X_2 \cdot \cdots \cdot X_N$ 的矢量上 $\boldsymbol{X} = [X_1, X_2, \cdots, X_N]$。观测矢量 $\boldsymbol{y} = [y_1, y_2, \cdots, y_M]$ 是随机变量 $\boldsymbol{Y}$ 的一组实现。此外，通常还会有一些隐含的模型信息描述了与 $\boldsymbol{X}$ 和 $\boldsymbol{Y}$ 相关的附加假设。我们用参数$\mathcal{M}$表示这些模型，其分布 $p(\boldsymbol{Y}|\boldsymbol{X},\mathcal{M})$ 已知。在统计推断中，我们通常希望回答以下问题中的一个或多个[63]：

（1）模型$\mathcal{M}$的似然 $p(\boldsymbol{Y} = \boldsymbol{y}|\mathcal{M})$ 是多少？注意，对于给定的 $\boldsymbol{y}$，这个值是一个正实数（在集合$\mathbb{R}^+$中）。

（2）给定模型$\mathcal{M}$，其边缘后验分布 $p(X_k|\boldsymbol{Y} = \boldsymbol{y},\mathcal{M})$ 是什么？

（3）分布 $p(X_k|\boldsymbol{Y} = \boldsymbol{y},\mathcal{M})$ 有怎样的特性（众数、矩等）?

（4）给定模型$\mathcal{M}$，联合后验分布 $p(\boldsymbol{X}|\boldsymbol{Y} = \boldsymbol{y},\mathcal{M})$ 是什么？

（5）分布 $p(\boldsymbol{X}|\boldsymbol{Y} = \boldsymbol{y},\mathcal{M})$ 有怎样的特性（众数、矩等）?

5.2.2 打开节点

在应用因子图解决这些推断问题之前，首先回顾推断问题中的打开节点。本书中将会多次提到打开节点，所以再对这个问题花点时间。

在推断问题中，节点通常表示分布（如 $p(X_1, X_2, \cdots, X_D)$）或似然函数（如 $p(\boldsymbol{Y} = \boldsymbol{y}|X_1, X_2, \cdots, X_D)$）。无论属于哪种情况，由4.6.2节可知，只要这些变量不出现在因子图的其他地方，就可以用一个带有额外变量的分布的因式分解替换这个节点。换言之，只要 U_k 是一组全新的变量，用 $p(X_1, X_2, \cdots, X_D)$ 表示的节点就可以被替换（打开）为如下函数因式分解的（无环）因子图，即

$$p(X_1, X_2, \cdots, X_D; U_1, U_2, \cdots, U_{D'}) \tag{5.1}$$

类似地，用 $p(\boldsymbol{Y} = \boldsymbol{y}|X_1, X_2, \cdots, X_D)$ 表示的节点可以被替换为如下函数的因式分解的因子图，即

$$p(\boldsymbol{Y} = \boldsymbol{y}, U_1, U_2, \cdots, U_{D'}|X_1, X_2, \cdots, X_D) \tag{5.2}$$

打开节点不会改变在边 $X_1, X_2, \cdots, X_D$ 上的消息计算（无论是传入还是传出）。

5.2.3　因子图上的推断

让我们试图使用一种一般化、抽象化的方式解决这 5 个推断问题，观察因子图是如何发挥作用的。在 5.2.4 节中，还将介绍一些基础的实例，以便在推断的问题背景下感受因子图表达的优势。

5.2.3.1　问题 1——模型的似然

步骤 1　在 $\boldsymbol{Y}=\boldsymbol{y}$ 取值下考虑观测值和未知参数的联合分布：

$$p(\boldsymbol{X},\boldsymbol{Y}=\boldsymbol{y}\mid\mathcal{M})=p(\boldsymbol{Y}=\boldsymbol{y}\mid\boldsymbol{X},\mathcal{M})p(\boldsymbol{X}\mid\mathcal{M}) \tag{5.3}$$

这是一个映射 $\chi_1\times\cdots\times\chi_N\rightarrow\mathbb{R}^+$ 的函数。等式右侧其第一个因子 $p(\boldsymbol{Y}=\boldsymbol{y}\mid\boldsymbol{X},\mathcal{M})$ 即似然函数（likelihood function）。注意，似然函数是关于 $\boldsymbol{X}$ 的函数，而非关于 $\boldsymbol{Y}$ 的函数。第二个因子 $p(\boldsymbol{X}\mid\mathcal{M})$ 是在给定模型下，$\boldsymbol{X}$ 的先验分布（a－priori distribution）。

步骤 2　分别将似然函数和先验分布进行因式分解：

$$p(\boldsymbol{Y}=\boldsymbol{y}\mid\boldsymbol{X},\mathcal{M})=\prod_{k=1}^{K}f_k(S_k) \tag{5.4}$$

式中：$S_k\subseteq\{X_1,X_2,\cdots,X_N\}$，则

$$p(\boldsymbol{X}\mid\mathcal{M})=\prod_{l=1}^{L}g_l(R_l) \tag{5.5}$$

式中：$R_l\subseteq\{X_1,X_2,\cdots,X_N\}$。

该分解可能需要引入额外的变量并打开节点。

步骤 3　创建 $p(\boldsymbol{X},\boldsymbol{Y}=\boldsymbol{y}\mid\mathcal{M})$ 的因式分解的无环连通因子图。记住 $\boldsymbol{y}$ 是固定的，在图中它不是一个变量（不是一条边）。

步骤 4　对该图使用 SPA，得到边缘 $g_{X_k}(X_k)=p(X_k,\boldsymbol{Y}=\boldsymbol{y}\mid\mathcal{M})(k=1,2,\cdots,N)$。

步骤 5　求解：在 $1\sim N$ 之间任取一个 k，则

$$p(\boldsymbol{Y}=\boldsymbol{y}\mid\mathcal{M})=\sum_{x_k\in X_k}p(X_k=x_k,\boldsymbol{Y}=\boldsymbol{y}\mid\mathcal{M}) \tag{5.6}$$

5.2.3.2　问题 2——X_k 的后验分布

重复 5.2.3.1 节中的前 4 个步骤，可以得到边缘 $p(X_k,\boldsymbol{Y}=\boldsymbol{y}\mid\mathcal{M})(k=1,2,\cdots,N)$。

步骤 5—求解：显然，有

$$p(X_k\mid\boldsymbol{Y}=\boldsymbol{y},\mathcal{M})=\frac{p(X_k,\boldsymbol{Y}=\boldsymbol{y}\mid\mathcal{M})}{p(\boldsymbol{Y}=\boldsymbol{y}\mid\mathcal{M})} \tag{5.7}$$

因此，对于 $x_k\in X_k$，$p(X_k\mid\boldsymbol{Y}=\boldsymbol{y},\mathcal{M})$ 的表达式为

$$p(X_k = x_k \mid \boldsymbol{Y} = \boldsymbol{y}, \mathcal{M}) = \frac{p(X_k = x_k, \boldsymbol{Y} = \boldsymbol{y} \mid \mathcal{M})}{\sum_{x \in \mathcal{X}_k} p(X_k = x, \boldsymbol{Y} = \boldsymbol{y} \mid \mathcal{M})} \tag{5.8}$$

换言之，对边缘 $g_{X_k}(X_k)$ 归一化（normalizing）可以得到边缘后验分布 $p(X_k \mid \boldsymbol{Y} = \boldsymbol{y}, \mathcal{M})$。注意，为确定边缘后验分布 $p(X_k \mid \boldsymbol{Y} = \boldsymbol{y}, \mathcal{M})$，边缘 $g_{X_k}(X_k)$ 只需要再乘一个乘积常数。虽然这个注释看似微不足道，但是之后我们会发现它很重要。

5.2.3.3 问题 3——X_k 后验分布的特性

一旦确定了边缘后验分布 $p(X_k \mid \boldsymbol{Y} = \boldsymbol{y}, \mathcal{M})$，通常就能够轻易求得其特性。例如，众数

$$\hat{x}_k = \arg\max_{x \in \mathcal{X}_k} p(X_k = x \mid \boldsymbol{Y} = \boldsymbol{y}, \mathcal{M}) \tag{5.9}$$

可以通过完全枚举（对于离散变量）或使用标准的优化方法得到。

5.2.3.4 问题 4——$\boldsymbol{X}$ 的后验分布

只有当我们使用因式分解

$$p(\boldsymbol{X}, \boldsymbol{Y} = \boldsymbol{y} \mid \mathcal{M}) = p(\boldsymbol{Y} = \boldsymbol{y} \mid \boldsymbol{X}, \mathcal{M}) p(\boldsymbol{X} \mid \mathcal{M}) \tag{5.10}$$

考虑该问题时，该问题才能被解决。相应的因子图有两个节点（一个代表似然函数，另一个代表先验分布）和一条边 $\boldsymbol{X}$。因子图在解决这个特定的推断问题时没有新的启发或计算优势。

5.2.3.5 问题 5——$\boldsymbol{X}$ 后验分布的特性

由于 $p(\boldsymbol{X}, \boldsymbol{Y} = \boldsymbol{y} \mid \mathcal{M})$ 很难确定，它的矩通常也很难找到。但是找到它的众数却是（十分意外地）可行的：让我们回想一下 4.7 节，当时我们展示了如何使用最大和算法在（$\mathbb{R}$，max，＋）半环上进行最大化操作。由此可以推导出下述解决方案。

步骤 1 在取值 $\boldsymbol{Y} = \boldsymbol{y}$ 处考虑观测值和未知参数的联合分布的对数：

$$\log p(\boldsymbol{X}, \boldsymbol{Y} = \boldsymbol{y} \mid \mathcal{M}) = \log p(\boldsymbol{Y} = \boldsymbol{y} \mid \boldsymbol{X}, \mathcal{M}) + \log p(\boldsymbol{X} \mid \mathcal{M}) \tag{5.11}$$

这是一个映射 $\mathcal{X}_1 \times \cdots \times \mathcal{X}_N \to \mathbb{R}$ 的函数。其第一项 $\log p(\boldsymbol{Y} = \boldsymbol{y} \mid \boldsymbol{X}, \mathcal{M})$ 是对数似然函数。

步骤 2 现在我们分别将似然函数和先验分布进行分解，即 $\log p(\boldsymbol{Y} = \boldsymbol{y} \mid \boldsymbol{X}, \mathcal{M}) = \sum_k f_k(S_k)$，其中 $S_k \subseteq \{X_1, X_2, \cdots, X_N\}$，以及 $\log p(\boldsymbol{X} \mid \mathcal{M}) = \sum_{l=1}^{L} g_l(R_l)$，其中 $R_l \subseteq \{X_1, X_2, \cdots, X_N\}$。该分解可能需要引入额外的变量并打开节点。

步骤 3 创建 $\log p(\boldsymbol{X}, \boldsymbol{Y} = \boldsymbol{y} \mid \mathcal{M})$ 的因式分解的无环连通因子图。我们现

在需要为求和式中的每一项创建一个节点。回想到 $\boldsymbol{y}$ 是固定的，因此在图中它不会表现为一个变量（边）。

步骤 4　对该图使用最大和算法，得到边缘 $g_{X_k}(X_k)$，即

$$g_{X_k}(x_k) = \max_{\sim\{x_k\}} \log p(\boldsymbol{X} = \boldsymbol{x}, \boldsymbol{Y} = \boldsymbol{y} \mid \mathcal{M}) \tag{5.12}$$

式中：$k = 1,2,\cdots,N$。

步骤 5　求解：在 1 ~ N 之间任取一个 k，那么

$$\hat{x}_k = \arg\max_{x \in X_k} g_{X_k}(x) \tag{5.13}$$

注意，为了确定 $\hat{x}_k$，我们只需要再知道边缘 $g_{X_k}(X_k)$ 的一个加常数。正如我们在 4.7 节中所论述的，有

$$\hat{\boldsymbol{x}} = [\hat{x}_1, \hat{x}_2, \cdots, \hat{x}_N] \tag{5.14}$$

$$= \arg\max_{\boldsymbol{x}} \log p(\boldsymbol{X} = \boldsymbol{x}, \boldsymbol{Y} = \boldsymbol{y} \mid \mathcal{M}) \tag{5.15}$$

现在，由于后验分布和联合分布具有如下关系：

$$p(\boldsymbol{X}, \boldsymbol{Y} = \boldsymbol{y} \mid \mathcal{M}) = p(\boldsymbol{X} \mid \boldsymbol{Y} = \boldsymbol{y}, \mathcal{M}) p(\boldsymbol{Y} = \boldsymbol{y} \mid \mathcal{M}) \tag{5.16}$$

我们发现

$$\hat{\boldsymbol{x}} = \arg\max_{\boldsymbol{x}} p(\boldsymbol{X} = \boldsymbol{x} \mid \boldsymbol{Y} = \boldsymbol{y}, \mathcal{M}) \tag{5.17}$$

即期望的结果。

5.2.4　示例

例 5.1【防盗报警器问题】

问题　一个著名的实例是由 Pearl 提出的防盗报警器问题[56]。考虑三个二元随机变量：E 代表地震发生的事件，B 代表入室盗窃发生的事件，A 代表防盗报警器响起的事件。B 和 E 是先验独立的。我们有一组先验知识，其中 $p(B = 1) = 1/100$，$p(E = 1) = 1/100$。我们也知道给定 E 和 B 时 A 的条件分布：

$$p(A = 1 \mid B = 0, E = 0) = 1/1\,000$$

$$p(A = 1 \mid B = 0, E = 1) = 1/10$$

$$p(A = 1 \mid B = 1, E = 0) = 7/10$$

$$p(A = 1 \mid B = 1, E = 1) = 9/10$$

假设我们在外工作时，接到邻居的电话说家中的防盗报警器响起。那么窃贼闯入我们家里的概率是多少？发生地震的概率又是多少？

求解　我们的观测是防盗报警器是否响起，因此可以做如下定义：

$$\boldsymbol{Y} \leftrightarrow A$$

$$\boldsymbol{y} \leftrightarrow 1$$

$$X \leftrightarrow [B, E]$$

我们的目标是寻找分布 $p(B \mid A=1)$ 和 $p(E \mid A=1)$ 。它与5.2.1节中的第二个推断问题相对应。我们按照5.2.3.2节中的方法求解。

步骤1 分解联合分布，得

$$p(B,E,A=1) = p(A=1 \mid B,E)p(B,E)$$

步骤2 分解似然函数和先验分布，得

$$p(B,E,A=1) = p(A=1 \mid B,E)p(B)p(E)$$

步骤3 构造该因式分解的因子图，如图5.1所示，其中将 $p(B)$ 简写为 $f_B(B)$ ，将 $p(E)$ 简写为 $f_E(E)$ ，并将 $p(A=1 \mid B,E)$ 简写为 $g(B,E)$。

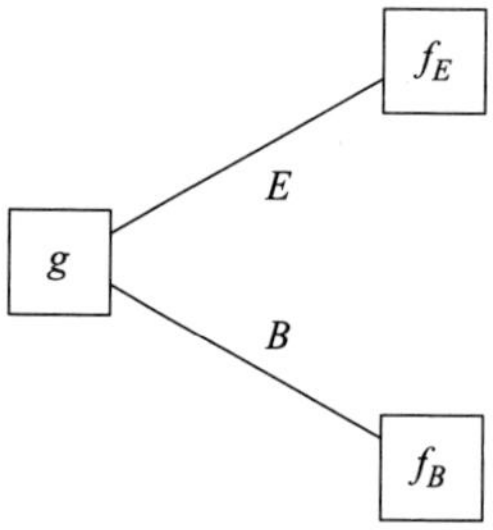

图5.1 防盗报警器问题的因子图（图中 $p(B)=f_B(B)$, $p(E)=f_E(E)$, $p(A=1 \mid B,E)=g(B,E)$）

步骤4 在图5.1上使用SPA。首先从叶节点发送消息：

$$\mu_{f_B \to B}(b) = \begin{cases} 0.01, b=1 \\ 0.99, b=0 \end{cases}$$

且

$$\mu_{f_E \to E}(e) = \begin{cases} 0.01, e=1 \\ 0.99, e=0 \end{cases}$$

根据这些消息，现在可以从标记为 g 的节点传出消息：

$$\mu_{g \to B}(b) = \sum_{e=0}^{1} p(A=1 \mid B=b, E=e)\mu_{f_E \to E}(e) = \begin{cases} 0.702\,00, b=1 \\ 0.001\,99, b=0 \end{cases}$$

和

$$\mu_{g \to E}(e) = \sum_{b=0}^{1} p(A=1 \mid B=b, E=e)\mu_{f_B \to B}(b) = \begin{cases} 0.108\,00, e=1 \\ 0.007\,99, e=0 \end{cases}$$

我们得到以下边缘：

$$\begin{aligned} g_B(b) &= p(A=1, B=b) \\ &= \mu_{g\to B}(b)\mu_{B\to g}(b) \\ &= \begin{cases} 0.007\,020\,0, & b=1 \\ 0.001\,970\,1, & b=0 \end{cases} \end{aligned}$$

和

$$\begin{aligned} g_E(e) &= p(A=1, E=e) \\ &= \mu_{g\to E}(e)\mu_{E\to g}(e) \\ &= \begin{cases} 0.001\,080\,0, & e=1 \\ 0.007\,910\,1, & e=0 \end{cases} \end{aligned}$$

步骤 5　寻找 B 和 E 的归一化常数，它们应该是相同的。经过计算，对于 B，求得归一化常数 $1/0.008\,990\,1 \approx 111.2$，而对于 E，求得 $1/(0.001\,080\,0+0.007\,910\,1) \approx 111.2$，与我们的预期结果相同。将归一化常数与边缘相乘可得

$$p(B=b \mid A=1) \approx \begin{cases} 0.780\,9, & b=1 \\ 0.219\,1, & b=0 \end{cases}$$

和

$$p(E=e \mid A=1) \approx \begin{cases} 0.120\,1, & e=1 \\ 0.879\,9, & e=0 \end{cases}$$

因此，尽管发生地震和入室盗窃的先验概率相同，但是当防盗报警器的铃声响起时，地震发生的概率仅为 12%，而发生入室盗窃的概率则将近 80%。

例 5.2【重复码】

- **问题**　另一个基础的实例来自数字通信领域。我们希望通过一个不可靠的信道来传递一个比特信息 $b \in \mathbb{B}$ 的消息。该比特信息具有以下先验分布：$p(B=0)=1/2$。该信道是一个二元非对称通道，具有如下的转移概率（c 是输入，y 是输出）：

$$p(Y=0 \mid C=0) = 0.5$$

和

$$p(Y=0 \mid C=1) = 0.1$$

以上内容已经能够充分表征信道。为了能在该不可靠信道上保护比特信息，首先用速率为 1/4 的重复码对比特 b 进行编码，然后发射机在二进制不对称信道上发送 4 个比特 $\boldsymbol{c}=[c_1, c_2, c_3, c_4]=[b, b, b, b]$。假设我们收到的是 $\boldsymbol{y}=[0, 0, 1, 1]$。怎样才能恢复出原始的比特 b？

- **解答** 创建一个如下联合分布的因子图：

$$p(B,\boldsymbol{Y}=\boldsymbol{y})=p(\boldsymbol{Y}=\boldsymbol{y}|B)p(B)$$

现在引入4个额外的变量并打开节点 $p(\boldsymbol{Y}=\boldsymbol{y}|B)$。我们用 $p(\boldsymbol{Y}=\boldsymbol{y},\boldsymbol{C}|B)$ 的因式分解的因子图代替节点 $p(\boldsymbol{Y}=\boldsymbol{y}|B)$。注意，这是一个有效的操作（正如4.6.2节中所定义的），则

$$\sum_{c\in\mathbb{B}^4}p(\boldsymbol{Y}=\boldsymbol{y},\boldsymbol{C}=\boldsymbol{c}|B)=p(\boldsymbol{Y}=\boldsymbol{y}|B)$$

现在，将 $p(\boldsymbol{Y}=\boldsymbol{y},\boldsymbol{C}|B)$ 分解为

$$p(\boldsymbol{Y}=\boldsymbol{y},\boldsymbol{C}=\boldsymbol{c}|B)=\prod_{k=1}^{4}p(Y_k=y_k|C_k)\text{▤}(C_k,B)$$

式中：▤(·) 为以前面章节提及的等效函数。

$p(\boldsymbol{Y}=\boldsymbol{y},\boldsymbol{C}|B)$ 的因式分解的因子图如图5.2所示，图中 $f_B(B)$ 是 $p(B)$ 的简写，$f_k(C_k)$ 是 $p(Y_k=y_k|C_k)$ 的简写。显然，在该图上使用和积算法可以得到边缘 $p(B,\boldsymbol{Y}=\boldsymbol{y})$。和积算法的操作如下：在第一阶段，来自5个叶节点的消息被传递到等效节点：

$$\mu_{f_B\to B}(b)=\begin{cases}0.5, b=1\\0.5, b=0\end{cases}$$

和

$$\mu_{f_k\to C_k}(c_k)=\begin{cases}0.1, c_k=1\\0.5, c_k=0\end{cases}$$

式中：$k=1,2$，则

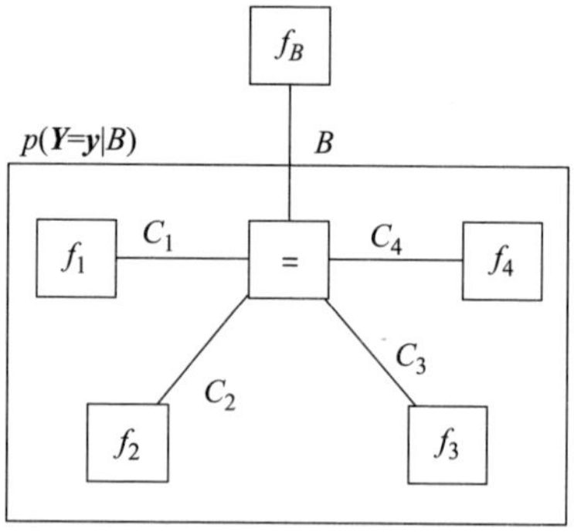

图5.2 重复码的因子图（为了表明其结构，打开了节点 $p(\boldsymbol{Y}=\boldsymbol{y}|\boldsymbol{B})$。$f_B(B)$ 是 $p(B)$ 的简写，$f_k(C_k)$ 是 $p(Y_k=y_k|C_k)$ 的简写）

$$\mu_{f_k \to C_k}(c_k) = \begin{cases} 0.9, c_k = 1 \\ 0.1, c_k = 0 \end{cases}$$

式中：$k = 3,4$。

在第二阶段，计算从等效节点到 B 边的消息，其等于将 C 边上的输入消息进行点乘：

$$\begin{aligned} \mu_{\boxed{=} \to B}(B = b) &= \sum_{c_1, c_2, c_3, c_4} \boxed{=}(b, c_1, c_2, c_3, c_4) \prod_{k=1}^{4} \mu_{f_k \to C_k}(c_k) \qquad (5.18) \\ &= \prod_{k=1}^{4} \mu_{f_k \to C_k}(b) \end{aligned}$$

因此

$$\begin{aligned} \mu_{\boxed{=} \to B}(B = 0) &= (0.5)^4 \\ &= 0.062\,5 \end{aligned}$$

则

$$\begin{aligned} \mu_{\boxed{=} \to B}(B = 1) &= (0.9)^2 \times (0.1)^2 \\ &= 0.008\,1 \end{aligned}$$

然后，可以得到

$$\begin{aligned} g_B(b) &= p(B = b, \boldsymbol{Y} = \boldsymbol{y}) \\ &= \begin{cases} 0.004\,05, b = 1 \\ 0.031\,25, b = 0 \end{cases} \end{aligned}$$

归一化，得（其中归一化常数约为 28.33）

$$p(B = b \mid \boldsymbol{Y} = \boldsymbol{y}) \approx \begin{cases} 0.11, b = 1 \\ 0.89, b = 0 \end{cases}$$

因此，可以比较有把握地说，发送的比特为零。我们还可以确定收到特定观测值 $\boldsymbol{y}$ 的可能性：

$$\begin{aligned} p(\boldsymbol{Y} = \boldsymbol{y}) &= \sum_{b \in \mathbb{B}} g_B(b) \\ &= 0.035\,3 \end{aligned}$$

5.3 消息及其表示

此时读者可能会很好奇消息是如何被表示在计算机程序中的。5.2 节中的实例表明，离散变量可以用简单的矢量表示。还有一个很明显的问题：消息可能有一个非常小的动态范围。在本节中，我们将处理一些实际问题，例如消息的缩放和消息的表示。

本节的内容安排如下：在 5.3.1 节中，我们将说明消息可以任意缩放而不影响 SPA 的结果。更确切地说，在和积算法中，可以对消息乘以常量；而在最大和算法中，可以对消息加上常量。当考虑第一个推断问题（计算模型的似然）时，需要保留所有的比例因子；而在考虑任何其他推断问题时，比例因子/缩放项将会被抵消，因此可以被无视。5.3.2 节讨论了一种特殊的缩放：归一化。首先，归一化允许我们把消息看作分布，这将引出一些有趣的结论。然后，在 5.3.3 节中，我们继续讨论离散变量中消息的三种表示方法：概率质量函数、对数似然以及对数似然比。在 5.3.3 节中，还揭示了和积算法与最大和算法之间的紧密联系。最后，在 5.3.4 节中，提出了连续变量中消息的几种表示方法：量化、参数表示以及非参数表示。

5.3.1 消息缩放

5.3.1.1 最大和算法

在 SPA 中，可以对任何消息加上一个实数而不影响算法的结果。加常数将仅通过最大和算法传播。执行最大和算法后得到的边缘（如 $\tilde{g}_{X_k}(X_k)$）与真实边缘（$g_{X_k}(X_k)$）仅相差一个常数（如 C_k），有

$$\begin{aligned}\hat{x}_k &= \arg\max_{x \in X_k} \tilde{g}_{X_k}(X_k = x) \\ &= \arg\max_{x \in X_k} g_{X_k}(X_k = x)\end{aligned}$$

因此，我们根本不需要保留缩放项 C_k，在消息中添加常量在一些应用中将带来益处。

5.3.1.2 和积算法

对于推断问题，SPA 中消息计算的一个常见问题是需要将概率与似然相乘，这使得消息函数的值随着 SPA 的运行而变得越来越小。当我们想要计算边缘后验分布 $p(X_k \mid \boldsymbol{Y} = \boldsymbol{y}, \mathcal{M})$ 时，将不得不使用一个较大的归一化因子。从理论的角度来看，这其中不存在问题。但对于数值精度有限的计算机来说，这简直是灾难性的。为了解决这个问题，我们可以对消息进行缩放，使它们处于某个预定义的动态范围内。只要保留这些比例因子，仍然可以准确地解决推断问题。

考虑和积算法的计算规则：

$$\mu_{f_k \to X_m}(x_m) = \sum_{\sim \{x_m\}} f_k(x_1, x_2, \cdots, x_D) \prod_{n \neq m} \mu_{X_n \to f_k}(x_n) \tag{5.19}$$

假设用常数 C_n 对传入消息 $\mu_{X_n \to f_k}(x_n)$ 进行缩放，并用 $\tilde{\mu}_{X_n \to f_k}(x_n)$ 表示 $C_n \mu_{X_n \to f_k}(x_n)$。对缩放后的消息应用 SAP 的计算规则，可得

$$\tilde{\mu}_{f_k \to X_m}(x_m) = \sum_{\sim\{x_m\}} f_k\{x_1, x_2, \cdots, x_D\} \prod_{n \neq m} \tilde{\mu}_{X_n \to f_k}(x_n) \tag{5.20}$$

$$\tilde{\mu}_{f_k \to X_m}(x_m) = \mu_{f_k \to X_m}(x_m) \prod_{n \neq m} C_n \tag{5.21}$$

现在可以使用某个常数 C_m 对 $\tilde{\mu}_{f_k \to X_m}(X_m)$ 进行缩放，使得其值落在某个预定的动态范围内。注意，我们可以通过对缩放后的消息 $\tilde{\mu}_{f_k \to X_m}(X_m)$ 除以 $\prod_n C_n$ 的方式轻松得到原始的、未经缩放的消息 $\mu_{f_k \to X_m}(X_m)$ 。当和积算法结束时，我们将两个缩放后的消息与任意边相乘，得到每个变量缩放后的边缘为

$$\tilde{g}_{X_n}(x_n) = \gamma g_{X_n}(x_n) \tag{5.22}$$

式中：γ 为已知常数。

假设想要求得的是边缘后验概率 $p(X_n \mid \boldsymbol{Y} = \boldsymbol{y}, \mathcal{M})$ ，则

$$p(X_1 = x_1 \mid \boldsymbol{Y} = \boldsymbol{y}, \mathcal{M}) = \frac{g_{X_n}(x_n)}{\sum_{x \in X_k} g_{X_n}(x)} \tag{5.23}$$

$$p(X_1 = x_1 \mid \boldsymbol{Y} = \boldsymbol{y}, \mathcal{M}) = \frac{\tilde{g}_{X_n}(x_n)}{\sum_{x \in X_k} \tilde{g}_{X_n}(x)} \tag{5.24}$$

换言之，要确定边缘后验分布，根本不需要跟踪比例因子。我们可以简单地直接对被缩放的边缘进行归一化。

例 5.3【防盗报警器问题】

让我们回到之前的防盗报警器问题。假设用 $C_B = 100$ 对 $\mu_{g \to B}(B)$ 进行缩放，有

$$\tilde{\mu}_{g \to B}(b) = \begin{cases} 70.2, b = 1 \\ 0.199, b = 0 \end{cases}$$

同时，用 $C_E = 10$ 对 $\tilde{\mu}_{g \to E}(E)$ 进行缩放，则

$$\tilde{\mu}_{g \to E}(e) = \begin{cases} 1.080\,0, e = 1 \\ 0.079\,9, e = 0 \end{cases}$$

由此得到缩放后的边缘如下：

$$\tilde{g}_B(b) = \begin{cases} 0.702\,00, b = 1 \\ 0.197\,01, b = 0 \end{cases}$$

和

$$\tilde{g}_E(e) = \begin{cases} 0.010\,800, e = 1 \\ 0.079\,101, e = 0 \end{cases}$$

现在，B 的归一化常数为 $1/(0.702\,00 + 0.197\,01) = 1/0.089\,9 \approx 11.12$，而对于 E ，则是 $1/0.899 \approx 1.112$。

由于 C_E 和 C_B 是已知的，因此可以得到初始的归一化常数（111.2）。这对第一个推断问题非常重要（见 5.2.3.1 节）。另外，为了计算边缘后验分布，不需要跟踪比例因子 C_E 和 C_B，因为边缘后验分布可以通过对缩放后的边缘 $\tilde{g}_B(B)$ 和 $\tilde{g}_E(E)$ 归一化而轻松求得。例如，在 C_E 或 C_B 未知的情况下，有

$$p(B = b \mid A = 1) = \frac{\tilde{g}_B(b)}{\tilde{g}_B(0) + \tilde{g}_B(1)} \approx \begin{cases} 0.780\,9, b = 1 \\ 0.219\,1, b = 0 \end{cases}$$

这与我们之前的结果一致。

5.3.2 分布形式的消息

从现在开始，我们只关注 SPA，而不再讨论最大和算法。由于消息可以在和积算法中任意缩放，因此寻找一种聪明的缩放方法。一种特别有吸引力的缩放方式是归一化：首先用正常的方式计算消息，假设 f_k 以 $X_1, X_2, \cdots, X_D$ 为变量，有

$$\mu_{f_k \to X_m}(x_m) = \sum_{\sim \{x_m\}} f_k(x_1, x_2, \cdots, x_D) \prod_{n \neq m} \mu_{X_n \to f_k}(x_n) \tag{5.25}$$

然后，一旦对于所有的 $x_m \in X_m$ 都已经确定了 $\mu_{f_k \to X_m}(x_m)$，就可以缩放消息（乘以某个常数 γ），使得

$$\sum_{x_m \in X_m} \gamma \mu_{f_k \to X_m}(x_m) = 1 \tag{5.26}$$

请记住，我们不需要跟踪归一化常数确定 X_m 的边缘后验分布。然而，当计算模型的似然度 $p(\boldsymbol{Y} = \boldsymbol{y} \mid \mathcal{M})$ 时，归一化常数就会变得十分重要。注意，对于连续变量，求和需要被替换成积分。

解释

（1）以上归一化过程有一个重要的含义：消息可以被解释为概率分布（概率质量函数（pmf）或概率密度函数（pdf））。这使得 SPA 还有一个更广为人知的名称：置信度传播（belief propagation）。

（2）我们将变量 $X_n, n \neq m$ 解释为先验分布为 $p(X_N) = \mu_{X_n \to f_k}(X_N)$ 的独立随机变量，则可以将式（5.25）写为

$$\mu_{f_k \to X_m}(x_m) \propto \mathbb{E}\{f_k(X_1, \cdots, X_D) \mid X_m = x_m\} \tag{5.27}$$

式中：“$\propto$”表示两侧仅相差一个乘积常数。

（3）由于 $\mu_{f_k \to X_m}(x_m)$ 也是一个分布，因此可以将式（5.25）进一步解释为

$$\mu_{f_k \to X_m}(x_m) = p(X_m = x_m) \tag{5.28}$$

$$\mu_{f_k \to X_m}(x_m) = \sum_{\sim \{x_m\}} p(X_m = x_m, \{X_n = x_n\}_{n \neq m}) \tag{5.29}$$

$$\mu_{f_k \to X_m}(x_m) = \sum_{\sim \{x_m\}} \underbrace{p(X_m = x_m \mid \{X_n = x_n\}_{n \neq m})}_{\propto f_k(X_1, \cdots, X_D)} \prod_{n \neq m} \underbrace{p(X_n = x_n)}_{\mu_{X_n \to f_k}(x_n)} \tag{5.30}$$

换言之，可以认为 $f_k(x_1, \cdots, x_D)$ 正比于如下的条件分布：

$$p(X_m = x_m \mid \{X_n = x_n\}_{n \neq m})$$

利用概率论的丰富结构，上述解释使我们能够给消息附加上含义，并有效地计算它们。

5.3.3　离散变量的消息表示

尽管现在已经知道可以缩放消息并给它们附加一个含义，但是仍然不知道如何有效地表示消息。在本节中，我们将介绍三种常见的方法。我们再次将注意力主要集中在和积算法上。正如我们所看到的，最大和算法中的消息可以用矢量表示，并且可以通过添加常量进行修改而不会影响最终的结果。

5.3.3.1　概率质量函数

当在有限域 $\mathcal{X}_n$ 上定义变量 X_n 时，归一化消息的本质即概率质量函数。因此，可以将它们表示成一个大小为 $|\mathcal{X}_n|$ 的矢量，所以可以用矢量 $\boldsymbol{p}_{f_k \to X_m}$ 代替函数 $\mu_{f_k \to X_m}(X_m)$。为了表达方便，使用以下记法：$\boldsymbol{p}_{f_k \to X_m}(x_m) = \mu_{f_k \to X_m}(x_m)$。现在，SPA 的计算规则式（5.25）变为

$$\boldsymbol{p}_{f_k \to X_m}(x_m) \propto \sum_{\sim \{x_m\}} f_k(x_1, \cdots, x_D) \prod_{n \neq m} \boldsymbol{p}_{X_n \to f_k}(x_n) \tag{5.31}$$

遍历 $x_m \in \mathcal{X}_n$ 即可求得归一化常数，并使用该常数对式（5.31）归一化，使得 $\sum_{x_m \in \mathcal{X}_n} \boldsymbol{p}_{f_k \to X_m}(x_m) = 1$。

5.3.3.2　对数似然

假设有一个消息 $\mu_{f_k \to X_m}(X_m)$。引入一个 $|\mathcal{X}_n| \times 1$ 维的矢量 $\boldsymbol{L}_{f_k \to X_m}$（称为对数域表示或对数似然）：

$$L_{f_k \to X_m}(x_m) = \log \mu_{f_k \to X_m}(x_m) \tag{5.32}$$

注意，可以通过对矢量 $\boldsymbol{L}_{f_k \to X_m}$ 求关于自然对数 e 的幂的方式恢复出原始消息。这种变换的好处是可以将取值范围从 $\mu_{f_k \to X_m}(X_m)$ 的 $[0, +\infty]$ 转换为 $\boldsymbol{L}_{f_k \to X_m}$ 的 $[-\infty, +\infty]$，从而有效地增加了消息的动态范围。现在，式（5.25）变为

$$L_{f_k\to X_m}(x_m) = \log\left(\sum_{\sim\{x_m\}} f_k(x_1,x_2,\cdots,x_D)\prod_{n\neq m} e^{L_{X_n\to f_k}(x_n)}\right) \tag{5.33}$$

在传统的和积算法中，边缘为

$$g_{X_m}(x_m) = \mu_{f_k\to X_m}(x_m)\mu_{X_m\to f_k}(x_m) \tag{5.34}$$

在对数域中，边缘变为

$$\log g_{X_m}(x_m) = L_{f_k\to X_m}(x_m) + L_{X_m\to f_k}(x_m) \tag{5.35}$$

我们可以在消息 $L_{f_k\to X_m}$ 中添加任何常数，而不会影响到 SPA。

（1）在确定模型的似然 $p(\boldsymbol{Y}=\boldsymbol{y}\mid\mathcal{M})$ 时，需要对消息中加的所有常量进行跟踪。

（2）在确定边缘后验分布 $p(X_m\mid\boldsymbol{Y}=\boldsymbol{y},\mathcal{M})$ 时，常数是无关紧要的，因为对 $L_{f_k\to X_m}$ 或 $L_{X_m\to f_k}$ 加上任何常数都不会对下式的结果产生影响：

$$p(X_m = x_m\mid\boldsymbol{Y}=\boldsymbol{y},M) \propto \exp(L_{f_k\to X_m}(x_m) + L_{X_m\to f_k}(x_m)) \tag{5.36}$$

在式（5.33）中，我们必须重复不断地对消息求幂与取对数。该过程的开销非常大，所以选择直接在对数域中计算消息。为此，我们引入雅可比对数（Jacobian Logarithm）。

定义 5.1【雅可比对数】

对于任意的 $L\in\mathbb{N}_0$，雅可比对数是根据以下递归规则定义的一个函数 $\mathbb{M}:\mathbb{R}^L\to\mathbb{R}$：

$$\mathbb{M}(L_1,L_2,\cdots,L_L) = \mathbb{M}(L_1,\mathbb{M}(L_2,L_2,\cdots,L_L)) \tag{5.37}$$

其中，

$$\mathbb{M}(L_1,L_2) = \max(L_1,L_2) + \log(1+e^{-|L_1-L_2|}) \tag{5.38}$$

而且

$$\mathbb{M}(L_1) = L_1 \tag{5.39}$$

与求和操作符 $\sum$ 类似，通常将 $\mathbb{M}(L_1,L_2,\cdots,L_L)$ 简写为 $\mathbb{M}_{i=1}^{L}(L_i)$。式（5.38）的核心计算通常是通过最大化和查表实现的，所需要的简单查找表是一个关于 $|L_1-L_2|$ 的函数。这里避免了精确求幂与取对数，因此可以十分高效地实现雅可比算法。

雅可比对数具有以下重要性质[64]：

$$\mathbb{M}(L_1,L_2,\cdots,L_L) = \log\left(\sum_{l=1}^{L} e^{L_l}\right) \tag{5.40}$$

该性质使得我们可以将式（5.33）表示为

$$L_{f_k\to X_m}(x_m) = \mathbb{M}_{\sim\{x_m\}}\left(\log f_k(x_1,x_2,\cdots,x_D) + \sum_{n\neq m} L_{X_n\to f_k}(x_n)\right) \tag{5.41}$$

式中，雅可比对数遍历了 $[x_1,x_2,\cdots,x_D]$ 中的所有项，其第 m 项等于 x_m。

雅可比对数的低复杂度使得我们可以在无须依靠复杂度高的指数和对数的情况下，在对数消息域中执行完整的和积算法。

例 5.4【重复码】

让我们回到之前重复代码的实例中，其因子图如图 5.2 所示。我们首先将从叶子节点到等效节点的消息写为归一化矢量，使得

$$
\begin{aligned}
\boldsymbol{p}_{f_B \to B} &= \gamma[0.5 \quad 0.5]^{\mathrm{T}} \\
&= \left[\frac{1}{2} \quad \frac{1}{2}\right]^{\mathrm{T}}
\end{aligned}
$$

对于 $k \in \{1,2\}$，有

$$
\begin{aligned}
\boldsymbol{p}_{f_k \to C_k} &= \gamma[0.5 \quad 0.1]^{\mathrm{T}} \\
&= \left[\frac{5}{6} \quad \frac{1}{6}\right]^{\mathrm{T}}
\end{aligned}
$$

对于 $k \in \{3,4\}$，有

$$
\begin{aligned}
\boldsymbol{p}_{f_k \to C_k} &= \gamma[0.5 \quad 0.9]^{\mathrm{T}} \\
&= \left[\frac{5}{14} \quad \frac{9}{14}\right]^{\mathrm{T}}
\end{aligned}
$$

取对数得到 $\boldsymbol{L}_{f_B \to B} = [-0.69 \quad -0.69]^{\mathrm{T}}$；对于 $k \in \{1,2\}$，$\boldsymbol{L}_{f_k \to C_k} = [-0.18 \quad -1.79]^{\mathrm{T}}$；对于 $k \in \{3,4\}$，$\boldsymbol{L}_{f_k \to C_k} = [-1.03 \quad -0.44]^{\mathrm{T}}$。利用式（5.41），对式（5.18）做变换并计算消息 $\boldsymbol{L}_{\boxminus \to B}$，对于 $b \in \{0,1\}$，有

$$
\boldsymbol{L}_{\boxminus \to B}(b) = \mathbb{M}_{c_1,c_2,c_3,c_4}\left(\log \boxminus(b,c_1,c_2,c_3,c_4) + \sum_{n=1}^{4} \boldsymbol{L}_{C_n \to \boxminus}(c_n)\right)
$$

由于当 $c_1 = c_2 = c_3 = c_4 = b$ 时，$\log \boxminus(b,c_1,c_2,c_3,c_4) = 0$，而在其他情况下，$\log \boxminus(b,c_1,c_2,c_3,c_4) = -\infty$，则

$$
\begin{aligned}
\boldsymbol{L}_{\boxminus \to B}(b) &= \mathbb{M}\left(-\infty, -\infty, \cdots, -\infty, 0 + \sum_{n=1}^{4} L_{C_n \to \boxminus}(b)\right) \\
&= \sum_{n=1}^{4} \boldsymbol{L}_{C_n \to \boxminus}(b) \\
&\approx \begin{cases} -4.46, b = 1 \\ -2.42, b = 0 \end{cases}
\end{aligned}
$$

在对数域中，边缘的表达式为（相差一个未知的加常数）

$$
\begin{aligned}
\log g_B(b) &= \boldsymbol{L}_{\boxminus \to B}(b) + \boldsymbol{L}_{B \to \boxminus}(b) \\
&= \begin{cases} -5.16, b = 1 \\ -3.12, b = 0 \end{cases}
\end{aligned}
$$

由于 $\log g_B(1) < \log g_B(0)$，可以得出结论，即传输的比特更有可能是

零。如果想要确定 $p(B=b|\boldsymbol{Y}=\boldsymbol{y})$，对 $\log g_B(B)$ 关于 e 求幂并归一化，得到

$$p(B=b|\boldsymbol{Y}=\boldsymbol{y}) \approx \begin{cases} 0.11, b=1 \\ 0.89, b=0 \end{cases}$$

这与 5.2.4 节中的结果相等。

5.3.3.3 和积算法与最大和算法之间的联系

在我们继续讨论离散变量中消息的第三种表示方法之前，让我们插入一小段题外话。对分布取对数后使用最大和算法，以及直接使用对数似然表示的 SPA，二者之间存在怎样的联系？假设有 $p(\boldsymbol{X},\boldsymbol{Y}=\boldsymbol{y}|\mathcal{M})$ 的因式分解，其中 $f_k(X_1,X_2,\cdots,X_D)$ 是它的一个因子。下面执行 SPA，其中消息由对数似然度表示。那么，有以下规则：

$$\boldsymbol{L}_{f_k\to X_m}(x_m) = \mathbb{M}_{\sim\{x_m\}}\left(\log f_k(x_1,x_2,\cdots,x_D) + \sum_{n\neq m}\boldsymbol{L}_{X_n\to f_k}(x_n)\right) \quad (5.42)$$

由于当 $|L_1-L_2|$ 较大时，有

$$\mathbb{M}(L_1,L_2) = \max(L_1,L_2) + \log(1+\mathrm{e}^{-|L_1-L_2|}) \quad (5.43)$$

$$\approx \max(L_1,L_2) \quad (5.44)$$

我们可以将 $\boldsymbol{L}_{f_k\to X_m}(x_m)$ 近似为

$$\boldsymbol{L}_{f_k\to X_m}(x_m) \approx \max_{\sim\{x_m\}}\left(\log f_k(x_1,x_2,\cdots,x_D) + \sum_{n\neq m}\boldsymbol{L}_{X_n\to f_k}(x_n)\right) \quad (5.45)$$

如果现在要对 $\log p(\boldsymbol{X},\boldsymbol{Y}=\boldsymbol{y}|\mathcal{M})$ 的因式分解执行最大和算法，那么函数 $\log f_k(x_1,x_2,\cdots,x_D)$ 将是其中的一个因子。根据 4.7 节中最大和算法的定义，我们得到消息计算规则的表达式为

$$\boldsymbol{\mu}_{f_k\to X_m}(x_m) = \max_{\sim\{x_m\}}\left(\log f_k(x_1,x_2,\cdots,x_D) + \sum_{n\neq m}\boldsymbol{\mu}_{X_n\to f_k}(x_n)\right) \quad (5.46)$$

比较式（5.45）与式（5.46），可以发现它们完全相同。即使用对数域中的消息执行 SPA，结合雅可比对数的近似值，也可以得到最大和算法。

5.3.3.4 对数似然比

当使用对数似然时，可以在边上传递消息之前给消息加上或减去任何实数。该实数的一个特殊选择是 X_m 中某个固定元素的对数似然。我们将 X_m 中的元素进行排序得到 $X_m=\{a_m^{(1)},a_m^{(2)},\cdots,a_m^{(|X_m|)}\}$ 并定义一个矢量：

$$\boldsymbol{\lambda}_{f_k\to X_m} = \boldsymbol{L}_{f_k\to X_m} - \boldsymbol{L}_{f_k\to X_m}(a_m^{(1)}) \quad (5.47)$$

减去此确定的常数后，矢量中有一个固定的位置将总是等于零（在这种情况下是第一个位置）。这意味着我们不妨不去发送这个元素（因为接收节点知

道它总是零）。由于 X_m 包含 $|X_m|$ 个元素，这可以节省 $(|X_m|-1)/|X_m|$ 的内存。这仅在 $|X_m|$ 较小时有意义，如当 X_m 是二元变量时。

注意到用概率质量函数 $\boldsymbol{p}_{f_k \to X_m}$ 表示的消息与用 $\boldsymbol{\lambda}_{f_k \to X_m}$ 表示的消息之间的关系为

$$\boldsymbol{\lambda}_{f_k \to X_m}(a_m^{(n)}) = \log\left(\frac{p_{f_k \to X_m}(a_m^{(n)})}{p_{f_k \to X_m}(a_m^{(1)})}\right) \tag{5.48}$$

因此，消息 $\boldsymbol{\lambda}_{f_k \to X_m}$ 通常称为对数似然比（Log－Likelihood Ratio，LLR）。由于对数似然比是对数似然度的一种特殊情形，因此所有相关计算规则和边缘仍然成立。

例 5.5【重复码】

由 5.3.3.2 节中，我们知道 $\boldsymbol{L}_{f_B \to B} \approx [-0.69 \quad -0.69]^{\mathrm{T}}$；对于 $k \in \{1,2\}$，$\boldsymbol{L}_{f_k \to C_k} \approx [-0.18 \quad -1.79]^{\mathrm{T}}$；对于 $k \in \{3,4\}$，$\boldsymbol{L}_{f_k \to C_k} \approx [-1.03 \quad -0.44]^{\mathrm{T}}$。在二进制域中，我们将元素 0 看作参考元素，并引入对数似然比 $\boldsymbol{\lambda}_{f_B \to B} = \boldsymbol{L}_{f_B \to B}(1) - \boldsymbol{L}_{f_B \to B}(0) = 0$，对于 $k \in \{1,2\}$，$\boldsymbol{\lambda}_{f_k \to C_k} \approx -1.61$，并且对于 $k \in \{3,4\}$，$\boldsymbol{\lambda}_{f_k \to C_k} \approx 0.59$，则

$$\boldsymbol{L}_{\boxed{=} \to B}(b) = \sum_{n=1}^{4} \boldsymbol{L}_{C_n \to \boxed{=}}(b)$$

有

$$\begin{aligned}\boldsymbol{\lambda}_{\boxed{=} \to B} &= \sum_{n=1}^{4} \boldsymbol{\lambda}_{C_n \to \boxed{=}} \\ &\approx -2.04\end{aligned}$$

最后，边缘的对数似然比为

$$\begin{aligned}\boldsymbol{\lambda}_B &= \boldsymbol{\lambda}_{\boxed{=} \to B} + \boldsymbol{\lambda}_{B \to \boxed{=}} \\ &= -2.04 \\ &= \log\left(\frac{p(B=1 \mid \boldsymbol{Y}=\boldsymbol{y})}{p(B=0 \mid \boldsymbol{Y}=\boldsymbol{y})}\right)\end{aligned}$$

由于 $\boldsymbol{\lambda}_B < 0$，可以得出结论，传输的比特最可能是零。如果想要确定 $p(B=b \mid \boldsymbol{Y}=\boldsymbol{y})$，可以求幂并归一化，得到与之前一样的结果：

$$p(B=0 \mid \boldsymbol{Y}=\boldsymbol{y}) = \frac{1}{1+\mathrm{e}^{\lambda_B}} \approx 0.89$$

$$p(B=1 \mid \boldsymbol{Y}=\boldsymbol{y}) = \frac{\mathrm{e}^{\lambda_B}}{1+\mathrm{e}^{\lambda_B}} \approx 0.11$$

5.3.4　连续变量的消息表示

尽管我们可以很容易地用矢量对离散变量的消息进行表示，但对于连续

变量则不再适用。我们将继续只讨论和积算法。当变量 X_n 定义在连续域 $\mathcal{X}_n$ 中时，和积算法中的归一化消息的本质就是概率密度函数，并且此时的和积规则将涉及多维积分。这里涉及两个问题：

（1）我们应该如何表示消息?

（2）我们如何使用和积规则?

在本节中，我们将介绍连续消息的多种表示方式，以及它们是如何使用和积规则的。简明起见，我们将关注具有三个变量的节点 $f(X,Y,Z)$，得出以下和积规则：

$$\mu_{f\to Z}(z) = \gamma\int_{\mathcal{X}}\int_{\mathcal{Y}} f(x,y,z)\mu_{X\to f}(x)\mu_{Y\to f}(y)\,\mathrm{d}x\mathrm{d}y \tag{5.49}$$

式中：γ 为归一化常数，选择 γ 使得

$$\int_{\mathcal{Z}}\mu_{f\to Z}(z)\,\mathrm{d}z = 1 \tag{5.50}$$

在边 X 和 Y 上传入的消息 $\mu_{X\to f}(X)$ 和 $\mu_{Y\to f}(Y)$ 可以分别解释为概率密度函数 $p_X(x)$ 和 $p_Y(y)$。类似地，传出的消息 $\mu_{f\to Z}(Z)$ 是一个概率密度函数 $p_Z(z)$。与以前一样，我们将式（5.49）改写为

$$p_Z(z) = \iint p_{Z|X,Y}(z\mid x,y)p_X(x)p_Y(y)\,\mathrm{d}x\mathrm{d}y \tag{5.51}$$

式中：$p_{Z|X,Y}(z\mid x,y) = \gamma f(x,y,z)$。

换言之，在计算消息 $\mu_{f\to Z}(z)$ 时，可以使用式（5.51），并将 X 和 Y 视为具有已知先验分布的独立随机变量。已知的 $f(X,Y,Z)$ 和 z 的条件分布 $p_{Z|X,Y}(z\mid x,y)$ 相比只相差一个乘积常数。

一般来说，精确写出概率密度函数是不可能的；即使它们能够以封闭形式表示，计算和积算法所需的积分也是非常困难的。出于这些原因，经常需要寻找概率密度函数的近似表示。我们必须做到：

保证该近似对于所需要的求解而言是足够精确的，并且使积分易于处理（无论是解析上的还是数值上的）。

我们将介绍三种常见的表示方法：量化、参数表示和非参数表示。

5.3.4.1 量化

规避上述问题最自然的方法是对 $\mathcal{X}$、$\mathcal{Y}$ 和 $\mathcal{Z}$ 的域进行量化，这会得到函数和消息的量化版本。从本质上讲，就是用概率质量函数来近似概率密度函数。在这种情况下，就可以应用 5.3.3 节中的方法。其主要缺点是复杂度和存储要求与所涉及变量的维度呈指数关系。

5.3.4.2 参数表示

参数表示的核心思想是分布可以由一组有限的参数完整表示。一个经典

的实例是高斯混合密度（GMD）。假设 $\boldsymbol{X}$ 是符合高斯混合密度分布的一组 L 维变量，那么其概率密度函数 $p_{\boldsymbol{X}}(\boldsymbol{x})$ 的表达式为

$$p_{\boldsymbol{X}}(\boldsymbol{x}) = \sum_{l=1}^{L} \alpha_l \mathcal{N}_x(\boldsymbol{m}_l, \Sigma_l) \tag{5.52}$$

式中：α_l 为第 l 个混合项的权重 $\left(\sum_l \alpha_l = 1\right)$。

在许多应用中，高斯混合密度是真实密度的一个很好的近似。来自节点的消息可以由 L 个权重、L 个均值以及 L 个协方差矩阵共同表示。

当因式分解中的因子有一个方便处理的结构时（6.4 节中将会给出一个实例），SPA 的消息计算规则将变为传入和传出全部是高斯混合密度消息的形式。

5.3.4.3　非参数表示

非参数的方法将采用粒子化表示（见第 3 章），满足

$$\int f(x) p_X(x)\,\mathrm{d}x \approx \sum_{l=1}^{L} \int f(x) w_l \delta(x_l, x)\,\mathrm{d}x \tag{5.53}$$

$$= \sum_{l=1}^{L} w_l f(x_l) \tag{5.54}$$

式中：$f(x)$ 为可积函数，则能够得到具有 L 个加权样本 $\{(w_l, x_l)\}_{l=1}^{L}$ 的分布 $p_X(\cdot)$ 的粒子表示 $R_L(p_X(\cdot))$。

现在，求解式（5.51）即相当于求解下述问题（图 5.3）：给定两个独立随机变量 X 和 Y，其中 $\mathcal{R}_L(p_X(\cdot)) = \{(w_l, x_l)\}_{l=1}^{L}$，且 $\mathcal{R}_L(p_Y(\cdot)) = \{(v_l, y_l)\}_{l=1}^{L}$，同时给定一个只相差一个乘积常数的条件概率密度函数 $p_{Z|X,Y}(z \mid x, y)$，求 $p_Z(z)$ 的一个粒子表示 $\mathcal{R}_L(p_Z(\cdot)) = \{(u_l, z_l)\}_{l=1}^{L}$。我们将给出三种可能的解决方案：重要性采样、混合采样以及正则化。

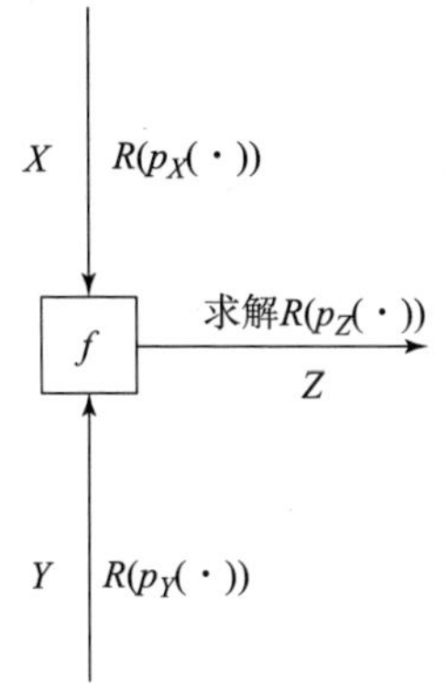

图 5.3　消息的非参数表示（函数 $f(x, y, z)$ 正比于 $p_{Z|X,Y}(z|x, y)$）

1. 方法1——重要性采样

方法1——重要性采样的步骤如下：

（1）让我们从 $p_X(x):x^{(k)} \sim p_X(x)$ 中抽取 L 个独立同分布样本，从 $p_Y(y):y^{(k)} \sim p_Y(y)$ 中同样抽取 L 个独立同分布样本。为了计算消息 $p_Z(z)$，可以将 X 和 Y 视为独立的，因此可以由联合分布 $p_{X,Y}(x,y) = p_X(x)p_Y(y)$ 得到 L 个样本 $\{(x^{(k)},y^{(k)})\}_{k=1}^{L}$。

（2）下面使用重要性采样（见3.3.2节），由 $p_{X,Y,Z}(x,y,z)$ 生成样本。对于每一组 $(x^{(k)},y^{(k)})$ 抽取一个样本 $z^{(k)} \sim q_{Z|X,Y}(z|x^{(k)},y^{(k)})$，其中 $q_{Z|X,Y}(z|x^{(k)},y^{(k)})$ 是一个适当的样本分布。因此样本 $(x^{(k)},y^{(k)},z^{(k)})$ 满足分布 $q_{Z|X,Y}(z|x,y)p_X(x)p_Y(y)$。我们设定样本 $z^{(k)}$ 的权重为

$$u^{(k)} = \frac{p_{Z|X,Y}(z^{(k)}|x^{(k)},y^{(k)})p_X(x^{(k)})p_Y(y^{(k)})}{q_{Z|X,Y}(z^{(k)}|x^{(k)},y^{(k)})p_X(x^{(k)})p_Y(y^{(k)})} \tag{5.55}$$

$$\propto \frac{f(x^{(k)},y^{(k)},z^{(k)})}{q_{Z|X,Y}(z^{(k)}|x^{(k)},y^{(k)})} \tag{5.56}$$

注意，对于任何 x,y,z，$f(x,y,z)$ 与 $p_{Z|X,Y}(z|x,y)$ 成正比。我们对权重归一化使得 $\sum_k u^{(k)} = 1$。L 个加权样本 $\{(u^{(k)},(x^{(k)},y^{(k)},z^{(k)}))\}_{k=1}^{L}$ 即形成联合分布 $p_{X,Y,Z}(x,y,z) = p_{Z|X,Y}(z|x,y)p_X(x)p_Y(y)$ 的一个粒子表示。

（3）仅保留加权样本中的第三个分量，从而得到 L 个适当加权后的样本 $\{(u^{(k)},z^{(k)})\}_{k=1}^{L}$，它们形成了期望分布 $p_Z(z)$ 的粒子表示（见3.3.1节）。

算法的完整流程如算法5.1所示。在一些实际应用中，为了避免退化问题[65]，有必要对 $p_Z(z)$ 的粒子表示进行重采样（resample）：随着消息在因子图上传播，可能会出现所有权重全都集中在单个样本上的情况。当有消息更新时，重新进行采样即可消除该问题。

算法5.1　连续变量的和积规则——重要性采样

1：输入：$\mathcal{R}_L(p_X(x)) = \{(w^{(l)},x^{(l)})\}_{l=1}^{L}$ 和 $\mathcal{R}_L(p_Y(y)) = \{(v^{(l)},y^{(l)})\}_{l=1}^{L}$
2：for $k = 1 \sim L$ do
3：采样 $x^{(k)} \sim p_X(x)$
4：采样 $y^{(k)} \sim p_Y(y)$
5：采样 $z^{(k)} \sim q_{Z|X,Y}(z|x^{(k)},y^{(k)})$
6：令 $u^{(k)} = f(x^{(k)},y^{(k)},z^{(k)})/q_{Z|X,Y}(z^{(k)}|x^{(k)},y^{(k)})$
7：end for

权重归一化
输出：$\mathcal{R}_L(p_Z(z)) = \{(u^{(k)}, z^{(k)})\}_{k=1}^{L}$

2. 方法 2——混合采样

将 $p_X(x)$ 和 $p_Y(y)$ 的粒子表示代入式（5.51），有

$$p_Z(z) \approx \iint p_{Z|X,Y}(z|x,y)\left\{\sum_{l_1=1}^{L} w^{(l_1)}\delta(x,x^{(l_1)})\right\}\left\{\sum_{l_2=1}^{L} v^{(l_2)}\delta(y,y^{(l_2)})\right\}\mathrm{d}x\mathrm{d}y \tag{5.57}$$

$$p_Z(z) = \sum_{l_1=1}^{L} w^{(l_1)} \sum_{l_2=1}^{L} v^{(l_2)} p_{Z|X,Y}(z|x^{(l_1)}, y^{(l_2)}) \tag{5.58}$$

使得我们可以将 $p_Z(z)$ 解释为 L^2 个混合项的混合密度。现在从每个混合项中取一个加权样本：对于每个组合 $(x^{(l_1)}, y^{(l_2)})$，取一个样本 $z^{(l_1,l_2)} \sim q_{Z|X,Y}(z|x^{(l_1)}, y^{(l_2)})$ 并设定相应的权重为

$$u^{(l_1,l_2)} = w^{(l_1)} v^{(l_2)} \frac{f(x^{(l_1)}, y^{(l_2)}, z^{(l_1,l_2)})}{q_{Z|X,Y}(z^{(l_1,l_2)}|x^{(l_1)}, y^{(l_2)})} \tag{5.59}$$

最终得到 L^2 个样本（一般情况下，对于度为 D 的节点，最终能够得到 L^{D-1} 个样本）。我们对权重归一化，得到 $p_Z(z)$ 的一个粒子表示 $\{(u^{(k)}, z^{(k)})\}_{k=1}^{L^2}$，其中共有 L^2 个样本。通过重采样可以减少样本的数量。算法的完整流程如算法 5.2 所示。

算法 5.2　连续变量的和积规则——混合采样

输入：$\mathcal{R}_L(p_X(\cdot)) = \{(w^{(l)}, x^{(l)})\}_{l=1}^{L}$ 和 $\mathcal{R}_L(p_Y(\cdot)) = \{(v^{(l)}, y^{(l)})\}_{l=1}^{L}$
for $l_1 = 1 \sim L$ do
for $l_2 = 1 \sim L$ do
采样 $z^{(l_1,l_2)} \sim q_{Z|X,Y}(z|x^{(l_1)}, y^{(l_2)})$
令 $u^{(l_1,l_2)} = w^{(l_1)} v^{(l_2)} f(x^{(l_1)}, y^{(l_2)}, z^{(l_1,l_2)}) / q_{Z|X,Y}(z^{(l_1,l_2)}|x^{(l_1)}, y^{(l_2)})$
end for
end for
权重归一化
输出：$\mathcal{R}_L(p_Z(\cdot)) = \{(u^{(k)}, z^{(k)})\}_{k=1}^{L^2}$

3. 方法 3——正则化

上述方法都存在一个重要的缺点：在某些情况下，对 z 取任意的值时，函数 $f(x^{(l_1)}, y^{(l_2)}, z)$ 几乎都等于零。例如，当 $f(\cdot)$ 对应于一个等效节点

$f(x^{(l_1)},y^{(l_2)},z) = \boxed{=}(x^{(l_1)},y^{(l_2)},z)$ 时，这种情况就可能会发生。由于来自 $p_X(x)$ 的样本和来自 $p_Y(y)$ 的样本通常不会相同，因此 $f(x^{(l_1)},y^{(l_2)},z) = 0$，$\forall z$。这个问题可以通过正则化来避免（见 3.3.1 节）：我们用高斯密度混合对粒子表示进行近似。该过程需要两个步骤：

（1）将粒子表示 $\mathcal{R}_L(p_Y(\cdot))$ 和 $\mathcal{R}_L(p_X(\cdot))$ 转换为一个适当的高斯混合。从 $\mathcal{R}_L(p_X(\cdot)) = \{(w^{(l)},x^{(l)})\}_{l=1}^{L}$ 开始，将 $p_X(x)$ 近似为

$$p_X(x) \approx \sum_{l=1}^{L} w^{(l)} N_x(x^{(l)},\sigma^2) \tag{5.60}$$

其中，我们规定[45]，对于标量 X，$\sigma^2 = (4/(3L))^{1/5}$。对 $p_Y(y)$ 执行相同的操作。现在我们得到了对于所有 x 和所有 y 的分布的近似值。

（2）从 $p_Z(z)$ 中抽取 L 个适当加权后的样本。有很多方法可以做到这一点，这取决于 $f(x,y,z)$ 的结构。

①在等效节点（$f(x,y,z) = \boxed{=}(x,y,z)$）的特定情况下，$p_Z(z)$ 也是一个具有 L^2 个混合项的高斯混合：

$$p_Z(z) \approx \gamma p_X(z) p_Y(z) \tag{5.61}$$

从 $z^{(k)} \sim p_X(z)$ 中采样，并将重要性权重 $u^{(k)}$ 设定为 $p_Y(z_k)$，可以得到该高斯混合的样本，反之亦然。在文献［66］中还描述了一种基于吉布斯采样的替代方法。

②对于更一般的 $f(x,y,z)$，可以从某个适当的联合采样分布 $q_{XYZ}(x,y,z) = \psi(x,y,z)$ 中采样，然后将样本（$x^{(k)},y^{(k)},z^{(k)}$）的权重 $u^{(k)}$ 设定为 $u^{(k)} \propto p_X(x^{(k)}) p_Y(y^{(k)}) f(x^{(k)},y^{(k)},z^{(k)}) / \psi(x^{(k)},y^{(k)},z^{(k)})$。这里，仅保留每个样本的第三个分量，得到 $p_Z(z)$ 的粒子表示 $\{(u^{(k)},z^{(k)})\}_{k=1}^{L}$。

5.4 循环推断

现在，我们已经知道如何解决因子图上的推断问题，以及如何表示并计算离散变量与连续变量的消息。然而，以前的内容中对有环的因子图避而不谈，但是许多推断问题并不适用于无环图。当因子图包含环结构时会发生什么？在 4.6.6 节中看到，需要对 SPA 进行修改以应对环结构带来的相关性。使用如下方式即可实现这一个目标：

（1）将图中一组选定的消息①设定为相应域内的均匀分布。

（2）经过一定的（预定义的或动态决定的）迭代次数后，SPA 将会暂

① 此处应指无法获取先验信息的未知消息。——译者注。

停，并计算近似的边缘后验分布。这些近似分布有时被称为置信水平（以便将它们与真实的后验分布进行区分）。

这至少允许我们在有环图上执行 SPA。SPA 现在变成了迭代的（或循环的）。由此产生了术语有环推断（loopy inference）、有环的置信水平传播（loopy belief propagation）、迭代处理（iterative processing）和 Turbo 处理（Turbo processing）。在 4.6.6 节中，我们说明了消息会趋向于零或随着迭代趋向于无穷大。在推断问题中，我们对消息进行归一化从而消除这个问题，此时消息可能会收敛到合理的分布中。但是，我们应该如何解释这些分布？所获得的边缘与真实的边缘后验分布之间是否有关联？消息是否会收敛？这些问题通常很难概括性地回答，而且实际上答案也尚未完全知晓。感兴趣的读者可以参见文献［61，67，68］以及更多其他文献。特别是文献［61］中的工作对和积算法进行了推广，而且拥有更好的性能，并揭示了和积算法的不动点与统计物理中的自由能最小化之间的重要联系。

目前，我们对有环推断的一知半解并不意味着应该忘掉它！事实上，在大多数想要确定边缘后验分布的实际场景中，在有环因子图上执行 SPA 进行统计推断可以得到极佳的实验结果。类似地，模型的似然可以通过应用文献［61］中的方法来近似，其中，$\log p(\boldsymbol{Y}=\boldsymbol{y}\mid\mathcal{M})=-F_{\mathrm{H}}$，$F_{\mathrm{H}}$ 是亥姆霍兹自由能（Helmholtz free energy），且 F_{H} 可由贝特自由能（Bethe free energy）F_{Bethe} 近似，其本身是 SPA 中获得的置信水平的一个简单函数①。

让我们研究一些最简单的实例：带有一个单环和两个节点的因子图。将单环扩展到更一般的因子图是很简单的。正如下面所介绍的，SPA 的边缘（置信水平）与真实边缘后验分布之间存在着很好的关系，而且有环推断可以给出很好的结果。

例 5.6

我们有两个定义在元素个数 $L>1$ 的有限域 $\Omega=\{a_1,a_2,\cdots,a_L\}$ 上的变量 X_1 和 X_2。在获得观测 $\boldsymbol{Y}=\boldsymbol{y}$ 之后，写出 $\boldsymbol{X}=[X_1,X_2]$ 和 $\boldsymbol{Y}=\boldsymbol{y}$ 的联合分布：

$$\begin{aligned}p(\boldsymbol{X},\boldsymbol{Y}=\boldsymbol{y})&=p(\boldsymbol{Y}=\boldsymbol{y}\mid X_1,X_2)p(X_1X_2)\\&=p(\boldsymbol{Y}=\boldsymbol{y}\mid X_1,X_2)p(X_2)p(X_2\mid X_1)\end{aligned}$$

当似然函数和先验分布都不能方便地进行因式分解时，将其分解为 $f(X_1,X_2)=f_A(X_1,X_2)f_B(X_1,X_2)$，我们曾在 4.6.6 节中遇到过这种情况。其因子图如图 5.4 所示。

① 本书将不再继续讨论使用有环推断求解模型似然的问题。感兴趣的读者可以参阅文献［61，69］。

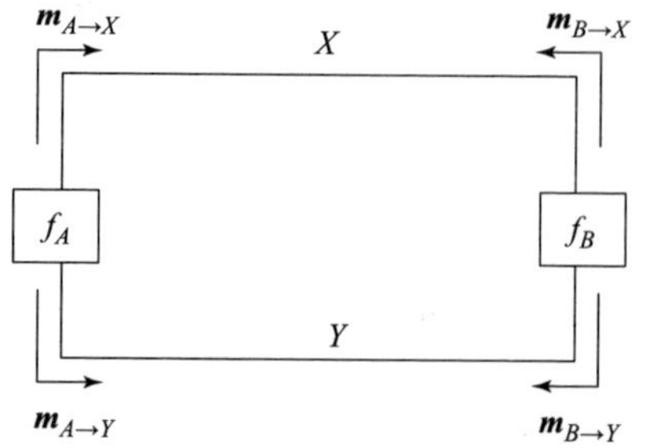

图 5.4　分布 $p(Y=y\mid X_1,X_2)p(X_1X_2)$ 的因子图

（其中 $f_A(X_1,X_2)=p(Y=y\mid X_1,X_2)$ 且 $f_B(X_1,X_2)=p(X_1,X_2)$）

使用与第 4 章相同的方法，我们将消息表示成一个矢量，即 $\mu_{f_A\to X_1}(X_1)=\mu_{X_1\to f_B}(X_1)$ 表示为 $m_{A\to X_1}$。类似地，$\mu_{f_B\to X_1}(X_1)$ 变为 $\boldsymbol{m}_{B\to X_1}$，$\mu_{f_B\to X_2}(X_2)$ 变为 $\boldsymbol{m}_{B\to X_2}$，$\mu_{f_A\to X_2}(X_2)$ 变为 $\boldsymbol{m}_{A\to X_2}$。我们计算 $f_A(X_1,X_2)$，$\forall(X_1,X_2)\in\Omega^2$ 并将结果放入一个 $L\times L$ 维的矩阵 $\boldsymbol{A}$ 中。同样，将 $f_B(X_1,X_2)$，$\forall(X_1,X_2)\in\Omega^2$ 的结果放入一个 $L\times L$ 维的矩阵 $\boldsymbol{B}$ 中。使用这些符号，我们可以看到和积计算规则现在表示如下：顺时针方向的消息 $\boldsymbol{m}_{A\to X_1}$ 和 $\boldsymbol{m}_{B\to X_2}$ 更新表达式为：（图 5.4），即

$$\boldsymbol{m}_{B\to X_2}\propto \boldsymbol{B}\boldsymbol{m}_{A\to X_1}$$

$$\boldsymbol{m}_{A\to X_1}\propto \boldsymbol{A}^{\mathrm{T}}\boldsymbol{m}_{B\to X_2}$$

而逆时针的消息 $\boldsymbol{m}_{A\to X_2}$ 和 $\boldsymbol{m}_{B\to X_1}$ 更新表达式为

$$\boldsymbol{m}_{A\to X_2}\propto \boldsymbol{A}^{\mathrm{T}}\boldsymbol{m}_{B\to X_1}$$

$$\boldsymbol{m}_{B\to X_1}\propto \boldsymbol{B}\boldsymbol{m}_{A\to X_2}$$

如果将 $\boldsymbol{m}_{A\to X_1}^{(0)}$ 初始化为某个特定的分布（如随机分布或均匀分布），则可以对顺时针消息进行迭代更新。我们对 $\boldsymbol{m}_{B\to X_1}^{(0)}$ 执行同样的操作，从而迭代更新逆时针消息。经过 n 次迭代后，$\boldsymbol{m}_{A\to X_1}$ 变为

$$\boldsymbol{m}_{A\to X_1}^{(n)}=\gamma^{(n)}\boldsymbol{C}^n\boldsymbol{m}_{A\to X_1}^{(0)}$$

式中：$\boldsymbol{C}=\boldsymbol{A}\boldsymbol{B}^{\mathrm{T}}$，$\boldsymbol{C}$，$\gamma^{(n)}$ 是归一化常数。

假设可以找到 $\boldsymbol{C}$ 的一组张成空间 $\mathbb{R}^L$ 的特征矢量和对应的特征值 $\{(\boldsymbol{\lambda}_k,\boldsymbol{v}_k)\}_{k=1}^{L}$，其中对特征值按绝对值排序使得 $|\boldsymbol{\lambda}_k|\geqslant|\boldsymbol{\lambda}_{k-1}|$。假设仅有一个远大于其他特征值的主特征值 $\boldsymbol{\lambda}_1$。引入 $\boldsymbol{V}=[\boldsymbol{v}_1,\boldsymbol{v}_2,\cdots,\boldsymbol{v}_L]$ 以及 $\boldsymbol{\Lambda}=\mathrm{diag}\{\boldsymbol{\lambda}_1,\boldsymbol{\lambda}_2,\cdots,\boldsymbol{\lambda}_L\}$，我们知道 $\boldsymbol{C}\boldsymbol{V}=\boldsymbol{V}\boldsymbol{\Lambda}$，因此 $\boldsymbol{C}^{\mathrm{T}}(\boldsymbol{V}^{\mathrm{T}})^{-1}=(\boldsymbol{V}^{\mathrm{T}})^{-1}\boldsymbol{\Lambda}$。换言之，矩阵 $(\boldsymbol{V}^{\mathrm{T}})^{-1}=\boldsymbol{W}$ 中的各列是 $\boldsymbol{C}^{\mathrm{T}}$ 排序后的特征矢量。

回到我们的消息，现在可以将 $\boldsymbol{m}_{A\to X_1}^{(0)}$ 描述为特征矢量的函数：对于一些

系数 $\alpha_1,\alpha_2,\cdots,\alpha_L$ ，有

$$\boldsymbol{m}_{A\to X_1}^{(0)} = \sum_{k=1}^{L} \alpha_k \boldsymbol{v}_k$$

从而得到

$$\boldsymbol{m}_{A\to X_1}^{(n)} = \gamma^{(n)} \sum_{k=1}^{L} \alpha_k \boldsymbol{\lambda}_k^n \boldsymbol{v}_k$$

假设对于任意的 k , $\alpha_k \neq 0$ ，当 $n \to +\infty$ 时，$\boldsymbol{m}_{A\to X_1}^{(n)}$ 将会趋近于 $\boldsymbol{C}$ 的主特征矢量（对应于具有最大量级的特征值）。类似地，$\boldsymbol{m}_{B\to X_1}^{(n)}$ 将会趋近于 $\boldsymbol{C}^{\mathrm{T}}$ 的主特征矢量。在上述两种情况下，我们看到收敛速度均与 $\boldsymbol{\lambda}_1/\boldsymbol{\lambda}_2$ 成正比：当主特征值比其他特征值大得越多时，消息的收敛速度越快（所需的迭代次数越少）。换言之，$\boldsymbol{m}_{A\to X_1}^{(+\infty)} = \gamma_1 \boldsymbol{v}_1$ 且 $\boldsymbol{m}_{B\to X_1}^{(+\infty)} = \gamma_2 \boldsymbol{w}_1$ ，其中 $\boldsymbol{w}_1$ 是 $\boldsymbol{W}$ 的第一列，γ_1 和 γ_2 是归一化常数。那么，归一化边缘的表达式为

$$\begin{aligned} g_{X_1}(a_i) &= [\boldsymbol{v}_1]_i [\boldsymbol{w}_1]_i \\ &= [\boldsymbol{V}]_{i,1} [\boldsymbol{V}^{-1}]_{1,i} \end{aligned}$$

易证 $\sum_{a\in\Omega} g_{X_1}(a) = 1$。

另外，X_1 的真实边缘后验分布的表达式为

$$p(X_1 = a_i \mid \boldsymbol{Y} = \boldsymbol{y}) = \frac{C_{ii}}{\sum_{j=1}^{L} C_{jj}}$$

我们改写 $\sum_{j=1}^{L} C_{jj} = \sum_{j=1}^{L} \boldsymbol{\lambda}_j$ 且 $C_{ii} = \boldsymbol{e}_i^{\mathrm{T}} \boldsymbol{C} \boldsymbol{e}_i$ ，其中 $\boldsymbol{e}_i$ 是一个列矢量，其第 i 个元素为 1 ，其他元素均为 0 。我们发现 $p(X_1 = a_i \mid \boldsymbol{Y} = \boldsymbol{y})$ 和 $g_{X_1}(a_i)$ 之间存在以下关系：

$$\begin{aligned} \underbrace{p(X_1 = a_i \mid \boldsymbol{Y} = \boldsymbol{y})}_{\text{真实后验分布}} &= \frac{\boldsymbol{e}_i^{\mathrm{T}} \boldsymbol{C} \boldsymbol{e}_i}{\sum_{j=1}^{L} \boldsymbol{\lambda}_j} \\ &= \frac{\boldsymbol{e}_i^{\mathrm{T}} \boldsymbol{V} \boldsymbol{\Lambda} \boldsymbol{V}^{-1} \boldsymbol{e}_i}{\sum_{j=1}^{L} \boldsymbol{\lambda}_j} \\ &= \frac{\sum_{n=1}^{L} \boldsymbol{\lambda}_n [\boldsymbol{V}]_{i,n} [\boldsymbol{V}^{-1}]_{n,i}}{\sum_{j=1}^{L} \boldsymbol{\lambda}_j} \\ &= \frac{\boldsymbol{\lambda}_1}{\sum_{j=1}^{L} \boldsymbol{\lambda}_j} g_{X_1}(a_i) + \sum_{n=2}^{L} \frac{\boldsymbol{\lambda}_n [\boldsymbol{V}]_{i,n} [\boldsymbol{V}^{-1}]_{n,i}}{\sum_{j=1}^{L} \boldsymbol{\lambda}_j} \end{aligned}$$

$$= (1-\varepsilon)\underbrace{g_{X_1}(a_i)}_{\text{置信水平}} + \varepsilon\sum_{n=2}^{L}\frac{\boldsymbol{\lambda}_n[\boldsymbol{V}]_{i,n}[\boldsymbol{V}^{-1}]_{n,i}}{\sum_{j=2}^{L}\boldsymbol{\lambda}_j}$$

其中，

$$\varepsilon = 1 - \frac{\boldsymbol{\lambda}_1}{\sum_{j=1}^{L}\boldsymbol{\lambda}_j}$$

因此，得到了这样的解释，即有环的 SPA 的结果给了我们最多含有一个加性误差的真实边缘后验分布。当最大的特征值比其他特征值（在量级上）大得多时（当 $\varepsilon\to 0$ 时），这个误差将会很小。

5.5 本章要点

在统计推断中，我们希望通过观测 $\boldsymbol{Y}=\boldsymbol{y}$ 获得关于变量 $\boldsymbol{X}$ 的某些信息。我们已经看到因子图是如何帮助解决以下推断问题的：

（1）模型$\mathcal{M}$的似然 $p(\boldsymbol{Y}=\boldsymbol{y}|\mathcal{M})$ 是多少？

（2）给定模型 $\mathcal{M}$，X_k 的边缘后验分布 $p(X_k|\boldsymbol{Y}=\boldsymbol{y},\mathcal{M})$ 的表达式是什么？该分布具有怎样的特性（众数、矩等）？

（3）给定模型$\mathcal{M}$，$\boldsymbol{X}$ 的后验分布的众数 $\hat{\boldsymbol{x}}=\arg\max_{x} p(\boldsymbol{X}=\boldsymbol{x}|\boldsymbol{Y}=\boldsymbol{y},\mathcal{M})$ 是什么？

解决前两个问题的总体思路是创建联合分布 $p(\boldsymbol{X},\boldsymbol{Y}=\boldsymbol{y}|\mathcal{M})$ 因式分解的无环因子图，并在该图上实现和积算法；最后一个问题是通过在（$\mathbb{R}$，max，+）半环上操作，即在 $\log p(\boldsymbol{X},\boldsymbol{Y}=\boldsymbol{y}|\mathcal{M})$ 的无环因子图上运用最大和算法解决。

我们讨论了如何在不影响和积算法结果的前提下对消息进行缩放。对于离散变量，消息可以表示为三种类型的矢量：概率质量函数、对数似然度以及对数似然比。连续变量必须依赖于量化、参数表示或粒子表示。

尽管 SPA 只能保证在无环因子图上给出正确的边缘，但是最令人振奋且有发展前途的应用恰恰拥有带环的因子图模型。这自然地引出了迭代推断方法。尽管我们现在对于其收敛性能知之甚少，但是通常情况下可以认为如此获得的边缘（置信水平）是边缘后验分布真值的近似值。大量的实验性证据支持这一点。

第 6 章

状态空间模型

6.1 概　　述

状态空间模型（State Space Model，SSM）是一种可以将许多现实生活中的动态系统抽象化描述的数学模型。它在广泛的领域里有用武之地，包括机器人追踪、语音处理、控制系统、股票预测和生物信息学等。动态系统基本上无处不在[70-75]。这些模型不仅具有重要的实际意义，而且还很好地展现了因子图和 SPA 的威力。SSM 背后的核心思想是，系统在任何时候都可以由属于状态空间的一个状态（state）描述。状态空间可以是离散的也可以是连续的。根据已知的统计学规则，状态随时间动态地变化。我们不能直接观察状态，状态称为隐藏的。相反，我们观察另一个量，也就是观测（observation），它与状态具有已知的统计学关系。在收集到一系列观测后，我们的目标就是推断出它们相应的状态序列。

本章内容安排如下：

- 6.2 节将描述 SSM 的基本概念：首先创建适当的因子图，并展示如何在该因子图上执行和积算法以及最大和算法；然后将详细介绍三种 SSM 用例。
- 在 6.3 节中，我们将讨论离散状态空间下的模型，也就是隐马尔可夫模型（Hidden Markov Model，HMM）。我们将利用因子图重新构造著名的前向、后向算法和维特比算法。
- 在 6.4 节中我们将讨论线性高斯模型，并利用因子图推导出卡尔曼滤波器和卡尔曼平滑器。
- 在 6.5 节中考虑连续状态空间下的通用 SSM，并说明如何将蒙特卡罗技术与因子图结合进行统计推理。这将引出所谓的粒子滤波器及其变体。

尽管SSM本身是一个重要的话题，但是为了设计迭代接收机，读者可以将注意力集中在6.2节和6.3节。6.4节和6.5节仅仅是为了内容体系的完整性而设置的。

6.2 状态空间模型

6.2.1 定义

在离散时间SSM中，变量 $X_k \in \mathcal{X}_k$ 称为时刻 k 的状态。变量 $Y_k \in \mathcal{Y}_k$ 是时间 k 的输出（output）。我们将用缩写 $X_{l:k}$ 表示 $[X_l, X_{l+1}, \cdots, X_k]$，用缩写 $Y_{l:k}$ 表示 $[Y_l, Y_{l+1}, \cdots, Y_k]$，其中 $l \leqslant k$。状态组成的一阶马尔可夫链为

$$p(X_k = x_k \mid \boldsymbol{X}_{0:k-1} = \boldsymbol{x}_{0:k-1}, \mathcal{M}) = p(X_k = x_k \mid X_{k-1} = x_{k-1}, \mathcal{M}) \tag{6.1}$$

根据输出和状态的关系不同，SSM可以分为两种类型。

类型1 转移-输出SSM：时间 k 的输出仅取决于时刻 $k-1$ 和 k 的状态：

$$p(Y_k = y_k \mid \boldsymbol{X}_{0:N} = \boldsymbol{x}_{0:N}, \mathcal{M}) = p(Y_k = y_k \mid X_{k-1} = x_{k-1}, X_k = x_k, \mathcal{M}) \tag{6.2}$$

类型2 状态-输出SSM：时间 k 的输出仅取决于时刻 k 的状态：

$$p(Y_k = y_k \mid \boldsymbol{X}_{0:N} = \boldsymbol{x}_{0:N}, \mathcal{M}) = p(Y_k = y_k \mid X_k = x_k, \mathcal{M}) \tag{6.3}$$

概率 $p(X_k \mid X_{k-1}, \mathcal{M})$ 和 $p(Y_k \mid X_{k-1}, X_k, \mathcal{M})$ 分别称为转移概率和输出概率。在有限状态机（状态空间是离散的和有限的）领域，状态输出SSM称为Moore机，而转移输出SSM称为Mealy机。从它们的定义中可以清楚地看到，状态输出SSM是转移发射SSM的特例。模型$\mathcal{M}$表示转移和输出概率的详细描述以及状态的数量等模型信息。

1. 高阶马尔可夫模型

在一个 L 阶马尔可夫链中，满足

$$p(X_k = x_k \mid \boldsymbol{X}_{0:k-1} = \boldsymbol{x}_{0:k-1}, \mathcal{M}) = p(X_k = x_k \mid X_{k-1} = x_{k-1}, \cdots, X_{k-L} = x_{k-L}, \mathcal{M}) \tag{6.4}$$

可以通过引入超状态将其转化为一阶马尔可夫链：

$$S_k = [X_k, X_{k-1}, \cdots, X_{k-L+1}] \tag{6.5}$$

则

$$p(S_k = s_k \mid \boldsymbol{S}_{0:k-1} = \boldsymbol{s}_{0:k-1}, \mathcal{M}) = p(S_k = s_k \mid S_{k-1=S_{k-1}}, \mathcal{M}) \quad (6.6)$$

这意味着我们可以只关注一阶马尔可夫模型而不失一般性。

例 6.1【推测尼克的情绪】

我们正在对一个叫尼克的人进行心理试验。通过观察尼克的面部表情，我们希望能够推断出他的隐含情绪。状态空间由两个情感 $X = \{h,s\}$ 组成，其中，h 代表“开心”，s 代表“悲伤”。我们假设这个模型完整描述了尼克所有可能的情感。我们每分钟观察一次尼克（对应于离散时间索引 k）并记录下他的面部表情。尼克有三种可能的面部表情 $Y = \{l,c,b\}$，其中，l 代表“笑”，c 代表“哭泣”，b 代表“空白”。

尼克的面部表情与他当下的情绪有关：

$$\begin{cases} p(Y_k = l \mid X_k = h) = 0.3 \\ p(Y_k = c \mid X_k = h) = 0.1 \\ p(Y_k = b \mid X_k = h) = 0.6 \end{cases}$$

以及

$$\begin{cases} p(Y_k = l \mid X_k = s) = 0.1 \\ p(Y_k = c \mid X_k = s) = 0.2 \\ p(Y_k = b \mid X_k = s) = 0.7 \end{cases}$$

我们也知道尼克的情绪随时间变化的动态模型：

$$\begin{cases} p(X_k = h \mid X_{k-1} = s) = 0.1 \\ p(X_k = s \mid X_{k-1} = h) = 0.9 \end{cases}$$

以及我们开始观察之前尼克心情的先验概率：

$$\begin{cases} p(X_0 = h) = 0.1 \\ p(X_0 = s) = 0.9 \end{cases}$$

观察尼克的面部表情，我们观测到 $y = [l,b]$。我们的目标是确定尼克在这两分钟内的情绪。很明显，情绪和面部表情符合状态输出 SSM。我们将在下面的章节中看到如何推断尼克的隐含情绪。

6.2.2　因子图表示

对于一个转移输出 SSM，状态序列 $X = X_{0:N}$ 和观测值 $Y = y = y_{0:N}$ 的联合分布可以分解如下：

$$p(\boldsymbol{X}, \boldsymbol{Y} = \boldsymbol{y} \mid \mathcal{M}) = p(X_0 \mid \mathcal{M}) \prod_{k=1}^{N} \underbrace{p(Y_k = y_k \mid X_k, X_{k-1}, \mathcal{M}) p(X_k \mid X_{k-1}, \mathcal{M})}_{f_k(X_{k-1}, X_k)} \quad (6.7)$$

以及作为特例的状态输出 SSM：

$$p(\boldsymbol{X},\boldsymbol{Y}=\boldsymbol{y}\mid\mathcal{M})=p(X_0\mid\mathcal{M})\prod_{k=1}^{N}\underbrace{p(Y_k=y_k\mid X_k,\mathcal{M})p(X_k\mid X_{k-1},\mathcal{M})}_{f_k(X_{k-1},X_k)} \tag{6.8}$$

式（6.7）和式（6.8）的因子图分别如图 6.1 和图 6.2 所示。在一个状态输出 SSM 中，我们可以打开节点 f_k（见 4.6.2 节）（$k>0$）。注意，打开节点 f_k 不能应用于更一般的转移输出 SSM，因为这会导致带环的因子图。

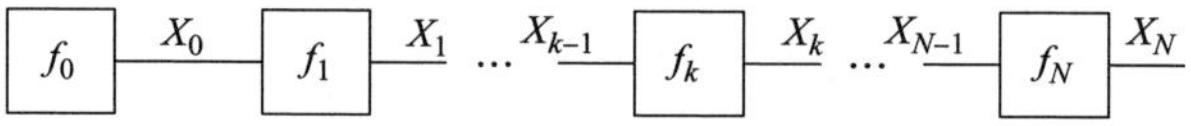

图 6.1　一个转移输出 SSM 的因子图（$f_0(X_0)=p(X_0\mid\mathcal{M})$，$f_k(X_{k-1},X_k)=p(Y_k=y_k\mid X_k,X_{k-1},\mathcal{M})p(X_k\mid X_{k-1},\mathcal{M})$）

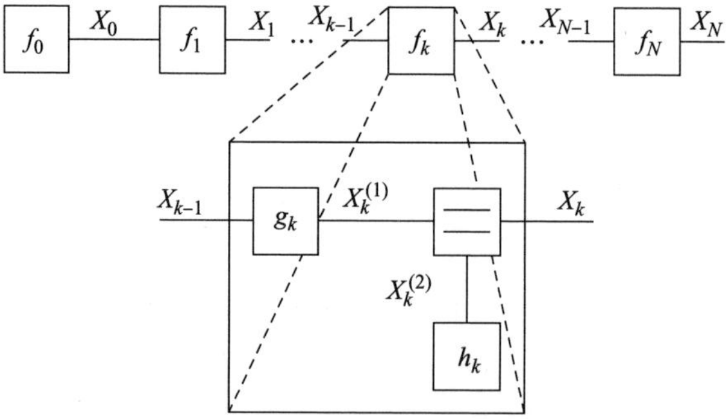

图 6.2　一个状态输出 SSM 的因子图

图中：$f_0(\boldsymbol{X}_0)=p(\boldsymbol{X}_0)$，$f_k(\boldsymbol{X}_{k-1},\boldsymbol{X}_k)=p(\boldsymbol{Y}_k=\boldsymbol{y}_k\mid\boldsymbol{X}_k,\boldsymbol{X}_{k-1})p(\boldsymbol{X}_k\mid\boldsymbol{X}_{k-1})$。节点 f_k 被打开以显示其结构 $g_k(\boldsymbol{X}_{k-1},\boldsymbol{X}_K^{(1)})=p(\boldsymbol{X}_k^{(1)})\mid\boldsymbol{X}_{k-1},h_k(\boldsymbol{X}_K^{(2)})=p(\boldsymbol{Y}_k=y_k\mid\boldsymbol{X}_k^{(2)})$ 和一个等效节点。

6.2.3　状态空间模型下的和积算法

6.2.3.1　一般方式

在本节中，我们将看到如何以一般方式解决 SSM 推理，以及如何引出序贯处理。从图 6.1 和图 6.2 可见：①因子图没有环；②如何执行 SPA。消息从左向右传播，同时也从右向左传播。这两个阶段分别称为前向（forward）阶段和后向（backward）阶段。图 6.3 中描述了这两个阶段。

（1）前向阶段。首先图 6.3 最左侧的叶节点发送一条消息 $\mu_{f_0\to X_0}(X_0)$，这使得我们可以计算 $\mu_{f_1\to X_1}(X_1)$，然后计算 $\mu_{f_2\to X_2}(X_2)$ 等直到 $\mu_{f_N\to X_N}(X_N)$。

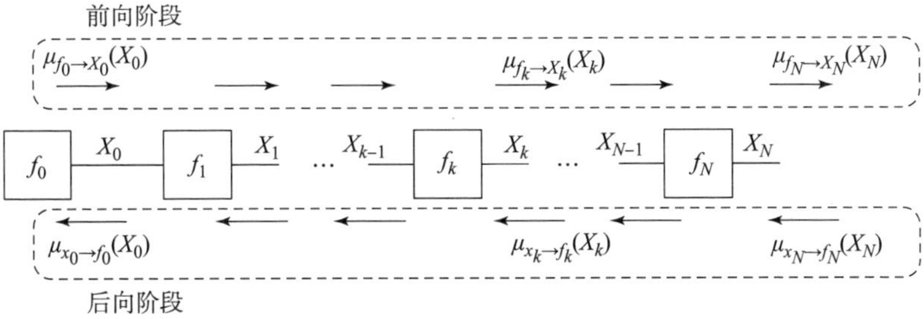

图 6.3　具有前向和后向相位的状态空间模型的和积算法

这些消息称为前向消息（因为它们从左向右，从过去向未来传播）。

（2）后向阶段。首先半边 X_N 可以发送一个消息（常数）给 f_N：$\mu_{X_N\to f_N}(X_N)$，这使得我们可以计算 $\mu_{X_{N-1}\to f_{N-1}}(X_{N-1})$，然后计算 $\mu_{X_{N-2}\to f_{N-2}}(X_{N-2})$ 等直到 $\mu_{X_0\to f_0}(X_0)$。这些消息称为后向消息（因为它们从右向左，从未来传播到过去）。

在这两个阶段完成之后，我们就可以通过在每个边上前向消息和后向消息的点乘计算边缘。

例 6.2【继续推测尼克的情绪】

回到我们的心理试验，$p(X,Y=y|\mathcal{M})$ 的因子图如图 6.4 所示。由于图形非常小，我们不需要再去归一化消息。读者验证归一化后可以得出完全相同的结果（相同的边缘后验分布）。

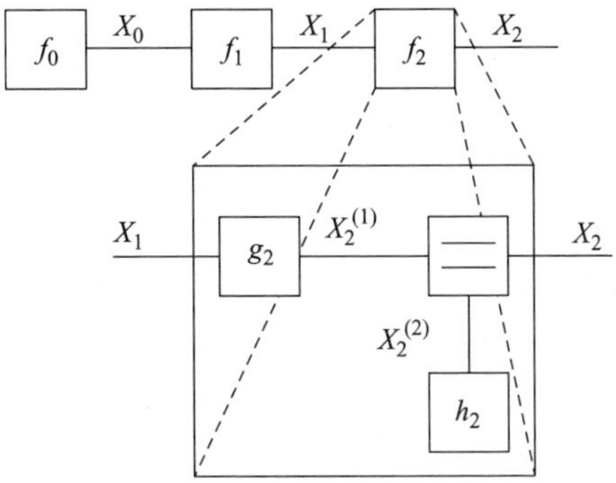

图 6.4　尼克的 SSM 因子图

图中：$f_0(\boldsymbol{X}_0)=p(\boldsymbol{X}_0)$，$f_k(\boldsymbol{X}_{k-1},\boldsymbol{X}_k)=p(\boldsymbol{Y}_k=\boldsymbol{y}_k|\boldsymbol{X}_k,\boldsymbol{X}_{k-1})p(\boldsymbol{X}_k|\boldsymbol{X}_{k-1})$。节点 f_k 被打开以显示其结构 $g_k(\boldsymbol{X}_{k-1},\boldsymbol{X}_K^{(1)})=p(\boldsymbol{X}_k^{(1)})|\boldsymbol{X}_{k-1}$，$h_k(\boldsymbol{X}_K^{(2)})=p(\boldsymbol{Y}_k=\boldsymbol{y}_k|\boldsymbol{X}_k^{(2)})$ 和一个等效节点。

（1）前向阶段。来自节点 f_0 并在 X_0 上传递的前向消息由 X_0 的先验分布给出：$\mu_{f0\to X_0}(\mathrm{s}) = 0.9$ 以及 $\mu_{f0\to X_0}(\mathrm{h}) = 0.1$。消息 $\mu_{g_1\to X_1^{(1)}}(X_1^{(1)})$ 可以计算如下：

$$\mu_{g_1\to X_1^{(1)}}(X_1^{(1)}) = \sum_{x_0}(X_k^{(1)} = x_1^{(1)} \mid X_0 = x_0)\mu_{f_0\to X_0(x_0)}$$
$$= p(x_1^{(1)} \mid \mathrm{s}) \times 0.9 + p(X_1^{(1)} \mid \mathrm{h}) \times 0.1$$

得到 $\mu_{g_1\to X_1^{(1)}}(\mathrm{h}) = 0.1$ 以及 $\mu_{g_1\to X_1^{(1)}}(\mathrm{s}) = 0.9$。接着，由 $X_1^{(2)}$ 边向上传递的消息，根据 $h_1(X_1^{(2)}) = p(Y_1 = y_1 \mid X_1^{(2)})$，可得

$$\begin{cases}\mu_{h_1\to X_1^{(2)}}(\mathrm{s}) = 0.1\\ \mu_{h_1\to X_1^{(2)}}(\mathrm{h}) = 0.3\end{cases}$$

点乘 $\mu_{g_1\to X_1^{(1)}}(X_1^{(1)})$ 和 $\mu_{h_1\to X_1^{(2)}}(X_1^{(2)})$，可得

$$\begin{cases}\mu_{f_1\to X_1}(\mathrm{s}) = 0.09\\ \mu_{f_1\to X_1}(\mathrm{h}) = 0.03\end{cases}$$

同理，可以求得余下的消息：

$$\begin{cases}\mu_{g2\to X_2^{(1)}}(\mathrm{s}) = 0.108\\ \mu_{g2\to X_2^{(1)}}(\mathrm{h}) = 0.012\end{cases}$$

以及

$$\begin{cases}\mu_{f_2\to X_2}(\mathrm{s}) = 0.0756\\ \mu_{f_2\to X_2}(\mathrm{h}) = 0.0072\end{cases}$$

（2）后向阶段。与前向消息并行，同理进行后向消息计算：X_2 表示一个半边，$\mu_{X_2\to f_2}(\mathrm{s}) = \mu_{X_2\to f_2}(h) = 1$。继续从右往左传递消息，可得到

$$\begin{cases}\mu_{X_2^{(1)}\to g_2}(\mathrm{s}) = 0.7\\ \mu_{X_2^{(1)}\to g_2}(\mathrm{h}) = 0.6\end{cases}$$

由 $\mu_{g_2\to X_1}(\mathrm{s}) = \mu_{g_2\to X_1}(\mathrm{h}) = 0.69$，可得

$$\begin{cases}\mu_{X_1^{(1)}\to g_1}(\mathrm{s}) = 0.069\\ \mu_{X_1^{(1)}\to g_1}(\mathrm{h}) = 0.207\end{cases}$$

则

$$\begin{cases}\mu_{X_0\to f_0}(\mathrm{s}) = 0.0828\\ \mu_{X_0\to f_0}(\mathrm{h}) = 0.0828\end{cases}$$

（3）计算边缘。现在边缘可以求解如下：

$$\begin{cases}p(X_1 = \mathrm{s}, \boldsymbol{Y} = [1\,\mathrm{b}] \mid \mathcal{M}) = \mu_{g_2\to X_1}(\mathrm{s}) \times \mu_{X_1\to g_2}(\mathrm{s}) = 0.0621\\ p(X_1 = \mathrm{h}, \boldsymbol{Y} = [1\,\mathrm{b}] \mid \mathcal{M}) = \mu_{g_2\to X_1}(\mathrm{h}) \times \mu_{X_1\to g_2}(\mathrm{h}) = 0.0207\end{cases}$$

关于 X_1 求和可得 $p(\boldsymbol{Y}=[1,\mathrm{b}]\mid\mathcal{M})=0.0828$，归一化得 $p(X_1=\mathrm{s}\mid\boldsymbol{Y}=[1,\mathrm{b}],\mathcal{M})=0.75$，$p(X_1=h\mid\boldsymbol{Y}=[1,\mathrm{b}],\mathcal{M})=0.25$。同理，可得

$$\begin{cases}p(\boldsymbol{X}_2=\mathrm{s}\mid\boldsymbol{Y}=[1\ \mathrm{b}],\mathcal{M})\approx 0.91\\ p(\boldsymbol{X}_2=\mathrm{h}\mid\boldsymbol{Y}=[1\ \mathrm{b}],\mathcal{M})\approx 0.09\end{cases}$$

该试验结束了，我们可以比较确信地说，尼克很伤心。假设我们现在加入第三个观测 $Y_3=\mathrm{c}$。为了执行 SPA 的前向阶段，我们可以重复使用已经计算的消息 $\mu_{f_2\to X_2}(X_2)$。也就是说，前向阶段可以随着新的观测的加入而紧接着进行处理。但是，后向阶段必须等到所有观察结果都可用时才能进行。

6.2.3.2 序贯处理

在某些应用场景中，N 可能非常大（甚至无限），并且我们希望实时跟踪产生新观测时的系统状态。根据领域的不同，以上步骤会被称作序贯处理（sequential processing）、在线处理（online processing）或滤波（filtering）。在这种情况下，我们只实施 SPA 的前向阶段。在每个时刻 k，我们根据 $\mu_{f_{k-1}\to X_{k-1}}(X_{k-1})$ 和观测值 y_k 计算消息 $\mu_{f_k\to X_k}(X_k)$。当这些消息被归一化时，它们具有以下含义：给定直到时刻 k 为止的所有观测，$\mu_{f_k\to X_k}(X_k)$ 是 X_k 的后验分布，即

$$\mu_{f_k\to X_k}(x_k)=p(X_k=x_k\mid\boldsymbol{Y}_{1:k}=\boldsymbol{y}_{1:k},\mathcal{M})\tag{6.9}$$

在状态输出 SSM 中（图 6.2），消息 $\mu_{g_k\to X_k^{(1)}}(X_k^{(1)})$ 有一个有趣的解释：给定所有过去的观察，它们是 X_k 的后验分布，即

$$\mu_{g_k\to X_k^{(1)}}(x_k)=p(X_k=x_k\mid\boldsymbol{Y}_{1:k-1}=\boldsymbol{y}_{1:k-1},\mathcal{M})\tag{6.10}$$

换句话说，这个消息是在时刻 k 观察 y_k 之前对状态的预测。

在某些应用中，一旦所有的观测值 $y_{1:N}$ 都可用，并且已经计算了所有的前向消息，就可以再计算后向消息，从而求出边缘后验分布 $p(X_k\mid\boldsymbol{Y}_{1:N}=\boldsymbol{y}_{1:N},\mathcal{M})$。这一步骤称为平滑（smoothing）。注意，在这种处理下的后向阶段是在前向阶段完成之后进行的（而非并行）。

6.2.4 三类状态空间模型

1. 隐马尔可夫模型

那些具有离散状态空间的 SSM 通常称为隐马尔可夫模型（HMM）。它们在迭代接收机设计中很重要，我们将在 6.3 节中讨论。由于状态空间是离散的，我们可以用矢量表示消息。在 6.2.3 节中的例 6.2 是一个有两个状态的 HMM。对于 HMM，我们将解决以下推理问题：如何确定模型 M 的似然、边缘后验分布 $p(X_k\mid\boldsymbol{Y}_{1:N}=\boldsymbol{y}_{1:N},\mathcal{M})$ 和联合后验分布 $p(\boldsymbol{X}_{0:N}\mid\boldsymbol{Y}_{1:N}=\boldsymbol{y}_{1:N},\mathcal{M})$

的众数。

2. 线性高斯模型

在线性高斯模型中，时刻 k 处的状态是加性高斯噪声和时刻 $k-1$ 处的状态的线性函数。类似地，时间 k 处的输出是加性高斯噪声和时间 k 处的状态的线性函数。虽然这些模型在本书后面不再使用，但是它们对于其他应用非常重要，我们将在 6.4 节详细介绍。对于线性高斯模型，所有的消息都是高斯分布，因此可以用均值和协方差矩阵表示。我们将讨论如何确定模型$\mathcal{M}$的似然、边缘后验分布和联合后验分布的众数。

3. 任意 SSM

6.5 节我们将讨论连续状态空间下更一般的状态输出 SSM。一般来说，由于消息不能被准确地表示，所以不再可能进行精确的统计推理。利用蒙特卡罗技术能够对其进行近似推理。与线性高斯模型一样，SSM 的近似推理不会在本书后面的章节中使用，但是在许多应用中很重要，值得我们关注。我们将讨论如何确定其边缘后验分布和模型$\mathcal{M}$的似然。

6.3 隐马尔可夫模型

6.3.1 概述

由于转移输出 SSM 是更一般的模型，我们将只讨论它们，而把状态输出 SSM 留给读者自己去思考。由于变量定义在离散空间，因此消息可以用矢量表示（见 5.3.3 节）。我们将首先使用 SPA，进而确定边缘后验分布 $p(X_k \mid Y = y, \mathcal{M})$ 以及模型$\mathcal{M}$的似然；然后使用最大和算法来确定边缘后验分布 $p(X \mid Y = y, \mathcal{M})$ 。有关 HMM 的更多信息，读者可以参见文献［74］。

6.3.2 边缘后验分布计算

1. 直接方法

我们将 SPA 应用于图 6.1 的因子图上，从半边 X_N 以及度为 1 的节点 f_0 开始。按照顺序依次计算从左往右的前向消息，同时计算从右往左的后向消息。在每一步中对消息进行归一化，使得 $\sum_{x_k \in X_k} \mu_{f_k \to X_k}(X_k) = 1$ 并且 $\sum_{x_k \in X_k} \mu_{X_k \to f_k}(X_k) = 1$ 。用 γ_k 和 ρ_k 分别表示正向消息和反向消息的各个归一化常数。对于 $k = 0,1,\cdots,N$ ，求得边缘 $g_{X_k}(X_k) = p(X_k, Y = y \mid \mathcal{M})$ ，如算法 6.1 所示。注意，我们必须考虑每一步的归一化常量。

算法 6.1 HMM：消息归一化的 SPA

initialization,

$$\mu_{f_0\to X_0}(x_0) = \gamma_0 p(x_0), \forall x_0 \in \chi_0$$

$$\mu_{X_N\to f_N}(x_N) = \rho_N, \forall x_N \in \chi_N$$

for $k=1 \sim N$ do

  compute forward message. $\forall x_k \in \chi_k$:

$$\mu_{f_k\to X_k}(x_k) = \gamma_k \sum_{x_{k-1}\in\chi_{k-1}} f_k(x_{k-1}, x_k)\mu_{f_{k-1}\to X_{k-1}}(x_{k-1})$$

  compute backward message $\forall x_{N-k} \in \chi_k$: set $l = N-k$

$$\mu_{X_l\to f_l}(x_l) = \rho_l \sum_{x_{l+1}\in\chi_{l+1}} f_{l+1}(x_l, x_{l+1})\mu_{X_{l+1}\to f_{l+1}}(x_{l+1})$$

end for

for $k=0 \sim N$ **do**

  introduce $C_k = \prod_{l=0}^{k}\gamma l \prod_{n=k}^{N}\rho_n$

  marginal of X_k:

$$g_{X_k}(x_k) = \frac{1}{C_k}\mu_{X_k\to f_k}(x_k)\mu_{f_k\to X_k}(x_k)$$

end for

2. 利用矢量和矩阵的方法

在离散状态空间中，由于消息的取值有限，我们可以用矢量表示它们。将空间 X_k 表示成 $X_k = a_k^{(1)}, a_k^{(2)}, \cdots, a_k^{(|X_k|)}$。用 $\boldsymbol{p}_k^{(\mathrm{F})}$ 表示消息 $\mu_{f_k\to X_k}(X_k)$，用 $\boldsymbol{p}_k^{(\mathrm{B})}$ 表示消息 $\mu_{X_k\to f_k}(X_k)$，它们都是 $|X_k|\times 1$ 维列矢量：

$$[\boldsymbol{p}_k^{(\mathrm{F})}]_i = \mu_{f_k\to X_k}(a_k^{(i)}) \tag{6.11}$$

和

$$[\boldsymbol{p}_k^{(\mathrm{B})}]_i = \mu_{X_k\to f_k}(a_k^{(i)}) \tag{6.12}$$

式中：$i = 1, 2, \cdots, |X_k|$。

转移概率 $p(X_k = x_k \mid X_{k-1} = x_{k-1}, \mathcal{M})$ 和输出概率 $p(Y_k = y_k \mid X_k = x_k, X_{k-1} = x_{k-1}, \mathcal{M})$ 可以由一个 $|X_{k-1}|\times|X_k|$ 的矩阵 $\boldsymbol{A}_k$ 表示：

$$[\boldsymbol{A}_k]_{i,j} = p(Y_k = y_k \mid X_k = a_k^{(j)}, X_{k-1} = a_{k-1}^{(i)}, \mathcal{M}) \\ p(X_k = a_k^{(j)} \mid X_{k-1} = a_{k-1}^{(i)}, \mathcal{M}) \tag{6.13}$$

根据以上表示，SPA 如算法 6.2 所示。

算法 6.2 HMM：利用向量和矩阵表示的消息归一化的 SPA

1：initialization,

$$|\boldsymbol{p}_0^{(F)}|_i = \gamma_0 p(a_0^{(i)}), \forall i \in \{1,2,\cdots,|\chi_0|\}.$$

$$|\boldsymbol{p}_N^{(B)}|_i = \rho_N, \forall i \in \{1,2,\cdots,|\chi_N|\}$$

2：**for** $k=1\sim N$ do

3：　compute forward message:

$$\boldsymbol{p}_k^{(F)} = \gamma_k \boldsymbol{A}_k^{T} \boldsymbol{p}_{k-1}^{(F)}$$

4：　compute backward message:

$$\boldsymbol{p}_{N-k}^{(B)} = \rho_{N-k} \boldsymbol{A}_{N-k+1} \boldsymbol{p}_{N-k+1}^{(B)}$$

5：**end for**

6：**for** $k=0\sim N$ **do**

7：　introduce $C_k = \prod_{l=0}^{k} \gamma l \prod_{n=k}^{N} \rho_n$

8：　marginal of X_k:

$$g_{X_k}(a_k^{(i)}) = \frac{1}{C_k}[\boldsymbol{p}_k^{(F)}]_i [\boldsymbol{p}_k^{(B)}]_i$$

9：**end for**

3. 边缘后验分布

边缘后验分布 $p(X_k \mid \boldsymbol{Y} = \boldsymbol{y}, \mathcal{M})$ 由下式给出：

$$p(X_k = x_k \mid \boldsymbol{Y} = \boldsymbol{y}, \mathcal{M}) = \frac{g_{X_k}(x_k)}{\sum_{x \in \chi_k} g_{X_k}(x)} \tag{6.14}$$

注意，计算边缘后验分布不需要保留归一化常数 γ_k 和 ρ_k，因为它们在式（6.14）中相互抵消了。

6.3.3 似然函数计算

根据求得的边缘值 $g_{X_k}(X_k)$，我们可以确定模型 $p(\boldsymbol{Y} = \boldsymbol{y} \mid \mathcal{M})$ 的似然为

$$p(\boldsymbol{Y} = \boldsymbol{y} \mid \mathcal{M}) = \sum_{x_k \in \chi_k} g_{X_k}(x_k) \tag{6.15}$$

式中：$k \in \{0,1,\cdots,N\}$。

与6.3.2节求解后验分布不同，这里需要保留归一化过程中的常数 γ_k 和 ρ_k。

6.3.4 联合后验分布的众数计算

现在将在半环（ℝ，max，+）上考虑问题，对 $\log p(\boldsymbol{X}, \boldsymbol{Y} = \boldsymbol{y}, \mid \mathcal{M})$ 进

行因式分解：

$$\log p(\boldsymbol{X},\boldsymbol{Y}=\boldsymbol{y},\mid \mathcal{M})=\log p(X_0\mid \mathcal{M})+\sum_{k=1}^{N}(\log p(Y_k=y_k\mid X_k,X_{k-1},\mathcal{M}))+\log p(X_k\mid X_{k-1},\mathcal{M}) \tag{6.16}$$

相应的因子图模型如图 6.1 所示，只是此时的 $f_0(X_0)=\log p(X_0\mid \mathcal{M})$，$f_k(X_{k-1},X_k)=\log p(Y_k=y_k\mid X_k,X_{k-1},\mathcal{M})+\log p(X_k\mid X_{k-1},\mathcal{M})$。算法 6.3 描述了最大和算法的细节。注意，最大和算法与（$\mathbb{R}^+$，+，×）半环中 SPA 的相似之处。对于最大和算法，我们通常不会进行缩放。但是，将消息加上一个实数不会影响最大和算法的结果，因为求得的值将只和边缘相差一个相加项常数。根据边缘 $g_{X_k}(X_k)$，可以用最大和算法确定后验分布 $p(X=x\mid Y=y,\mathcal{M})$ 的众数，也就是下式确定的 $\hat{\boldsymbol{x}}=[\hat{x}_0,\hat{x}_1,\cdots,\hat{x}_N]$：

$$\hat{x}_k=\arg\max_{x_k\in\chi_k} g_{X_k}(x_k) \tag{6.17}$$

注意，前面提及的加常数不会影响结果 $\hat{x}_k$。

算法 6.3　HMM：最大和算法

1：initialization：

$$\mu_{f_0\to X_0}(x_0)=\log p(x_0),\forall_{x_0}\in\chi_0$$
$$\mu_{X_N\to f_N}(x_N)=0,\forall_{x_N}\in\chi_N$$

2：**for** $k=1\sim N$ **do**

3：　compute forward message，$\forall_{x_k}\in\chi_k$：

$$\mu_{f_k\to X_k}(x_k)=\max_{x_{k-1}\in\chi_{k-1}}\{f_k(x_{k-1},x_k)+\mu_{f_{k-1}\to X_{k-1}}(x_{k-1})\}$$

4：　compute backward message $\forall_{x_{N-k}}\in\chi_k$：set $l=N-k$

$$\mu_{X_l\to f_l}(x_l)=\max_{x_{l+1}\in\chi_{l+1}}\{f_{l+1}(x_l,x_{l+1})+\mu_{X_{l+1}\to f_{l+1}}(x_{l+1})\}$$

5：**end for**

6：**for** $k=0\sim N$ **do**

7：　marginal of X_k：

$$g_{X_k}(x_k)=\mu_{X_k\to f_k}(x_k)+\mu_{f_k\to X_k}(x_k)$$

8：**end for**

6.3.5　小结

上述算法在技术文献中是众所周知的。SPA 更多地被称为前向后向算法[74]。最大和算法等价于维特比算法[52]。如果不了解因子图，推导这些算法将更费时费力。结合 5.3.3.3 节，我们知道维特比算法也可以通过采用对数域消息的表达，应用前向、后向算法以及雅可比对数公式的近似来推导得到。

本节解决了以下推理问题：

(1) 确定 X_k 的后验分布，$p(X_k \mid \boldsymbol{Y}=\boldsymbol{y},\mathcal{M})$；

(2) 确定模型$\mathcal{M}$的似然，$p(\boldsymbol{Y}=\boldsymbol{y} \mid \mathcal{M})$；

(3) 确定联合后验分布的众数，$p(\boldsymbol{X} \mid \boldsymbol{Y}=\boldsymbol{y},\mathcal{M})$。

我们已经看到，当状态空间是离散的时，推理问题可以被精确地解决。复杂度与 N 和状态个数呈线性关系。当状态空间是连续的，所有的求和需要用积分代替，并且消息不能再由矢量表示。一般来说，此时准确的推断是不可能的。有一个重要的例外，我们将在 6.4 节中看到。

此时，读者可以选择轻松地转到第 7 章。本章的其余两节讨论的 SSM 很重要，但是对于理解本书的其余部分并不是必需的。这些部分主要是为了知识体系的完整性。

6.4 线性高斯模型

6.4.1 概述

在实数域[①]线性高斯模型中，我们用以下状态输出 SSM：时刻 k 的状态由 $K\times 1$ 维矢量 $\boldsymbol{X}_k$ 给出，输出 $\boldsymbol{Y}_k$ 为 $M\times 1$ 维矢量。给定 $\boldsymbol{x}_0 \sim \mathcal{N}_{x_0}(\boldsymbol{m}_0,\boldsymbol{\Sigma}_0)$，系统可以由以下两个公式描述：

$$\boldsymbol{x}_k = \boldsymbol{A}_k\boldsymbol{x}_{k-1} + \boldsymbol{B}_k\boldsymbol{v}_k \tag{6.18}$$

$$\boldsymbol{y}_k = \boldsymbol{C}_k\boldsymbol{x}_k + \boldsymbol{D}_k\boldsymbol{w}_k \tag{6.19}$$

式中：对于所有的 $k\in 1,2,\cdots,N$，$\boldsymbol{A}_k$ 和 $\boldsymbol{B}_k$ 为 $K\times K$ 矩阵；$\boldsymbol{C}_k$ 为 $M\times K$ 矩阵；$\boldsymbol{D}_k$ 为 $M\times M$ 矩阵。

此外，噪声 $\boldsymbol{v}_k$ 和 $\boldsymbol{w}_k$ 是服从分布 $\boldsymbol{v}_k \sim \mathcal{N}_{v_k}(0,\boldsymbol{I}_k)$ 和 $\boldsymbol{w}_k \sim \mathcal{N}_{w_k}(0,\boldsymbol{I}_M)$ 的独立零均值高斯过程。这里，粗体大写字母既用来表示矩阵，也用来表示矢量随机变量。只有 $\boldsymbol{A}_k$、$\boldsymbol{B}_k$、$\boldsymbol{C}_k$、$\boldsymbol{D}_k$ 和协方差是矩阵，其余都是矢量，因此不会引起太多混淆。为简单起见，我们将假设 $\boldsymbol{A}_k$、$\boldsymbol{D}_k$ 和 $\boldsymbol{B}_k$ 是可逆的。对于其他的情况，读者可以参见文献 [76, 77]。

首先打开如图 6.5 所示的传统因子图的节点；然后运行 SPA 并求得边缘后验分布。我们还将展示如何求解模型的似然以及联合后验分布的众数。为

① 从实数域可以简单地扩展到复数域。

了表示方便起见，除 6.4.3 节之外的部分中将省略条件概率中的模型$\mathcal{M}$。

1. 因子图模型

对 $\boldsymbol{X} = \boldsymbol{X}_{0:N}$ 和观测 $\boldsymbol{Y} = \boldsymbol{Y}_{1:N}$ 的联合分布按照状态输出 SSM 的形式进行因式分解，即

$$p(\boldsymbol{X},\boldsymbol{Y} = \boldsymbol{y} \mid \mathcal{M}) = p(\boldsymbol{X}_0)\prod_{k=1}^{N}\underbrace{p(\boldsymbol{Y}_k = \boldsymbol{y}_k \mid \boldsymbol{X}_k)p(\boldsymbol{X}_k \mid \boldsymbol{X}_{k-1})}_{f_k(\boldsymbol{X}_{k-1},\boldsymbol{X}_k)} \quad (6.20)$$

其因子图如图 6.5 所示。如上所述，我们打开因子图的节点以揭示它们的结构，其中，$g_k(\boldsymbol{X}_{k-1},\boldsymbol{X}_k^{(1)}) = p(\boldsymbol{X}_k^{(1)} \mid \boldsymbol{X}_{k-1})$ 和 $h_k(\boldsymbol{X}_k^{(2)}) = p(\boldsymbol{Y}_k = \boldsymbol{y}_k \mid \boldsymbol{X}_k^{(2)})$，并引入两个附加变量 $\boldsymbol{X}_k^{(1)}$ 和 $\boldsymbol{X}_k^{(2)}(k > 0)$。

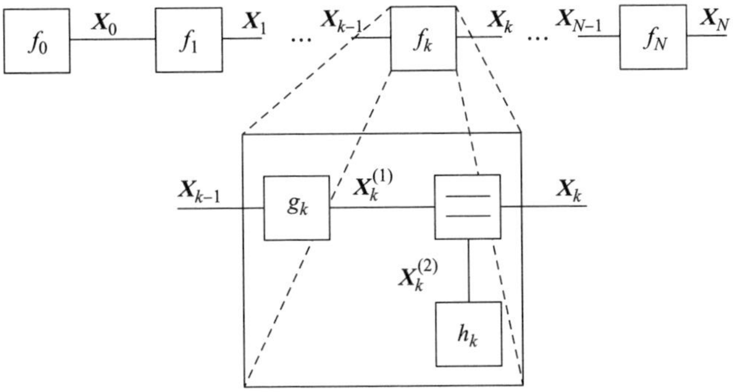

图 6.5　状态输出 SSM 因子图

图中：$f_0(\boldsymbol{X}_0) = p(\boldsymbol{X}_0)$，$f_k(\boldsymbol{X}_{k-1},\boldsymbol{X}_k) = p(\boldsymbol{Y}_k = \boldsymbol{y}_k \mid \boldsymbol{X}_k,\boldsymbol{X}_{k-1})p(\boldsymbol{X}_k \mid \boldsymbol{X}_{k-1})$。节点$f_k$ 被打开以显示其结构 $g_k(\boldsymbol{X}_{k-1},\boldsymbol{X}_K^{(1)}) = p(\boldsymbol{X}_k^{(1)}) \mid \boldsymbol{X}_{k-1}$，$h_k(\boldsymbol{X}_K^{(2)}) = p(\boldsymbol{Y}_k = y_k \mid \boldsymbol{X}_k^{(2)})$ 和一个等效节点。

2. 打开节点 $\boldsymbol{g}_k$

根据式（6.18）和式（6.19），节点 $\boldsymbol{g}_k$ 和 $\boldsymbol{h}_k$ 可以进一步被打开。引入中间变量 $\boldsymbol{s}_k = \boldsymbol{B}_k\boldsymbol{v}_k$ 和 $\boldsymbol{z}_k = \boldsymbol{A}_k\boldsymbol{x}_{k-1}$，得 $\boldsymbol{x}_k^{(1)} = \boldsymbol{z}_k + \boldsymbol{s}_k$。由 5.2.2 节可知，引入中间变量后，可以使用 $\boldsymbol{p}(\boldsymbol{x}_k^{(1)},\boldsymbol{z}_k,\boldsymbol{v}_k,\boldsymbol{s}_k \mid \boldsymbol{x}_{k-1})$ 的因子图代替节点 $\boldsymbol{p}(\boldsymbol{x}_k^{(1)} \mid \boldsymbol{x}_{k-1})$，所以因子图可表示为

$$\boldsymbol{p}(\boldsymbol{x}_k^{(1)},\boldsymbol{z}_k,\boldsymbol{v}_k,\boldsymbol{s}_k \mid \boldsymbol{x}_{k-1}) = \boxed{=}(\boldsymbol{x}_k^{(1)},\boldsymbol{z}_k + \boldsymbol{s}_k)\boxed{=}(\boldsymbol{z}_k,\boldsymbol{A}_k\boldsymbol{x}_{k-1})\boxed{=}(\boldsymbol{s}_k,\boldsymbol{B}_k\boldsymbol{v}_k)p(\boldsymbol{v}_k) \quad (6.21)$$

由此引出图 6.6 所示的因子图的左下部分。标记为 $\boldsymbol{A}_k$ 和 $\boldsymbol{B}_k$ 的节点分别定义为$\boxed{=}(\boldsymbol{z}_k,\boldsymbol{A}_k\boldsymbol{x}_{k-1})$ 和$\boxed{=}(\boldsymbol{S}_k,\boldsymbol{B}_k\boldsymbol{v}_k)$。标有$\boxed{+}$的节点定义为$\boxed{=}(\boldsymbol{X}_k^{(1)},\boldsymbol{z}_k + \boldsymbol{S}_k)$。这三个节点上的箭头表示该操作的输出（矩阵乘法和加法）。这使我们能够用简单的符号标明因子图中的节点关系。例如，$\boldsymbol{s}_k$ 是通过将 $\boldsymbol{v}_k$ 乘以矩阵 $\boldsymbol{B}_k$ 获

得的，所以节点上的箭头指向边 $\boldsymbol{S}_k$。

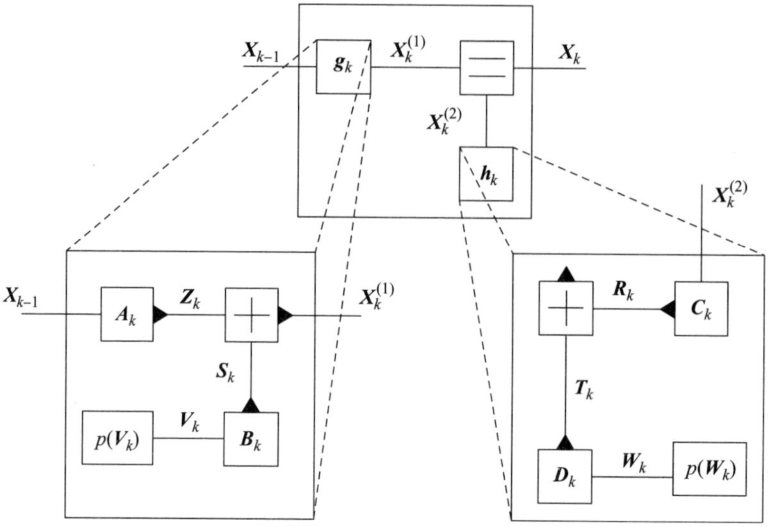

图 6.6　$g_k(X_{k-1},X_k^{(1)})=p(X_k^{(1)}|X_{k-1})$ 和 $h_k(X_k^{(2)})=p(Y_k=y_k|X_k^{(2)})$ 的因子图（g_k 和 h_k 可以进一步被打开以揭示其内部结构）

3. 打开节点 $\boldsymbol{h}_k$

我们可以同样处理 $p(\boldsymbol{Y}_k=\boldsymbol{y}_k \mid \boldsymbol{X}_k)$：引入 $\boldsymbol{t}_k=\boldsymbol{D}_k\boldsymbol{w}_k$ 和 $\boldsymbol{r}_k=\boldsymbol{C}_k\boldsymbol{x}_k^{(2)}$，并得出以下因式分解：

$$\boldsymbol{p}(\boldsymbol{y}_k,\boldsymbol{r}_k,\boldsymbol{w}_k,\boldsymbol{t}_k \mid \boldsymbol{x}_{k-1}^{(2)}) = \boxed{=}(\boldsymbol{y}_k,\boldsymbol{r}_k+\boldsymbol{t}_k)\boxed{=}(\boldsymbol{r}_k,\boldsymbol{C}_k\boldsymbol{x}_k^{(2)})\boxed{=}(\boldsymbol{t}_k,\boldsymbol{D}_k\boldsymbol{w}_k)p(\boldsymbol{w}_k) \tag{6.22}$$

6.4.2　求解边缘后验分布

对于任何 SSM，SPA 都包含一个前向阶段，也就是图 6.5 中从左到右的消息，以及一个从右向左传递消息的后向阶段。可以看出，这个因子图中的所有消息都是高斯分布。注意，并非图中的所有消息都需要计算。例如，消息 $\mu_{\boxplus\to S_k}(S_k)$（图 6.6）在推理问题中没有任何用处，因为我们对 S_k 的边缘不感兴趣。

我们将按照如下步骤进行处理：首先关注一些基本的组件，并展示它们如何计算消息；然后可以利用这些基本组件并行地执行前向和后向阶段。在某些情况下，后向阶段在前向阶段完成之后执行（而不是并行）。这个问题将在本节最后处理。

6.4.2.1　基本组件

重新审视图 6.6 中的因子图，我们注意到许多基本组件，这些组件在每个时刻 k 都可能会重复出现。我们将分别讨论 SPA 在每个基本组件中的执行步骤。我们总结出以下类型的节点（图 6.7）：

(1) $f(\boldsymbol{e}) = \mathcal{N}_{\boldsymbol{e}}(\boldsymbol{m}, \boldsymbol{\Sigma})$；

(2) $f(\boldsymbol{e}_1, \boldsymbol{e}_2) = \boxed{=}(\boldsymbol{e}_1, \boldsymbol{G}\boldsymbol{e}_2)$，$\boldsymbol{G}$ 是方阵并且可逆；

(3) $f(\boldsymbol{e}_1, \boldsymbol{e}_2) = \boxed{=}(\boldsymbol{y}, \boldsymbol{e}_1 + \boldsymbol{e}_2)$；

(4) $f(\boldsymbol{e}_1, \boldsymbol{e}_2, \boldsymbol{e}_3) = \boxed{=}(\boldsymbol{e}_3, \boldsymbol{e}_1 + \boldsymbol{e}_2)$；

(5) $f(\boldsymbol{e}_1, \boldsymbol{e}_2, \boldsymbol{e}_3, \boldsymbol{e}_4) = \boxed{=}(\boldsymbol{e}_1, \boldsymbol{e}_2, \boldsymbol{e}_3)\ \boxed{=}(\boldsymbol{e}_4, \boldsymbol{G}\boldsymbol{e}_3)$。

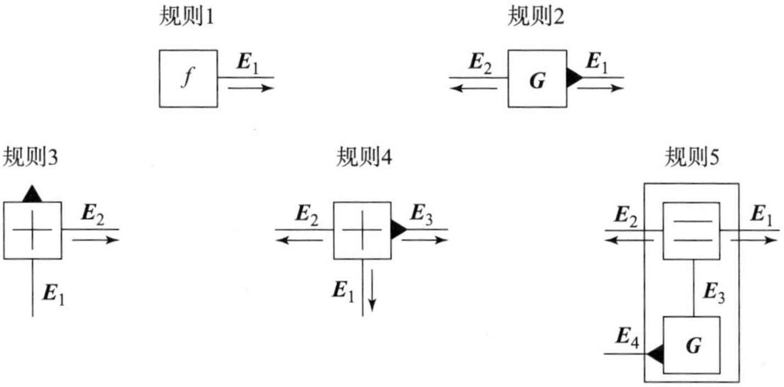

图 6.7　线性高斯模型的 5 个基本组件

这些节点的和积规则如下：

规则 1　$\mu_{f\to \boldsymbol{E}}(\boldsymbol{e}) = \mathcal{N}_{\boldsymbol{e}}(\boldsymbol{m}, \boldsymbol{\Sigma})$

规则 2　给定 $\mu_{\boldsymbol{E}_1\to f}(\boldsymbol{e}_1) = \mathcal{N}_{\boldsymbol{e}_1}(\boldsymbol{m}_1, \boldsymbol{\Sigma}_1)$ 和 $\mu_{\boldsymbol{E}_2\to f}(\boldsymbol{e}_2) = \mathcal{N}_{\boldsymbol{e}_2}(\boldsymbol{m}_2, \boldsymbol{\Sigma}_2)$，可得

$$\mu_{f\to \boldsymbol{E}_1}(\boldsymbol{e}_1) = \mathcal{N}_{\boldsymbol{e}_1}(\boldsymbol{G}\boldsymbol{m}_2, \boldsymbol{G}\boldsymbol{\Sigma}_2\boldsymbol{G}^{\mathrm{T}})$$

$$\mu_{f\to \boldsymbol{E}_2}(\boldsymbol{e}_2) = \mathcal{N}_{\boldsymbol{e}_2}(\boldsymbol{G}^{-1}\boldsymbol{m}_1, \boldsymbol{G}^{-1}\boldsymbol{\Sigma}_1(\boldsymbol{G}^{-1})^{\mathrm{T}})$$

规则 3　给定 $\mu_{\boldsymbol{E}_1\to f}(\boldsymbol{e}_1) = \mathcal{N}_{\boldsymbol{e}_1}(\boldsymbol{0}, \boldsymbol{\Sigma}_1)$，可得

$$\mu_{f\to \boldsymbol{E}_2}(\boldsymbol{e}_2) = \mathcal{N}_{\boldsymbol{e}_2}(\boldsymbol{y}, \boldsymbol{\Sigma}_1)$$

规则 4　给定 $\mu_{\boldsymbol{E}_1\to f}(\boldsymbol{e}_1) = \mathcal{N}_{\boldsymbol{e}_1}(\boldsymbol{m}_1, \boldsymbol{\Sigma}_1)$，$\mu_{\boldsymbol{E}_2\to f}(\boldsymbol{e}_2) = \mathcal{N}_{\boldsymbol{e}_2}(\boldsymbol{m}_2, \boldsymbol{\Sigma}_2)$，$\mu_{\boldsymbol{E}_3\to f}(\boldsymbol{e}_3) = \mathcal{N}_{\boldsymbol{e}_3}(\boldsymbol{m}_3, \boldsymbol{\Sigma}_3)$，可得

$$\mu_{f\to \boldsymbol{E}_3}(\boldsymbol{e}_3) = \mathcal{N}_{\boldsymbol{e}_3}(\boldsymbol{m}_1 + \boldsymbol{m}_2, \boldsymbol{\Sigma}_1 + \boldsymbol{\Sigma}_2)$$

$$\mu_{f\to \boldsymbol{E}_1}(\boldsymbol{e}_1) = \mathcal{N}_{\boldsymbol{e}_1}(\boldsymbol{m}_3 - \boldsymbol{m}_2, \boldsymbol{\Sigma}_3 + \boldsymbol{\Sigma}_2)$$

规则 5　给定 $\mu_{\boldsymbol{E}_2\to f}(\boldsymbol{e}_2) = \mathcal{N}_{\boldsymbol{e}_2}(\boldsymbol{m}_2, \boldsymbol{\Sigma}_2)$ 和 $\mu_{\boldsymbol{E}_4\to f}(\boldsymbol{e}_4) = \mathcal{N}_{\boldsymbol{e}_4}(\boldsymbol{m}_4, \boldsymbol{\Sigma}_4)$，可得

$$\mu_{f\to \boldsymbol{E}_1}(\boldsymbol{e}_1) \propto \mu\, \boldsymbol{E}_2 \to f(\boldsymbol{e}_1)\mu_{\boldsymbol{E}_3\to\boxed{=}}(\boldsymbol{e}_1) \tag{6.23}$$

其中，

$$\mu_{\boldsymbol{E}_3\to\boxed{=}}(\boldsymbol{e}_3) \propto f_{\boxed{=}}(\boldsymbol{e}_4,\boldsymbol{G}\boldsymbol{e}_3)\mu_{E_4\to f}(\boldsymbol{e}_4)\mathrm{d}\boldsymbol{e}_4 \tag{6.24}$$

将式（6.24）代入式（6.23），可得

$$\mu_{f\to \boldsymbol{E}_1}(\boldsymbol{e}_1) \propto \mu_{\boldsymbol{E}_2\to f}(\boldsymbol{e}_1)\mu_{\boldsymbol{E}_4\to f}(\boldsymbol{G}\boldsymbol{e}_1)$$

由于$\mu_{\boldsymbol{E}_2\to f}(\boldsymbol{e}_2) = \mathcal{N}_{e_2}(\boldsymbol{m}_2,\boldsymbol{\Sigma}_2)$，我们发现（两个高斯分布相乘，稍作推导后）$\mu_{f\to \boldsymbol{E}_1}(\boldsymbol{e}_1) = \mathcal{N}_{e_1}(\boldsymbol{m}_1,\boldsymbol{\Sigma}_1)$，其中，

$$\boldsymbol{\Sigma}_1 = (\boldsymbol{\Sigma}_2^{-1} + \boldsymbol{G}^{\mathrm{T}}\boldsymbol{\Sigma}_4^{-1}\boldsymbol{G})^{-1}$$

$$\boldsymbol{m}_1 = \boldsymbol{\Sigma}_1(\boldsymbol{\Sigma}_2^{-1}\boldsymbol{m}_2 + \boldsymbol{G}^{\mathrm{T}}\boldsymbol{\Sigma}_4^{-1}\boldsymbol{m}_4)$$

使用矩阵求逆引理①，可以将$\boldsymbol{\Sigma}_1$改写为

$$\boldsymbol{\Sigma}_1 = (\boldsymbol{I} - \boldsymbol{K}\boldsymbol{G})\boldsymbol{\Sigma}_2$$

其中，

$$\boldsymbol{K} = \boldsymbol{\Sigma}_2\boldsymbol{G}^{\mathrm{T}}(\boldsymbol{\Sigma}_4 + \boldsymbol{G}\boldsymbol{\Sigma}_2\boldsymbol{G}^{\mathrm{T}})^{-1}$$

则

$$\boldsymbol{m}_1 = \boldsymbol{m}_2 + \boldsymbol{K}(\boldsymbol{m}_4 - \boldsymbol{G}\boldsymbol{m}_2)$$

在$\boldsymbol{\Sigma}_2$中的元素趋于无穷的情况下，有$\boldsymbol{\Sigma}_1 = (\boldsymbol{G}^{\mathrm{T}}\boldsymbol{\Sigma}_4^{-1}\boldsymbol{G})^{-1}$以及$\boldsymbol{m}_1 = \boldsymbol{\Sigma}_1\boldsymbol{G}^{\mathrm{T}}\boldsymbol{\Sigma}_4^{-1}\boldsymbol{m}_4$。

尽管图6.7中还有其他类型的消息，但是它们与我们并不相关，因为我们只对状态$\boldsymbol{X}_k$的边缘部分感兴趣。定义了基本组件后，执行SPA就很简单了。

6.4.2.2 符号表示

需要注意的是，在前面的章节中，所有消息都是高斯分布。这意味着，所有消息都可以用均值和协方差矩阵表示（这是5.3.4节所述的参数化表示的一个例子）。我们将在消息中使用以下符号表示，前向消息可以表示为

$$\mu_{f_{k-1}\to \boldsymbol{X}_{k-1}}(\boldsymbol{x}_{k-1}) = \mathcal{N}_{\boldsymbol{x}_{k-1}}(\boldsymbol{m}_{k-1|k-1},\boldsymbol{P}_{k-1|k-1}) \tag{6.25}$$

$$\mu_{\boldsymbol{X}_k^{(1)}\to\boxed{=}}(\boldsymbol{x}_k^{(1)}) = \mathcal{N}_{\boldsymbol{x}_k^{(1)}}(\boldsymbol{m}_{k|k-1},\boldsymbol{P}_{k|k-1}) \tag{6.26}$$

后向消息可以表示为

$$\mu_{\boldsymbol{X}_k\to f_k}(\boldsymbol{x}_k) = \mathcal{N}_{\boldsymbol{x}_k}(\boldsymbol{n}_{k|k},\boldsymbol{Q}_{k|k}) \tag{6.27}$$

$$\mu_{\boxed{=}\to \boldsymbol{X}_k^{(1)}}(\boldsymbol{x}_k^{(1)}) = \mathcal{N}_{\boldsymbol{x}_{k-1}}(\boldsymbol{n}_{k|k-1},\boldsymbol{Q}_{k|k-1}) \tag{6.28}$$

边缘分布可以表示为

$$p(\boldsymbol{X}_{k=\boldsymbol{x}_k} \mid \boldsymbol{Y}_{1:N=\boldsymbol{y}_{1:N}}) = \mathcal{N}_{\boldsymbol{x}_k}(\boldsymbol{m}_{k|N},\boldsymbol{P}_{k|N})$$

---

① 这一矩阵求逆引理可以表示为：$(\boldsymbol{A}^{-1} + \boldsymbol{C}^{\mathrm{T}}\boldsymbol{B}^{-1}\boldsymbol{C})^{-1} = (\boldsymbol{I} - \boldsymbol{A}\boldsymbol{C}^{\mathrm{T}}(\boldsymbol{B} + \boldsymbol{C}\boldsymbol{A}\boldsymbol{C}^{\mathrm{T}})^{-1}\boldsymbol{C})\boldsymbol{A}$。

6.4.2.3 前向阶段

前向阶段从时间 $k=0$ 处的信息 $\mu_{f_0 \to X_0}(X_0)$ 开始。前向阶段中节点 f_k 的消息如图 6.8 所示。图中数字是前述 5 个规则中用于计算该消息的规则编号。k 时刻节点 f_k 的传入消息是 $\mu_{f_{k-1} \to \boldsymbol{X}_{k-1}}(\boldsymbol{X}_{k-1})$，传出消息是 $\mu_{f_k \to \boldsymbol{X}_k}(\boldsymbol{X}_k)$。容易证明

$$\boldsymbol{m}_{k|k-1} = \boldsymbol{A}_k \boldsymbol{m}_{k-1|k-1} \tag{6.29}$$

和

$$\boldsymbol{P}_{k|k-1} = \boldsymbol{A}_k \boldsymbol{P}_{k-1|k-1} \boldsymbol{A}_k^{\mathrm{T}} + \boldsymbol{B}_k \boldsymbol{B}_k^{\mathrm{T}} \tag{6.30}$$

我们还可以得出

$$\boldsymbol{m}_{k|k} = \boldsymbol{m}_{k|k-1} + \boldsymbol{K}_k(\boldsymbol{y}_k - \boldsymbol{C}_k \boldsymbol{m}_{k|k-1}) \tag{6.31}$$

和

$$\boldsymbol{P}_{k|k} = (\boldsymbol{I} - \boldsymbol{K}_k \boldsymbol{C}_k) \boldsymbol{P}_{k|k-1} \tag{6.32}$$

其中，

$$\boldsymbol{K}_k = \boldsymbol{P}_{k|k-1} \boldsymbol{C}_k^{\mathrm{T}} (\boldsymbol{D}_k \boldsymbol{D}_k^{\mathrm{T}} + \boldsymbol{C}_k \boldsymbol{P}_{k|k-1} \boldsymbol{C}_k^{\mathrm{T}})^{-1}$$

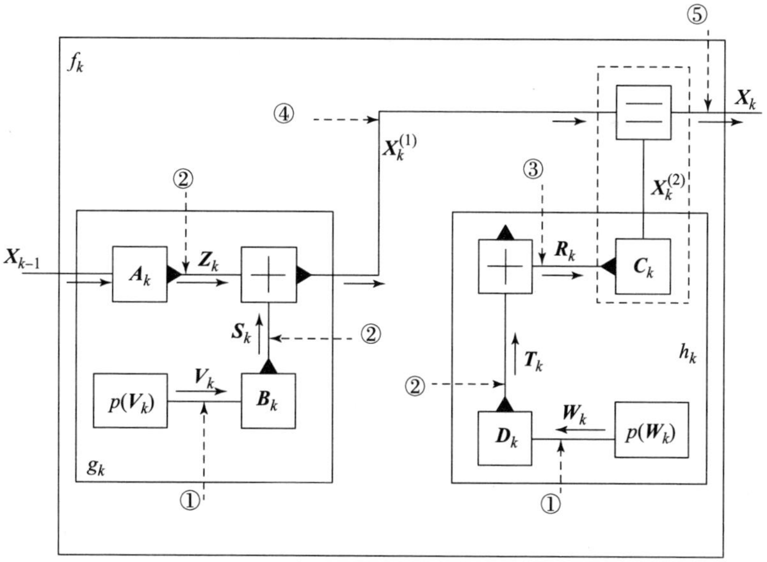

图 6.8 线性高斯模型：前向阶段（带圈数字表示使用哪条规则来计算消息）

6.4.2.4 后向阶段——与前向并行

类似地，从时刻 $N-1$ 开始执行后向阶段，后向阶段节点 f_k 的消息如图 6.9 所示。传入消息为 $\mu_{X_k \to f_k}(\boldsymbol{X}_k)$，传出消息为 $\mu_{\boldsymbol{X}_{k-1} \to f_{k-1}}(\boldsymbol{X}_{k-1})$。因此，我们可以得出

$$\boldsymbol{n}_{k|k-1} = \boldsymbol{n}_{k|k} + \boldsymbol{L}_k(\boldsymbol{y}_k - \boldsymbol{C}_k\boldsymbol{n}_{k|k}) \tag{6.33}$$

和

$$\boldsymbol{Q}_{k|k-1} = (\boldsymbol{I} - \boldsymbol{L}_k\boldsymbol{C}_k)\boldsymbol{Q}_{k|k} \tag{6.34}$$

其中，

$$\boldsymbol{L}_k = \boldsymbol{Q}_{k|k}\boldsymbol{C}_k^{\mathrm{T}}(\boldsymbol{D}_k\boldsymbol{D}_k^{\mathrm{T}} + \boldsymbol{C}_k\boldsymbol{Q}_{k|k}\boldsymbol{C}_k^{\mathrm{T}})^{-1}$$

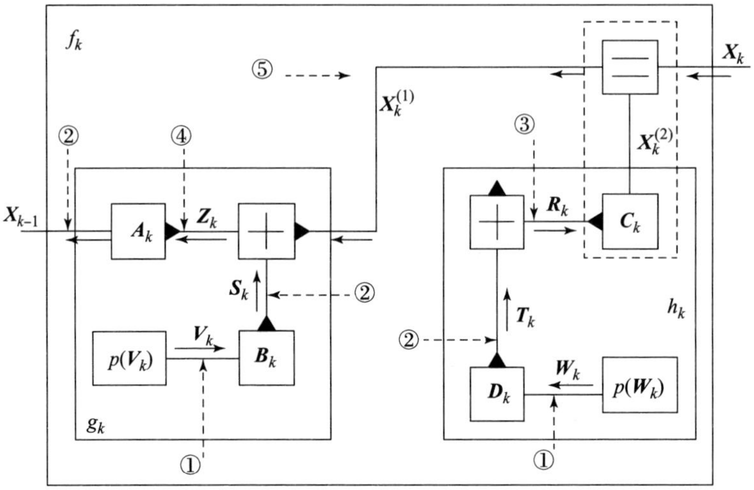

图 6.9　线性高斯模型：后向阶段（带圈数字表示使用哪条规则来计算消息）

同时我们还可以得出

$$\boldsymbol{n}_{k-1|k-1} = \boldsymbol{A}_k^{-1}\boldsymbol{n}_{k|k-1}$$

和

$$\boldsymbol{Q}_{k-1|k-1} = \boldsymbol{A}_k^{-1}(\boldsymbol{B}_k\boldsymbol{B}_k^{\mathrm{T}} + \boldsymbol{Q}_{k|k-1})(\boldsymbol{A}_k^{-1})^{\mathrm{T}}$$

注意，在前向阶段和后向阶段，有很多共用的信息（如边 $\boldsymbol{V}_k$、$\boldsymbol{S}_k$、$\boldsymbol{W}_k$、$\boldsymbol{T}_k$ 和 $\boldsymbol{R}_k$ 上的消息），这意味着某些过程中的计算结果可以重复使用。

- 边缘值

这里，我们可以求得边缘 $p(\boldsymbol{X}_k = \boldsymbol{x}_k \mid \boldsymbol{Y}_{1:N} = \boldsymbol{y}_{1:N})$。对于任意的 $\boldsymbol{X}_k$，存在对应的前向消息 $\mu_{\boldsymbol{X}_k \to f_k}(\boldsymbol{x}_k) = \mathcal{N}_{\boldsymbol{x}_k}(\boldsymbol{m}_{k|k}, \boldsymbol{P}_{k|k})$ 和后向消息 $\mu_{\boldsymbol{X}_k \to f_k}(\boldsymbol{x}_k) = \mathcal{N}_{\boldsymbol{x}_k}(\boldsymbol{n}_{k|k}, \boldsymbol{Q}_{k|k})$。这些消息相乘就可以求得边缘，然后再进行归一化，可得

$$p(\boldsymbol{X}_k = \boldsymbol{x}_k \mid \boldsymbol{Y}_{1:N} = \boldsymbol{y}_{1:N}) = \mathcal{N}_{\boldsymbol{x}_k}(\boldsymbol{m}_{k|N}, \boldsymbol{P}_{k|N}) \tag{6.35}$$

其中，

$$\boldsymbol{m}_{k|N} = \boldsymbol{m}_{k|k} + \boldsymbol{K}_{k|N}(\boldsymbol{n}_{k|k} - \boldsymbol{m}_{k|k}) \tag{6.36}$$

和

$$\boldsymbol{P}_{k|N} = (\boldsymbol{I} - \boldsymbol{K}_{k|N})\boldsymbol{P}_{k|k} \tag{6.37}$$

其中，

$$\boldsymbol{K}_{k|N} = \boldsymbol{P}_{k|k}(\boldsymbol{P}_{k|k} + \boldsymbol{Q}_{k|k})^{-1}$$

6.4.2.5　平滑：正向之后的后向阶段

正如我们在 6.2.3 节中提到的那样，在某些情况下观测值只能逐个得到。在这种情况下，我们可以得到新观测即进行其对应的前向阶段，而后向阶段则需要被推迟（称为滤波）。在时刻 $k = N$ 得到了所有的观测，此时已经计算出所有的前向消息。给定 $\boldsymbol{y}_{1:N}$ 关系：$p(\boldsymbol{X}_N = \boldsymbol{x}_N \mid \boldsymbol{Y}_{1:N} = \boldsymbol{y}_{1:N}) = \mathcal{N}_{\boldsymbol{X}_N}(\boldsymbol{m}_{N|N}, \boldsymbol{P}_{N|N})$，则消息 $\mu_{f_{N\to\boldsymbol{X}_N}}(\boldsymbol{X}_N) = \mathcal{N}_{x_N}(\boldsymbol{m}_{N|N}, \boldsymbol{P}_{N|N})$ 等于 $\boldsymbol{X}_N$ 的后验分布。

我们可以将这两个步骤组合起来，而不是先执行后向阶段，再确定边缘后验分布。这就是所谓的平滑：对 $k = N, N-1, \cdots, 1$，给定正向消息和 $\mathcal{N}_{x_k}(\boldsymbol{m}_{k|N}, \boldsymbol{P}_{k|N})$，计算 $\mathcal{N}_{x_{k-1}}(\boldsymbol{m}_{k-1|N}, \boldsymbol{P}_{k-1|N})$，有

$$p(\boldsymbol{x}_{k-1} \mid \boldsymbol{x}_k, \boldsymbol{y}_{1:N}) = p(\boldsymbol{x}_{k-1} \mid \boldsymbol{y}_{1:k-1}) \frac{p(\boldsymbol{x}_k \mid \boldsymbol{x}_{k-1})}{p(\boldsymbol{x}_k \mid \boldsymbol{y}_{1:k-1})} \tag{6.38}$$

$$p(\boldsymbol{x}_{k-1} \mid \boldsymbol{x}_k, \boldsymbol{y}_{1:N}) = \mathcal{N}_{\boldsymbol{x}_{k-1}}(\boldsymbol{m}_{k-1|k-1}, \boldsymbol{P}_{k-1|k-1}) \frac{\mathcal{N}_{\boldsymbol{x}_k}(\boldsymbol{A}_k\boldsymbol{x}_{k-1}, \boldsymbol{B}_k\boldsymbol{B}_k^{\mathrm{T}})}{\mathcal{N}_{\boldsymbol{x}_k}(\boldsymbol{m}_{k|k-1}, \boldsymbol{P}_{k|k-1})} \tag{6.39}$$

$$p(\boldsymbol{x}_{k-1} \mid \boldsymbol{x}_k, \boldsymbol{y}_{1:N}) \propto \mathcal{N}_{\boldsymbol{x}_{k-1}}(\mu(\boldsymbol{x}_k), \boldsymbol{\Sigma}) \tag{6.40}$$

其中，

$$\mu(\boldsymbol{x}_k) = \boldsymbol{m}_{k-1|k-1} + \boldsymbol{P}_{k-1|k-1}\boldsymbol{A}_k^{\mathrm{T}}\boldsymbol{P}_{k|k-1}^{-1}(\boldsymbol{x}_k - \boldsymbol{A}_k\boldsymbol{m}_{k-1|k-1}) \tag{6.41}$$

$$\boldsymbol{\Sigma} = \boldsymbol{P}_{k-1|k-1} - \boldsymbol{P}_{k-1|k-1}\boldsymbol{A}_k^{\mathrm{T}}\boldsymbol{P}_{k|k-1}^{-1}\boldsymbol{A}_k\boldsymbol{P}_{k-1|k-1} \tag{6.42}$$

这里，我们利用了关系式 $\boldsymbol{P}_{k|k-1} = \boldsymbol{A}_k\boldsymbol{P}_{k-1|k-1}\boldsymbol{A}_k^{\mathrm{T}} + \boldsymbol{B}_k\boldsymbol{B}_k^{\mathrm{T}}$，再利用以下求期望法则：

$$\mathbb{E}_{\boldsymbol{X}_1}\{f(\boldsymbol{X}_1)\} = \mathbb{E}_{\boldsymbol{X}_2}\{\mathbb{E}_{X_1}\{f(\boldsymbol{X}_1) \mid \boldsymbol{X}_2\}\} \tag{6.43}$$

可得

$$\boldsymbol{m}_{k-1|N} = \mathbb{E}_{\boldsymbol{X}_{k-1}}\{\boldsymbol{X}_{k-1} \mid \boldsymbol{y}_{1:N}\} \tag{6.44}$$

$$\boldsymbol{m}_{k-1|N} = \mathbb{E}_{\boldsymbol{X}_k}\{\mathbb{E}_{\boldsymbol{X}_{k-1}}\{\boldsymbol{X}_{k-1} \mid \boldsymbol{X}_k, \boldsymbol{y}_{1:N}\} \mid \boldsymbol{y}_{1:N}\} \tag{6.45}$$

$$\boldsymbol{m}_{k-1|N} = \mathbb{E}_{\boldsymbol{X}_k}\{\mu(\boldsymbol{X}_k) \mid \boldsymbol{y}_{1:N}\} \tag{6.46}$$

$$\boldsymbol{m}_{k-1|N} = \boldsymbol{m}_{k-1|k-1} + \boldsymbol{P}_{k-1|k-1}\boldsymbol{A}_k^{\mathrm{T}}\boldsymbol{P}_{k|k-1}^{-1}(\boldsymbol{m}_{k|N} - \boldsymbol{A}_k\boldsymbol{m}_{k-1|k-1}) \tag{6.47}$$

类似地，可得

$$\boldsymbol{P}_{k-1|N} = \mathbb{E}_{\boldsymbol{X}_{k-1}}\{(\boldsymbol{X}_{k-1} - \boldsymbol{m}_{k-1|N})(\boldsymbol{X}_{k-1} - \boldsymbol{m}_{k-1|N})^{\mathrm{T}} \mid \boldsymbol{y}_{1:N}\} \tag{6.48}$$

$$\boldsymbol{P}_{k-1|N} = E_{X_k}\{\mathbb{E}_{\boldsymbol{X}_{k-1}}\{(\boldsymbol{X}_{k-1} - \boldsymbol{m}_{k-1|N})(\boldsymbol{X}_{k-1} - \boldsymbol{m}_{k-1|N})^{\mathrm{T}} \mid \boldsymbol{X}_k, \boldsymbol{y}_{1:N}\} \mid y_{1:N}\} \tag{6.49}$$

$$\boldsymbol{P}_{k-1|N}=\boldsymbol{P}_{k-1|k-1}+\boldsymbol{P}_{k-1|k-1}\boldsymbol{A}_k^{\mathrm{T}}\boldsymbol{P}_{k|k-1}^{-1}(\boldsymbol{P}_{k|N}-\boldsymbol{P}_{k|k-1})\boldsymbol{P}_{k|k-1}^{-1}\boldsymbol{A}_k\boldsymbol{P}_{k-1|k-1} \tag{6.50}$$

6.4.3 求解模型的似然

由于在 6.4.2 节没有保留任何归一化常数，所以很难确定 $p(\boldsymbol{Y}_{1:N}=\boldsymbol{y}_{1:N}|\mathcal{M})$。但是，注意到模型似然的对数可以写成如下形式：

$$\log p(\boldsymbol{Y}_{1:N}=\boldsymbol{y}_{1:N}|\mathcal{M})=\log p(\boldsymbol{Y}_1=\boldsymbol{y}_1|\mathcal{M})+\sum_{k=2}^{N}\log p(\boldsymbol{Y}_k=\boldsymbol{y}_k|\boldsymbol{Y}_{1:k-1}=\boldsymbol{y}_{1:k-1},\mathcal{M}) \tag{6.51}$$

我们很容易看出，$p(\boldsymbol{Y}_k|\boldsymbol{Y}_{1:k-1}=\boldsymbol{y}_{1:k-1},\mathcal{M})$ 是一个均值 $\boldsymbol{m}_k^{(y)}$ 和协方差矩阵 $\boldsymbol{\Sigma}_k^{(y)}$ 的高斯分布。使用期望法则，可以将 $\boldsymbol{m}_k^{(y)}$ 表示为

$$\boldsymbol{m}_k^{(y)}=\mathbb{E}_{\boldsymbol{Y}_k}\{\boldsymbol{Y}_k|\boldsymbol{Y}_{1:k-1}=\boldsymbol{y}_{1:k-1}\} \tag{6.52}$$

$$\boldsymbol{m}_k^{(y)}=\mathbb{E}_{\boldsymbol{X}_k}\{\mathbb{E}_{\boldsymbol{Y}_k}\{\boldsymbol{Y}_k|\boldsymbol{X}_k,\boldsymbol{Y}_{1:k-1}=\boldsymbol{y}_{1:k-1}\}|\boldsymbol{Y}_{1:k-1}=\boldsymbol{y}_{1:k-1}\} \tag{6.53}$$

$$\boldsymbol{m}_k^{(y)}=\mathbb{E}_{\boldsymbol{X}_k}\{\mathbb{E}_{\boldsymbol{Y}_k}\{\boldsymbol{Y}_k|\boldsymbol{X}_k\}|\boldsymbol{Y}_{1:k-1}=\boldsymbol{y}_{1:k-1}\} \tag{6.54}$$

$$\boldsymbol{m}_k^{(y)}=\mathbb{E}_{\boldsymbol{X}_k}\{\boldsymbol{C}_k\boldsymbol{X}_k|\boldsymbol{Y}_{1:k-1}=\boldsymbol{y}_{1:k-1}\} \tag{6.55}$$

$$\boldsymbol{m}_k^{(y)}=\boldsymbol{C}_k\boldsymbol{m}_{k|k-1} \tag{6.56}$$

类似地，可以将 $\boldsymbol{\Sigma}_k^{(y)}$ 表示为

$$\boldsymbol{\Sigma}_k^{(y)}=\mathbb{E}_{\boldsymbol{Y}_k}\{(\boldsymbol{Y}_k-\boldsymbol{m}_k^{(y)})(\boldsymbol{Y}_k-\boldsymbol{m}_k^{(y)})^{\mathrm{T}}|\boldsymbol{Y}_{1:k-1}=\boldsymbol{y}_{1:k-1}\} \tag{6.57}$$

$$\boldsymbol{\Sigma}_k^{(y)}=\mathbb{E}_{\boldsymbol{X}_k}\{\mathbb{E}_{\boldsymbol{Y}_k}\{(\boldsymbol{Y}_k-\boldsymbol{m}_k^{(y)})(\boldsymbol{Y}_k-\boldsymbol{m}_k^{(y)})^{\mathrm{T}}|\boldsymbol{X}_k\}|\boldsymbol{Y}_{1:k-1}=\boldsymbol{y}_{1:k-1}\} \tag{6.58}$$

$$\boldsymbol{\Sigma}_k^{(y)}=\boldsymbol{D}_k\boldsymbol{D}_k^{\mathrm{T}}+\boldsymbol{C}_k\boldsymbol{P}_{k|k-1}\boldsymbol{C}_k^{\mathrm{T}} \tag{6.59}$$

最终可得

$$\log p(\boldsymbol{Y}=\boldsymbol{y}|\mathcal{M})=\sum_{k=1}^{N}\left\{-\frac{1}{2}\log(2\pi\det\boldsymbol{\Sigma}_k^{(y)})-\frac{1}{2}(\boldsymbol{y}_k-\boldsymbol{m}_k^{(y)})^{\mathrm{T}}(\boldsymbol{\Sigma}_k^{(y)})^{-1}(\boldsymbol{y}_k-\boldsymbol{m}_k^{(y)})\right\} \tag{6.60}$$

6.4.4 求解联合后验分布的众数

很容易证明 $p(\boldsymbol{X}|\boldsymbol{Y}=\boldsymbol{y},\mathcal{M})$ 是一个高斯分布。高斯分布具有很多有用的特性，如（多维）高斯分布的众数的元素对应于其各个边缘的众数。这意味着 $p(\boldsymbol{X}|\boldsymbol{Y}=\boldsymbol{y},\mathcal{M})$ 的众数与各个边缘众数的级联一致：

$$\hat{\boldsymbol{x}}_{0:N}=\arg\max_{\boldsymbol{x}}p(\boldsymbol{X}_{0:N}=\boldsymbol{x}|\boldsymbol{Y}_{1:N}=\boldsymbol{y}_{1:N}) \tag{6.61}$$

$$\hat{\boldsymbol{x}}_{0:N} = [\hat{\boldsymbol{x}}_0^{\mathrm{T}}, \hat{\boldsymbol{x}}_1^{\mathrm{T}}, \cdots, \hat{\boldsymbol{x}}_N^{\mathrm{T}}]^{\mathrm{T}} \tag{6.62}$$

式中：$\hat{\boldsymbol{x}}_k$ 为 $p(\boldsymbol{X}_k \mid \boldsymbol{Y} = \boldsymbol{y})$ 的众数，也就是 $\hat{\boldsymbol{x}}_k = \boldsymbol{m}_{k|N}$。

6.4.5 小结

在有关文献中，SPA 的前向阶段称为卡尔曼滤波，而前向阶段之后的后向阶段称为卡尔曼平滑[70]。

本节中解决了以下推理问题：

(1) 确定 X_k 的后验分布，$p(X_k \mid \boldsymbol{Y} = \boldsymbol{y}, \mathcal{M})$；

(2) 确定模型的似然 $\mathcal{M}$，$p(\boldsymbol{Y} = \boldsymbol{y} \mid \mathcal{M})$；

(3) 确定联合后验分布的众数，$p(\boldsymbol{X} \mid \boldsymbol{Y} = \boldsymbol{y}, \mathcal{M})$。

6.5 状态空间模型的近似推断

6.5.1 概述

尽管上述内容对于线性高斯模型是有用的，但大多数实际系统既不是高斯的也不是线性的。让我们关注具有连续状态空间的状态输出 SSM，其中状态 X_k 和输出 Y_k 都是标量。将模型扩展到矢量很简单。各状态和观测的联合分布由下式给出：

$$p(\boldsymbol{X}, \boldsymbol{Y} = \boldsymbol{y} \mid \mathcal{M}) = p(X_0 \mid \mathcal{M}) \prod_{k=1}^{N} \underbrace{p(Y_k = y_k \mid X_k, \mathcal{M}) p(X_k \mid X_{k-1}, \mathcal{M})}_{f_k(X_k, X_{k-1})} \tag{6.63}$$

因式分解式（6.63）的因子图如图 6.10 所示。我们再次打开节点 f_k 以显示其结构。注意，相对于以前的因子图（图 6.2 和图 6.5），我们对某些变量使用了稍微不同的记号。

基于 5.3.4 节中的方法，我们将描述如何使用消息的粒子表示执行 SPA。这里允许我们至少可以近似地确定边缘后验分布 $p(X_k \mid \boldsymbol{Y} = \boldsymbol{y}, \mathcal{M})$。一般来说，寻找联合后验分布 $p(\boldsymbol{X} \mid \boldsymbol{Y} = \boldsymbol{y}, \mathcal{M})$ 的众数是困难的。另外，确定模型$\mathcal{M}$的似然度 $p(\boldsymbol{Y} = \boldsymbol{y} \mid \mathcal{M})$ 是有可能的。为了表示方便，除 6.5.3 节以外，我们将省略概率表示中关于模型$\mathcal{M}$的条件。有关状态空间模型中的粒子化方法可参见文献［48，65，73，78，79］。

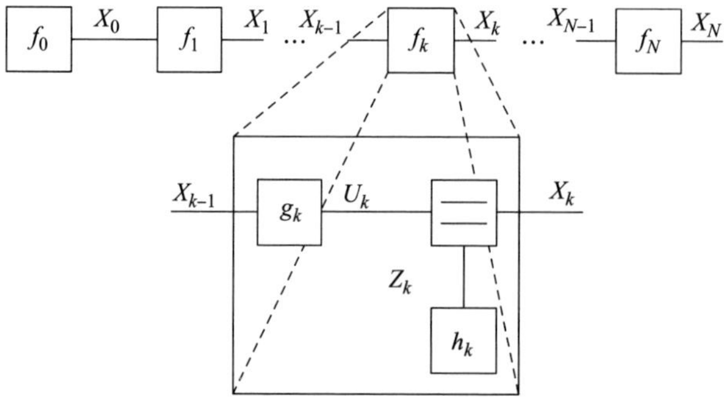

图 6.10　一个状态输出 SSM 的因子图

6.5.2　边缘后验分布的计算

6.5.2.1　符号表示

在前向阶段，我们使用以下粒子表示法表示消息：

$$\mathcal{R}_L(\mu_{f_{k-1}\to X_{k-1}}(X_{k-1})) = \{(w_{k-1|k-1}^{(l)}, x_{k-1|k-1}^{(l)})\}_{l=1}^{L} \tag{6.64}$$

和

$$\mathcal{R}_L(\mu_{g_k\to U_k}(U_k)) = \{(w_{k|k-1}^{(l)}, x_{k|k-1}^{(l)})\}_{l=1}^{L} \tag{6.65}$$

对于后向阶段，我们使用

$$\mathcal{R}_L(\mu_{X_k\to f_k}(X_k)) = \{(\tilde{w}_{k|k}^{(l)}, \tilde{x}_{k|k}^{(l)})\}_{l=1}^{L} \tag{6.66}$$

和

$$\mathcal{R}_L(\mu_{U_k\to g_k}(U_k)) = \{(\tilde{w}_{k|k-1}^{(l)}, \tilde{x}_{k|k-1}^{(l)})\}_{l=1}^{L} \tag{6.67}$$

6.5.2.2　前向阶段

我们从 $p(X_0)$ 的粒子表示 $\mathcal{R}_L(p(X_0)) = \{(\tilde{w}_{0|0}^{(l)}, \tilde{x}_{0|0}^{(l)})\}_{l=1}^{L}$，它同时也是消息 $\mu_{X_0\to f_0}(X_0)$ 的表示。假设已知 $\mu_{X_{k-1}\to f_{k-1}}(X_{k-1})$ 的粒子表示 $\mathcal{R}_L(\mu_{X_{k-1}\to f_{k-1}}(X_{k-1})) = \{(w_{k-1|k-1}^{(l)}, X_{k-1|k-1}^{(l)})\}_{l=1}^{L}$。前向阶段由以下两步组成：

（1）根据 $\mathcal{R}_L(\mu_{X_{k-1}\to f_{k-1}}(X_{k-1}))$ 确定 $\mu_{g_k\to U_k}(u_k)$ 的粒子表示。

（2）根据 $\mu_{g_k\to U_k}(u_k)$ 的粒子确定消息 $\mu_{X_0\to f_0}(X_0)$ 的粒子表示。

前向阶段的两个运算步骤如算法 6.4 所示。

算法 6.4　状态空间模型下采用粒子化表示的前向 SPA 算法

initialization: $\mathcal{R}_L(p(X_0)) = \{(w_{0|0}^{(l)}, x_{0|0}^{(l)})\}_{l=1}^{L}$

for $k = 1 \sim N$ **do**

　　for $l = 1 \sim L$ **do**

draw $x_{k|k-1}^{(l)} \sim q(U_k = u_k \mid X_{k-1} = x_{k-1|k-1}^{(l)})$

set importance weight

$$w_{k|k-1}^{(l)} = w_{k-1|k-1}^{(l)} \frac{p(X_k = x_{k|k-1}^{(l)} \mid X_{k-1} = x_{k-1|k-1}^{(l)})}{q(U_k = x_{k|k-1}^{(l)} \mid X_{k-1} = x_{k-1|k-1}^{(l)})}$$

end for

normalize weights to obtain $\mathcal{R}_L(\mu_{g_k \to U_k}(U_k)) = \{(w_{k|k-1}^{(l)}, x_{k|k-1}^{(l)})\}_{l=1}^{L}$

for $l = 1 \sim N$ **do**

set $x_{k|k}^{(l)} = x_{k|k-1}^{(l)}$

set importance weight $w_{k|k}^{(l)} = p(Y_k = y_k \mid X_k = x_{k|k-1}^{(l)}) w_{k|k-1}^{(l)}$

end for

normalize weights to obtain $\mathcal{R}_L(\mu_{f_k \to X_k}(X_k)) = \{w_{k|k}^{(l)}, x_{k|k}^{(l)}\}_{l=1}^{L}$

end for

步骤 1　我们利用混合采样（5.3.4 节）表示 $\mu_{g_k \to U_k}(u_k)$。将 $\mu_{X_{k-1} \to f_{k-1}}(X_{k-1})$ 的粒子表示代入 SPA 运算规则，以求得 $\mu_{g_k \to U_k}(u_k)$ 的密度混合形式：

$$\mu_{g_k \to U_k}(u_k) \propto \int p(X_k = u_k \mid X_{k-1} = x_{k-1}) \mu_{f_{k-1} \to X_{k-1}}(x_{k-1}) \mathrm{d}x_{k-1} \tag{6.68}$$

$$\approx \sum_{l=1}^{L} w_{k-1|k-1}^{(l)} p(X_k = u_k \mid X_{k-1} = x_{k-1|k-1}^{(l)}) \tag{6.69}$$

对于每一个 $x_{k-1|k-1}^{(l)}$ 以及一个合适的重要性采样函数 $q(U_k \mid X_{k-1} = x_{k-1|k-1}^{(l)})$，用以下权重刻画采样 $x_{k|k-1}^{(l)}$：

$$w_{k|k-1}^{(l)} = w_{k-1|k-1}^{(l)} \frac{p(X_k = x_{k|k-1}^{(l)} \mid x_{k-1} = x_{k-1|k-1}^{(l)})}{q(U_k = x_{k|k-1}^{(l)} \mid x_{k-1} = x_{k-1|k-1}^{(l)})} \tag{6.70}$$

一旦抽取了 L 个样本，就对这些权重进行归一化处理，最终得出 $\mathcal{R}_L(\mu_{g_k \to U_k}(u_k))$ 表示为 $\{(w_{k|k-1}^{(l)}, x_{k|k-1}^{(l)})\}_{l=1}^{L}$。$q(U_k = u_k \mid X_{k-1} = x_{k-1}) = p(X_k = u_k \mid X_{k-1} = x_{k-1})$ 是一个特例，它的权重固定不变：$w_{k|k-1}^{(l)} = w_{k-1|k-1}^{(l)}$。

步骤 2　前向阶段的第 2 步中确定 $\mu_{f_k \to x_k}(X_k)$。将步骤 1 中的粒子表示代入 SPA，可得

$$\begin{aligned}
\mu_{f_k \to X_K}(x_k) &\propto \mu_{Z_k \to \boxminus}(x_k) \mu_{g_k \to U_k}(x_k) \\
&\propto p(Y_k = y_k \mid X_k = x_k) \mu_{g_k \to U_k}(x_k) \\
&\approx \sum_{l=1}^{L} \underbrace{p(Y_k = y_k \mid X_k = x_k) w_{k|k-1}^{(l)}}_{\propto w_{k|k}^{(l)}} \boxminus(x_k, x_{k|k-1}^{(l)})
\end{aligned}$$

最后可得

$$R_L(\mu_{f_k \to x_k}(X_k)) = \{(w_{k|k}^{(l)}, x_{k|k}^{(l)})\}_{l=1}^{L}$$

其中，

$$x_{k|k}^{(l)} = x_{k|k-1}^{(l)} \tag{6.71}$$

$$x_{k|k}^{(l)} \propto p(Y_k = y_k \mid X_k = x_{k|k-1}^{(l)}) w_{k|k-1}^{(l)} \tag{6.72}$$

为了避免退化问题，此时可能需要重采样[65]。

6.5.2.3 后向阶段——与前向并行

如果后向阶段与前向阶段并行执行，那么它几乎就是前向阶段的镜像。我们从消息 $\mu_{X_N \to f_N}(X_N)$ 开始，通过均匀采样得到其粒子表示为 $\{(\tilde{w}_{N|N}^{(l)}, \tilde{x}_{N|N}^{(l)})\}_{l=1}^{L}$。

步骤 1 假设我们有消息 $\mu_{X_k \to f_k}(X_k)$ 的一个粒子表示式：$\{(\tilde{w}_{k|k}^{(l)}, \tilde{x}_{k|k}^{(l)})\}_{l=1}^{L}$，由于

$$\mu_{U_k \to g_k}(u_k) \propto p(Y_k = y_k \mid X_k = x_k) \mu_{X_k \to \boxminus}(u_k) \tag{6.73}$$

我们可以应用与前向阶段相同的推导得出 $\mu_{U_k \to g_k}(u_k)$ 由 $\{(\tilde{x}_{k|k-1}^{(l)}, \tilde{w}_{k|k-1}^{(l)})\}_{l=1}^{L}$ 表示，其中，

$$\tilde{x}_{k|k-1}^{(l)} = \tilde{x}_{k|k}^{(l)} \tag{6.74}$$

和

$$\tilde{w}_{k|k-1}^{(l)} \propto \tilde{w}_{k|k}^{(l)} p(Y_k = y_k \mid X_k = \tilde{x}_k^{(l)}) \tag{6.75}$$

步骤 2 在这个步骤中，我们再次进行混合采样：

$$\mu_{g_k \to X_{k-1}}(x_{k-1}) \propto \int p(X_k = u_k \mid X_{k-1} = x_{k-1}) \mu_{U_k \to g_k}(u_k) \mathrm{d}u_k \tag{6.76}$$

$$\sum_{l=1}^{L} \tilde{w}_{k|k-1}^{(l)} p(X_k = \tilde{x}_{k|k-1}^{(l)} \mid X_{k-1} = x_{k-1}) \tag{6.77}$$

对于每一个 $\tilde{x}_{k|k-1}^{(l)}$ 和一个合适的重要性采样函数 $\tilde{q}(X_{k-1} = x_{k-1} \mid \tilde{x}_{k|k-1}^{(l)})$，用以下权重刻画采样 $\tilde{x}_{k-1|k-1}^{(l)}$：

$$\tilde{w}_{k-1|k-1}^{(l)} = \tilde{w}_{k|k-1}^{(l)} \frac{p(X_k = \tilde{x}_{k|k-1}^{(l)} \mid X_{k-1} = \tilde{x}_{k-1|k-1}^{(l)})}{\tilde{q}(X_{k-1} = \tilde{x}_{k-1|k-1}^{(l)} \mid \tilde{x}_{k|k-1}^{(l)})} \tag{6.78}$$

一旦抽取了 L 个样本，就对这些权重进行归一化处理，最终得出 $\mathcal{R}_L(\mu_{X_{k-1} \to f_{k-1}}(X_{k-1}))$ 表示为 $\{(\tilde{w}_{k-1|k-1}^{(l)}, \tilde{x}_{k-1|k-1}^{(l)})\}_{l=1}^{L}$。为了避免退化问题，此时可能需要重采样。

边缘 可以通过向前和后向消息的正则化求出边缘。这个正规化过程相当烦琐，本书不再列出。实际中，一旦计算出所有的前向消息，通常一边执行后向过程，一边确定边缘（这与 6.4.2.5 节中描述的线性高斯模型的平滑相似）。这将在 6.5.3 节讨论。

6.5.2.4　平滑：前向阶段后的阶段

与线性高斯模型一样，可以通过在前向阶段之后执行后向计算边缘后验分布。在前向阶段结束时，我们有消息 $\mu_{f_N \to X_N}(X_N) = p(X_N \mid Y_{1:N} = y_{1:N})$ 的粒子表示。现在假设将 $p(X_K \mid Y_{1:N} = y_{1:N})$ 的粒子表示为 $\{(w_{k|N}^{(l)}, X_{k|N}^{(l)})\}_{l=1}^{L}$。让我们尝试将 $p(X_{K-1} \mid Y_{1:N} = y_{1:N})$ 表示为函数 $p(X_K \mid Y_{1:N} = y_{1:N})$ 和先验信息[78]。使用简短的表示方式，有

$$p(x_{k-1} \mid \boldsymbol{y}_{1:N}) = p(x_{k-1} \mid \boldsymbol{y}_{1:K-1}) \int p(x_k \mid \boldsymbol{y}_{1:N}) \frac{p(x_k \mid x_{k-1})}{p(x_k \mid \boldsymbol{y}_{1:k-1})} \mathrm{d}x_k \tag{6.79}$$

$$p(x_{k-1} \mid \boldsymbol{y}_{1:N}) \approx \underbrace{\sum_{l_1=1}^{L} w_{k-1|k-1}^{(l_1)} \sum_{l_2=1}^{L} w_{k|N}^{(l_2)} \frac{p(x_{k|N}^{(l_2)} \mid x_{k-1|k-1}^{(l_1)})}{p(x_{k|N}^{(l_2)} \mid \boldsymbol{y}_{1:k-1})}}_{\propto w_{k-1|N}^{(l_1)}} \boxed{=}(x_{k-1}, x_{k-1|k-1}^{(l_1)}) \tag{6.80}$$

现在，可得

$$p(x_{k|N}^{(l_2)} \mid \boldsymbol{y}_{1:k-1}) = \int p(x_{k|N}^{(l_2)} \mid x_{k-1}) p(x_{k-1} \mid \boldsymbol{y}_{1:k-1}) \mathrm{d}x_{k-1} \tag{6.81}$$

$$p(x_{k|N}^{(l_2)} \mid \boldsymbol{y}_{1:k-1}) \approx \sum_{l_3=1}^{L} w_{k-1|k-1}^{(l_3)} p(x_{k|N}^{(l_2)} \mid x_{k-1|k-1}^{(l_3)}) \tag{6.82}$$

将式（6.82）代入式（6.80），我们发现 $p(X_{k-1} \mid y_{1:N})$ 可以用 L 个样本的列表 $\{(w_{k-1|N}^{(l)}, X_{k-1|N}^{(l)})\}_{l=1}^{L}$ 表示，其中，

$$x_{k-1|N}^{(l)} = x_{k-1|k-1}^{(l)} \tag{6.83}$$

和

$$w_{k-1|N}^{(l)} = w_{k-1|k-1}^{(l)} \sum_{l_2=1}^{L} w_{k|N}^{(l_2)} \frac{p(x_{k|N}^{(l_2)} \mid x_{k-1|k-1}^{(l)})}{\sum_{l_3=1}^{L} w_{k-1|k-1}^{(l_3)} p(x_{k|N}^{(l_2)} \mid x_{k-1|k-1}^{(l_3)})} \tag{6.84}$$

注意，每个样本的计算复杂度与 L^2 成正比。

6.5.3　似然函数的计算

和线性高斯模型一样（见 6.4.3 节），模型 $p(\boldsymbol{Y}_{1:N} = \boldsymbol{y}_{1:N} \mid \mathcal{M})$ 的似然可以在前向阶段之后获得。再次在对数域中计算

$$\log p(\boldsymbol{Y}_{1:N} = \boldsymbol{y}_{1:N} \mid \mathcal{M}) = \log p(Y_1 = y_1 \mid \mathcal{M}) + \sum_{k=2}^{L} \log p(Y_k = y_k \mid \boldsymbol{Y}_{1:k-1} = \boldsymbol{y}_{1:k-1}, \mathcal{M}) \tag{6.85}$$

其中，

$$p(Y_1=y_1\mid\mathcal{M})=\int p(Y_1=y_1,X_1=x_1\mid\mathcal{M})\mathrm{d}x_1 \tag{6.86}$$

$$p(Y_1=y_1\mid\mathcal{M})=\int p(Y_1=y_1\mid X_1=x_1,\mathcal{M})p(X_1=x_1\mid\mathcal{M})\mathrm{d}x_1 \tag{6.87}$$

$$p(Y_1=y_1\mid\mathcal{M})\approx\sum_{l=1}^{L}w_{1|0}^{(l)}p(Y_1=y_1\mid X_1=x_{1|0}^{(l)},\mathcal{M}) \tag{6.88}$$

类似地，可得

$$p(Y_k=y_k\mid \boldsymbol{Y}_{1:k-1}=\boldsymbol{y}_{1:k-1},\mathcal{M})=\int p(Y_k=y_k,X_k=x_k\mid \boldsymbol{Y}_{1:k-1}=\boldsymbol{y}_{1:k-1},\mathcal{M})\mathrm{d}x_k \tag{6.89}$$

$$p(Y_k=y_k\mid \boldsymbol{Y}_{1:k-1}=\boldsymbol{y}_{1:k-1},\mathcal{M})\approx\sum_{l=1}^{L}w_{k|k-1}^{(l)}p(Y_k=y_k\mid X_k=x_{k|k-1}^{(l)},\mathcal{M}) \tag{6.90}$$

注意，$p(Y_1=y_1\mid\mathcal{M})$ 和 $p(Y_k=y_k\mid Y_{1:k-1}=y_{1:k-1},\mathcal{M})$ 是标量而不是分布。

6.5.4 小结

在有关文献中，前向阶段称为粒子滤波，而后向阶段称为粒子平滑。当 $q(U_k=u_k\mid X_{k-1}=x_{k-1})=p(X_k=u_k\mid X_{k-1}=x_{k-1})$ 时，前向阶段称为自举滤波器[80]。用连续的状态空间进行基于蒙特卡罗的 SSM 近似推理可以解决以下推理问题：

（1）近似确定 X_k 的后验分布，$p(X_k\mid Y=y,\mathcal{M})$；

（2）近似确定模型$\mathcal{M}$的似然，$p(Y=y\mid\mathcal{M})$。

6.6 本章要点

我们在本章中介绍了 SSM。它们在很多需要对动态变化系统建模的实际应用中扮演着非常重要的角色，并且广泛用于各种各样的工程问题。我们详细介绍了三种重要的状态空间模型上的统计推理：HMM、线性高斯模型和 SSM。创建一个因子图并执行 SPA 可以重新构造出若干在文献中众所周知的算法，包括前向、后向算法，维特比算法，卡尔曼滤波器和粒子滤波器。

至此，我们结束了对因子图和统计推断的讨论。现在，我们有了所有的必要工具解决源于第 2 章的问题：数字通信接收机设计。

第 7 章

数字通信中的因子图

7.1 概　　述

现在让我们回到第 2 章中最初的问题：数字通信接收机设计。我们的最终目标是从接收波形 $r(t)$ 中（以某种最优方式）恢复发送的信息比特 $\boldsymbol{b}$。在本章中，我们将建模出一个统计推断问题以完成这项任务。对于接收到的波形：首先转换成合适的观测值 $\boldsymbol{y}$；然后建立分布 $p(\boldsymbol{B}, \boldsymbol{Y}=\boldsymbol{y} \mid \mathcal{M})$ 的一个因子图。该因子图将包含三个重要节点，分别表示信息比特与编码比特之间的关系（译码节点），编码比特与编码符号之间的关系（解映射节点）以及编码符号与观测值之间的关系（均衡节点）。相应地，统计推断问题分解为三个子问题：译码（decoding）、解映射（demapping）和均衡（equalization）。

译码问题将在第 8 章中讨论，我们将介绍一些最先进的迭代译码方案，包括 Turbo 码、RA 编码和 LDPC 码。第 9 章中考虑解映射问题，将涉及两种常见的调制技术：比特交织编码调制和网格编码调制。均衡很大程度上取决于具体的数字通信方案。在第 10 章中，我们将推导出几种通用的均衡策略。在随后的三章中，我们将介绍如何将这些通用策略应用于第 2 章中的数字通信方案。第 11 章介绍单用户单天线通信，第 12 章和第 13 章中分别介绍扩展到多天线和多用户通信。

本章内容安排如下：

- 在 7.2 节中，我们将因子图框架应用于设计接收机。
- 在 7.3 节中，我们将打开各个节点揭示它们的结构。

7.2 总体原理

7.2.1 数字接收机的推断问题

在设计接收机之前，将首先提取出一个统计推断问题并创建一个因子图。正如我们在第2章中看到的那样，N_b 长的信息比特序列 $\boldsymbol{b}$ 首先被编码为 N_c 长的编码比特序列 $\boldsymbol{c}$，其中 $\boldsymbol{c} = f_c(\boldsymbol{b})$ 。编码比特转换成 N_s 长的编码符号复序列 $\boldsymbol{a}$，其中的每个符号都产生自一个星座集，$\boldsymbol{a} = f_a(\boldsymbol{c})$ 。函数 $f_a(\cdot)$ 和 $f_c(\cdot)$ 是确定性的，对发射机和接收机而言都是已知的。符号序列 $\boldsymbol{a}$ 被进一步处理以产生发送的等效基带信号 $s(t)$ 。该信号通过等效基带信道传播，最终接收到基带信号 $r(t)$ ，其矢量表示为 $\boldsymbol{r}$。

1. 序列检测

由于接收机的最终目标是从观测值 $\boldsymbol{r}$ 中恢复出信息序列 $\boldsymbol{b}$，所以最佳的处理方式是确定最大化后验概率的信息序列：

$$\hat{\boldsymbol{b}} = \arg \max_{\boldsymbol{b} \in \mathbb{B}^{N_b}} p(\boldsymbol{B} = \boldsymbol{b} \mid \boldsymbol{R} = r, \mathcal{M}) \tag{7.1}$$

式中，模型$\mathcal{M}$代表信道参数、编码类型和调制格式等。

从3.2节知道，从最小化错误概率的意义上而言，求解式（7.1）是最优的。在通信问题中，这一错误概率称为误字率或误帧率（Frame Error Rate，FER）。

在大多数实际的接收机中，接收到的波形首先被转换成合适的观测值。这可以通过滤波、采样、投影、转换到不同的域等方式实现。当我们在第11～13章讨论各种传输技术时，将展示如何实现这种转换。将得到的观测记为 $\boldsymbol{y}$，当 $p(\boldsymbol{B} | \boldsymbol{R} = \boldsymbol{r}, \mathcal{M}) = p(\boldsymbol{B} | \boldsymbol{Y} = \boldsymbol{y}, \mathcal{M})$ 时，$\boldsymbol{Y}$ 是 $\boldsymbol{B}$ 的充分统计量。在本书中，我们不关心其是否是充分统计量。

一旦确定了合适的观测值 $\boldsymbol{y}$，就可以通过建立一个 $\log p(\boldsymbol{B}, \boldsymbol{Y} = \boldsymbol{y} \mid \mathcal{M})$ 的因子图并应用最大和算法找到MAP估计的信息序列。

2. 逐比特检测

另一种方案是创建 $p(\boldsymbol{B}, \boldsymbol{Y} = \boldsymbol{y} \mid \mathcal{M})$ 的因子图并应用SPA算法。这将引出边缘后验分布 $p(B_k \mid \boldsymbol{Y} = \boldsymbol{y}, \mathcal{M})$ ，从中可以得到最优的逐比特判决：

$$\hat{\boldsymbol{b}}_k = \arg \max_{\boldsymbol{b}_k \in \{0,1\}} p(\boldsymbol{B}_k = b_k \mid \boldsymbol{Y} = \boldsymbol{y}, \mathcal{M}) \tag{7.2}$$

从最小化误字率而言，这种方法不再是最优的。然而，从最小化每个比特的错误概率（误码率，Bit Error Rate，BER）的角度来看，它是最优的。

在许多接收机中，由于因子图中存在环，序列检测是不可能的，逐比特检测是唯一可行的方法。除非另有明确说明，否则本书中将始终进行逐比特检测。

7.2.2 因子图

将 $p(\boldsymbol{B},\boldsymbol{Y}=\boldsymbol{y}\mid\mathcal{M})$ 进行因式分解：

$$p(\boldsymbol{B},\boldsymbol{Y}=\boldsymbol{y}\mid\mathcal{M})=p(\boldsymbol{Y}=\boldsymbol{y}\mid\boldsymbol{B},\mathcal{M})p(\boldsymbol{B}\mid\mathcal{M}) \tag{7.3}$$

式中：$p(\boldsymbol{Y}=\boldsymbol{y}\mid\boldsymbol{B},\mathcal{M})$ 为似然函数；$p(\boldsymbol{B}\mid\mathcal{M})$ 为先验分布。

下面创建一个因子图（图 7.1）。根据信息比特、编码比特和编码符号之间的关系，将在 7.3 节中进一步打开节点。在大多数情况下，因子图是带环的，因此我们最终需要进行迭代的 SPA。这引发了一些额外的问题：

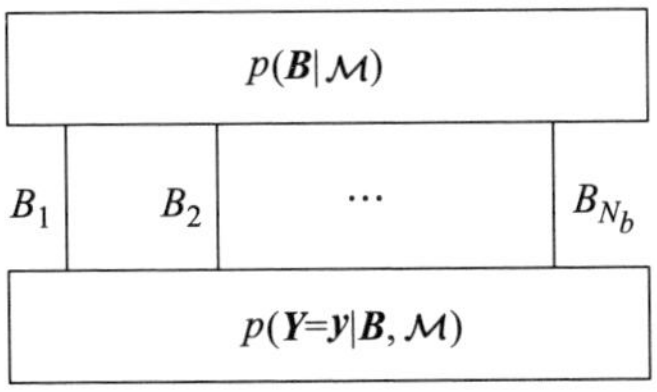

图 7.1　分布 $p(\boldsymbol{B},\boldsymbol{Y}=\boldsymbol{y}\mid\mathcal{M})$ 的因子图

（1）我们计算的边缘值是置信水平，它是真实边缘值 $p(B_k\mid\boldsymbol{Y}=\boldsymbol{y},\mathcal{M})$ 的近似值。

（2）环的存在迫使我们用均匀分布初始化一些消息。

（3）我们还必须考虑调度问题（scheduling），也就是消息的计算顺序。不同的调度策略可能导致不同的算法性能，有些策略可能更适合实际实现。

（4）最后，SPA 需要人为地终止。

7.3 打开节点

7.3.1 原理

在本节中，我们将打开节点 $p(\boldsymbol{B}\mid\mathcal{M})$ 和 $p(\boldsymbol{Y}=\boldsymbol{y}\mid\boldsymbol{B},\mathcal{M})$。回顾一下，我们可以打开代表 $f(X_1,X_2,\cdots,X_D)$ 的节点，并用另一个函数 $g(X_1,X_2,\cdots,X_D;U_1,U_2,\cdots,U_K)$ 的因式分解代替它，只要满足条件：

（1）变量 U_1，U_2，⋯，U_K 没有出现在图的其他位置中。

（2）函数 f 和 g 满足

$$\sum_{u_1,\cdots,u_K} g(x_1,x_2,\cdots,x_D,u_1,u_2,\cdots,u_K) = f(x_1,x_2,\cdots,x_D) \tag{7.4}$$

容易看出，只要 $g(X_1,\ X_2,\ \cdots,\ X_D;\ U_1,\ U_2\cdots,\ U_K)$ 的因式分解的因子图无环，这种替换就不会影响在边 X_1，X_2，…，X_D 上消息的计算。

7.3.2 打开先验节点

在本书中，假设信息比特的已知先验概率不相关，即

$$p(\boldsymbol{B} = \boldsymbol{b} \mid \mathcal{M}) = \prod_{k=1}^{N_b} p(B_k = b_k \mid \mathcal{M}) \tag{7.5}$$

7.3.3 打开似然节点

似然函数 $p(\boldsymbol{Y} = \boldsymbol{y} \mid \boldsymbol{B},\mathcal{M})$ 可以通过引入合适的附加变量 $\boldsymbol{D}$ 进一步分解。我们可以用 $p(\boldsymbol{Y} = \boldsymbol{y},\boldsymbol{D} \mid \boldsymbol{B},\mathcal{M})$ 的分解替换节点 $p(\boldsymbol{Y} = \boldsymbol{y} \mid \boldsymbol{B},\mathcal{M})$，问题是 $\boldsymbol{D}$ 应该是什么？让我们通过下面的例子获得一些启发。

例 7.1

考虑一个简单的通信方案，N_b 个信息比特 $\boldsymbol{b}$ 通过 $\boldsymbol{c} = \boldsymbol{f}_c(\boldsymbol{b})$ 被转换成含有 N_c 个编码比特的序列 $\boldsymbol{c}$，其中 $f_c(\cdot)$ 是某种确定性映射。接着 N_c 个编码比特被映射成 $N_s = N_c$ 个 BPSK 符号，对应的星座集 $\Omega = \{-1,\ +1\}$。映射规则如下：$a_n = 2C_n - 1(n = 1,2,\cdots,N_c)$。由此产生了 N_s 长的 BPSK 符号序列 $\boldsymbol{a}$，其中 $\boldsymbol{a} = f_a(\boldsymbol{c})$。假设 $\boldsymbol{y}$ 与 $\boldsymbol{a}$ 的关系为

$$\boldsymbol{y} = \alpha\boldsymbol{a} + \boldsymbol{n}$$

式中：$\alpha \in \mathbb{R}$表示信道增益，$\boldsymbol{n} \sim \mathcal{N}_n(0,\sigma^2 \boldsymbol{I}_{N_s})$。

一个很自然的选择是 $\boldsymbol{D} = [\boldsymbol{A},\ \boldsymbol{C}]$。接着打开节点 $p(\boldsymbol{Y} = \boldsymbol{y} \mid \boldsymbol{B},\mathcal{M})$，并用 $p(\boldsymbol{Y} = \boldsymbol{y},\boldsymbol{A},\boldsymbol{C} \mid \boldsymbol{B},\mathcal{M})$ 的因式分解代替它。根据贝叶斯规则，考虑适当的条件关系，可以得到以下因式分解：

$$\begin{aligned}
p(\boldsymbol{Y}=\boldsymbol{y},\boldsymbol{A},\boldsymbol{C} \mid \boldsymbol{B},\mathcal{M}) &= \underbrace{p(\boldsymbol{Y} = \boldsymbol{y} \mid \boldsymbol{A},\boldsymbol{C},\boldsymbol{B},\mathcal{M})}_{=p(\boldsymbol{Y}=\boldsymbol{y} \mid \boldsymbol{A},\mathcal{M})} p(\boldsymbol{A},\boldsymbol{C} \mid \boldsymbol{B},\mathcal{M}) \\
&= p(\boldsymbol{Y} = \boldsymbol{y} \mid \boldsymbol{A},\mathcal{M}) \underbrace{p(\boldsymbol{A} \mid \boldsymbol{C},\boldsymbol{B},\mathcal{M})}_{=p(\boldsymbol{A} \mid \boldsymbol{C},\mathcal{M})} p(\boldsymbol{C} \mid \boldsymbol{B},\mathcal{M}) \\
&= \prod_{l=1}^{N_s} p(Y_l = y_l \mid A_l,\mathcal{M}) \boxminus(\boldsymbol{A},f_a(\boldsymbol{C})) \boxminus(\boldsymbol{C},f_c(\boldsymbol{B})) \\
&\propto \prod_{l=1}^{N_s} \left\{\exp\left(-\frac{1}{2\sigma^2}(y_l - A_l)^2\right) \boxminus(A_l,2C_l - 1)\right\} \boxminus(\boldsymbol{C},f_c(\boldsymbol{B}))
\end{aligned}$$

联合分布因子图如图 7.2 所示。如果知道编码的结构，节点 $\boxminus(\boldsymbol{C}, f_c(\boldsymbol{B}))$ 可以继续被打开。在图 7.2 的因子图上执行 SPA 会得出所需的（近似）后验概率 $p(B_k \mid \boldsymbol{Y}=\boldsymbol{y}, \mathcal{M})$。

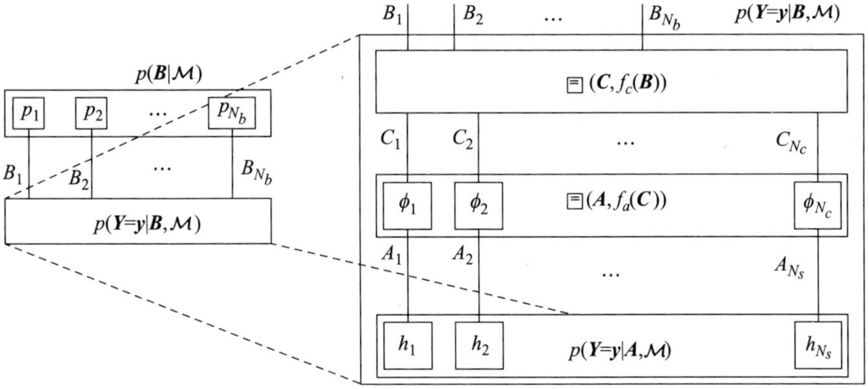

图 7.2　联合分布 $p(\boldsymbol{B}, \boldsymbol{Y}=\boldsymbol{y} \mid \mathcal{M})$ 的因子图

图中：信息比特相互独立，节点 $p(\boldsymbol{Y}=\boldsymbol{y} \mid \boldsymbol{B}, \mathcal{M})$ 被打开以显示其结构，有

$$\phi(c_l, a_l) = \boxminus(a_l, 2c_l - 1), h_l(a_l) = \exp[-(y_l - a_l)^2(2\sigma^2)]$$

上面的例子说明把 $\boldsymbol{C}$（编码比特）和 $\boldsymbol{A}$（编码符号）放在 $\boldsymbol{D}$ 中是一个好主意。一般地，有

$$\begin{aligned} p(\boldsymbol{Y}=\boldsymbol{y}, \boldsymbol{A}, \boldsymbol{C} \mid \boldsymbol{B}, \mathcal{M}) &= p(\boldsymbol{Y}=\boldsymbol{y} \mid \boldsymbol{A}, \boldsymbol{C}, \boldsymbol{B}, \mathcal{M}) p(\boldsymbol{A}, \boldsymbol{C} \mid \boldsymbol{B}, \mathcal{M}) \\ &= p(\boldsymbol{Y}=\boldsymbol{y} \mid \boldsymbol{A}, \mathcal{M}) p(\boldsymbol{A} \mid \boldsymbol{C}, \mathcal{M}) p(\boldsymbol{C} \mid \boldsymbol{B}, \mathcal{M}) \end{aligned}$$

$p(\boldsymbol{Y}=\boldsymbol{y} \mid \boldsymbol{B}, \mathcal{M})$ 的因子图如图 7.3 所示。

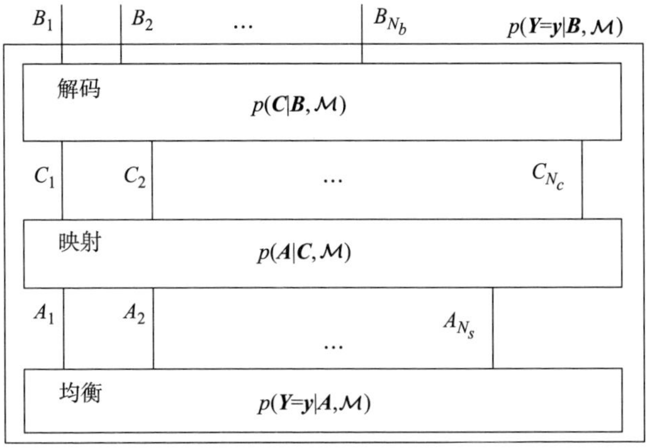

图 7.3　$p(\boldsymbol{Y}=\boldsymbol{y} \mid \boldsymbol{B}, \mathcal{M})$ 的因子图（节点打开以显示其结构）

从以上分析可以看出以下三个节点：

（1）顶部的节点代表 $p(\boldsymbol{C} \mid \boldsymbol{B}, \mathcal{M})$，即信息比特和编码比特之间的关系。在这一部分中执行 SPA 的过程称为译码。

（2）中间的节点表示 $p(\boldsymbol{A} \mid \boldsymbol{C}, \mathcal{M})$，即编码比特和编码符号之间的关系。在这一部分中执行 SPA 的过程称为解映射。

（3）最底部的节点代表函数 $p(\boldsymbol{Y}=\boldsymbol{y} \mid \boldsymbol{A}, \mathcal{M})$，即编码符号与观测之间的关系。这一部分的 SPA 称为均衡。

我们在第 4 章已经看到，因子图本身可以表征功能模块的分解。这在设计接收机时会有很大的帮助，因为我们只需要单独关注图 7.3 中的各个节点。在第 8 章和第 9 章中将分别讨论译码和解映射，紧接着用四章的篇幅讨论均衡。

7.4 本章要点

在本章中，原则上（我们看到）从接收信号中恢复出信息比特：首先需要将接收波形转换成合适的观测；然后创建信息比特和观测的联合分布因子图。打开节点可以启发我们理解接收机的功能模块。我们提到了三个关键的功能/节点：译码、解映射和均衡。这些功能将在下面的几章中依次介绍。

第 8 章

译　　码

8.1 概　　述

纠错码通过添加一定量的冗余来保护二进制信息序列免受信道和噪声的不利影响。这一过程被称为编码。接收机可以使用译码器尝试恢复原始二进制信息序列。编码理论涉及编码和译码算法的开发和分析。尽管编码理论相当抽象，并且通常涉及大量的数学，但是利用因子图将使我们能够在不深入数学研究的情况下推导出译码算法。正如我们将看到的，因子图将使译码过程显得相当简单明了。与传统的译码算法相反，我们的符号对于所有类型的编码都是一样的，这使得我们更容易理解和解释这些算法。

在本章中，首先讨论 4 种类型的纠错码：重复累积（Repeat-Accumulate，RA）码、低密度奇偶校验（LDPC）码、卷积码和 Turbo 码。重复累积码在 1998 年引入之初并不被人重视，后来在实际应用中表现出了其重要性[81]。然后，继续讨论由 Gallager 于 1963 年发明并在 20 世纪 90 年代初由 MacKay[82]重新引入的 LDPC 码[50]，这两种类型的编码都可以轻松地转换为因子图；这些因子图包含环，并且意味着需要迭代的译码算法。然而，卷积码可以利用状态空间模型建立无环的因子图[83]。最后，我们将考虑由 Berrou 等于 1993 年引入的 Turbo 码[3]，它由被交织器分隔的两个卷积编码器级联组成。RA 码、LDPC 码和 Turbo 码都具有以下共同点：它们使用迭代译码算法进行译码，并且它们本身包含伪随机组件（如交织器）。关于编码的详细内容可以参见文献［84，85］。

本章内容安排如下：

- 8.2 节将描述本章的主要目标。
- 8.3 节简要介绍分组码及其与因子图的关系。

- 接下来将详细描述 4 种类型的编码。8.4 节从最简单的类型开始介绍，即 RA 码。
- 在 8.5 节介绍 LDPC 码。
- 卷积码和两种类型的 Turbo 码是 8.6 节和 8.7 节讨论的主题。
- 8.8 节将展示 Turbo 码的性能图。

8.2 目　　标

本章有两个目标：首先将根据纠错码的特定类型，用更详细的因子图代替图 8.1 中的节点 $p(\boldsymbol{C}\,|\,\boldsymbol{B},\ \mathcal{M})$；然后，将展示如何在得出的因子图上执行 SPA。对于每种类型的编码，我们将绘制因子图、在图中找到基本组件，并展示如何在这些基本组件上运行 SPA。最终推导概率域、对数域和 LLR 域中的译码算法。提醒读者，这些消息类型已经在 5.3.3 节中讨论过了。

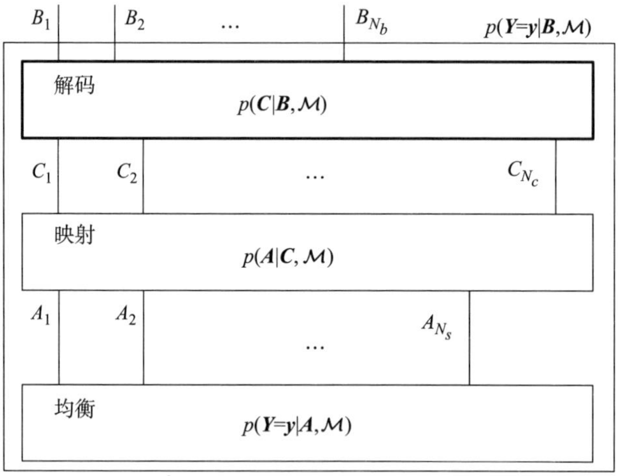

图 8.1　$p(\boldsymbol{Y}=\boldsymbol{y}\,|\,\boldsymbol{B},\ \mathcal{M})$ 的因子图（节点被打开以显示其结构，粗框部分是本章讨论的主题）

为了帮助读者理解译码算法，可以假设编码比特被映射到 BPSK 符号，即 $a_k=2c_{k-1}$（$k=1,\ 2,\ \cdots,\ N_c$；$y_k=a_k+n_k$），其中，$n_k\sim\mathcal{N}(0,\ \sigma^2)$。在这种情况下，$p(\boldsymbol{A}\,|\,\boldsymbol{C},\ \mathcal{M})=\prod_{k=1}^{N_c}\mathbb{I}(A_k,\ 2C_k-1)=1=(A_k,\ 2C_{k-1})$，$p(\boldsymbol{Y}=\boldsymbol{y}\,|\,\boldsymbol{A},\ \mathcal{M})\propto\prod_{k=1}^{N_c}\exp[-(y_k-A_k)^2/(2\sigma^2)]$。因此，图 8.1 中 C_k 边

上的上行消息由 $\mu_{C_k}\to\mathrm{dec}(c_k)\propto\exp[-(y_k-2c_k+1)^2/(2\sigma^2)]$ 给出。这里，“dec” 代表译码节点。从前一章可知道 B_k 边上的下行消息由 $\mu B_k\to\mathrm{dec}(b_k)=pB_k(b_k)$，即先验概率给出。

8.3 分 组 码

在深入研究特定类型的纠错码之前，首先回顾一些基本术语，说明如何将编码与因子图相关联，并介绍打孔的概念。

8.3.1 基本概念

我们将讨论限制在二进制码范围内，其中 $\boldsymbol{b}$ 和 $\boldsymbol{c}$ 分量属于 $\boldsymbol{B}$。二进制域 $\boldsymbol{B}$ 包含两个元素，通常表示为 0 和 1。该域被赋予两个运算符：加法（+）和乘法（×），如表 8.1 所定义。乘法对加法服从分配律。

一个码被定义为一组码字 $\boldsymbol{C}\subset\mathbb{B}^{N_c}$，编码理论主要关注于这些寻找并分析这样不同的集合。出于实际应用的目的，还需要一个将信息字 $\boldsymbol{b}$ 映射到码字 $\boldsymbol{c}\in\boldsymbol{C}$ 上的函数：$\boldsymbol{c}=f_c(\boldsymbol{b})$。这个过程称为编码。编码过程是可逆的，因此，对于每个码字 $\boldsymbol{c}\in\boldsymbol{C}$，对于某个 $\boldsymbol{b}\in\mathbb{B}^{N_b}$，有 $\boldsymbol{b}=f_c^{-1}(\boldsymbol{c})$。

定义 8.1【分组码】

一个（N_c，N_b）分组码是一个集合 $\boldsymbol{C}\subset\mathbb{B}^{N_c}$，由 2^{N_b} 个不同的元素组成，$N_c\geqslant N_b$。C 中的元素称为码字。比率 N_b/N_c 称为码率。

许多先进的纠错码都使用了交织器，因此让我们定义交织的概念。

定义 8.2【交织器】

大小为 N 的交织函数是 $\boldsymbol{\pi}$ 中的任何双射函数：$\{1, 2, \cdots, N\}\to\{1, 2, \cdots, N\}$。给定一个长度为 N 的数组 $\boldsymbol{x}(\boldsymbol{x}=[x_1, x_1, \cdots, x_N]^{\mathrm{T}}\in\chi^N)$，交织器是函数 $f\boldsymbol{\pi}$：$\chi^N\to\chi^N$（$\tilde{\boldsymbol{x}}=f\pi(\boldsymbol{x})$），有

$$\tilde{\boldsymbol{x}}_k=\boldsymbol{x}_{\pi}(k) \tag{8.1}$$

对于 $k\in\{1, 2, \cdots, N\}$，“不恰当”地使用符号，并写为 $\tilde{\boldsymbol{x}}=\boldsymbol{\pi}(k)$，而不是 $\tilde{\boldsymbol{x}}=f\boldsymbol{\pi}(k)$。

通常通过选择交织函数以决定与随机性和扩散有关的特定性质[86]。为了达到本书的目的，可以将交织器看作以某种随机方式扩展位数的函数。

8.3.2 两种编码

我们将考虑两种分组码：线性分组码和网格分组码。后者基于状态空间模型。

8.3.2.1 线性分组码

定义 8.3【线性分组码】

(N_c, N_b) 线性分组码是一个由 2^{N_b} 个不同元素构成的集合 $\boldsymbol{C}\subset\mathbb{B}^{N_c}$，其构成了维度为 N_b 的 $\mathbb{B}^{N_c}$ 的线性子空间。

考虑线性分组码 $\boldsymbol{C}$，由于码字形成了线性子空间，因此在 $\mathbb{B}^{N_c}$ 中存在一组 N_b 个基本矢量。让我们把这些列矢量写成 g_1，g_2，…，g_{N_b}。注意，这个基不是唯一的。N_b 基矢量的任何线性组合产生 $\boldsymbol{C}$ 中的元素，因此对于每 N_b 个二值元素 b_1，b_2，…，b_{N_b}，有

$$c = \sum_{k=1}^{N_b} b_k g_k \in \boldsymbol{C} \tag{8.2}$$

如果定义 $\boldsymbol{b} = [b_1 \quad b_2 \quad \cdots \quad b_{N_b}]^{\mathrm{T}}$，则式 (8.2) 可以重新写为

$$\boldsymbol{c} = \boldsymbol{G}\boldsymbol{b} \tag{8.3}$$

式中：$\boldsymbol{G}$ 为 $N_c \times N_b$ 的二值矩阵，第 k 列等于 g_k，把 $\boldsymbol{G}$ 称为**生成矩阵** (generator matrix)。

我们看到 $\boldsymbol{G}$ 将信息序列 $\boldsymbol{b}$ 映射到码字 $\boldsymbol{c}$ 上，因此，它是将信息进行编码的一种方式。通常，生成矩阵通过适当的操作化简到系统的形式：

$$\boldsymbol{G}_s = \begin{bmatrix} \boldsymbol{I}_{N_b} \\ \boldsymbol{P} \end{bmatrix} \tag{8.4}$$

式中：$\boldsymbol{P}$ 为 $(N_c - N_b) \times N_b$ 的奇偶矩阵。

注意，$\boldsymbol{G}_s$ 和 $\boldsymbol{G}$ 生成同样的编码 $\boldsymbol{C}$，它们仅仅对应不同的基矢量集合。

对于每个线性分组码，我们可以引入奇偶校验矩阵 $\boldsymbol{H}$，它是 $N_c \times (N_c - N_b)$ 的二值矩阵，列生成 $\boldsymbol{G}$ 的零空间，则可以证明 $\boldsymbol{c} \in \boldsymbol{C} \Leftrightarrow \boldsymbol{H}^{\mathrm{T}}\boldsymbol{c} = 0$。对于具有生成矩阵 $\boldsymbol{G}_s$ 的系统码，可以将相应的奇偶校验矩阵 $\boldsymbol{H}_s$ 构造为

$$\boldsymbol{H}_s^{\mathrm{T}} = [\boldsymbol{P} \quad \boldsymbol{I}_{N_c - N_b}] \tag{8.5}$$

注意，$\boldsymbol{H}_s^{\mathrm{T}}\boldsymbol{G}_s = 0$，并且 $\boldsymbol{H}^{\mathrm{T}}\boldsymbol{G} = \boldsymbol{H}_s^{\mathrm{T}}\boldsymbol{G} = \boldsymbol{H}_s^{\mathrm{T}}\boldsymbol{G}_s = 0$。

8.3.2.2 网格分组码

网格分组码基于具有状态空间 $\boldsymbol{S}$ 的状态空间系统。尽管一些网格分组码可被看作线性分组码，但这种联系对于本书而言并不重要。网格分组码从描述编码器开始（而不是从对码空间的描述开始）。

在时刻 $k-1$，编码器处于特定状态 s_{k-1}，给定 $N_{\mathrm{in}} \geqslant 1$ 个信息位的输入，编码器转换到状态 s_k 并产生一个输出，让我们将 $\boldsymbol{b}$ 分解为 $\boldsymbol{b}_1$，$\boldsymbol{b}_2$，…，$\boldsymbol{b}_{N_b/N_{\mathrm{in}}}$，每个长度为 N_{in}（假设 $N_b/N_{\mathrm{in}} \in N$）。时刻 0 的状态由 $s_{\mathrm{strar}} \in \boldsymbol{S}$ 给出，这对发射机（编码器）和接收机（译码器）而言都是已知的。在每一时刻 k，状态 s_k

与 s_{k-1} 相关，有

$$s_k = f_s(s_{k-1}, \boldsymbol{b}_k) \tag{8.6}$$

在时刻 k 的输出是一串由下式给出的 $N_{\text{out}} > N_{\text{in}}$ 个比特位 c_k：

$$\boldsymbol{c}_k = f_o(s_{k-1}, \boldsymbol{b}_k) \tag{8.7}$$

函数 $f_s(\cdot)$ 和 $f_o(\cdot)$ 分别是从 $\boldsymbol{S} \times \mathbb{B}^{N_{\text{in}}}$ 到 $\boldsymbol{S}$ 和到 $\mathbb{B}^{N_{\text{out}}}$ 的确定性函数。通过选择 $f_o(\cdot)$ 使得 c_k 的第一个 N_{in} 位等于 $\boldsymbol{b}_k$，可以获得系统码。码字 $\boldsymbol{c}$ 由 $\boldsymbol{c}_1$，$\boldsymbol{c}_2$，…，$\boldsymbol{c}_{N_b/N_{\text{in}}}$ 连接给出，所以 $N_c = N_{\text{out}} N_b / N_{\text{in}}$。因此，这个编码的比率是 $N_b / N_c = N_{\text{in}} / N_{\text{out}}$。由于接收机不知道最终状态 $s_{N_b/N_{\text{in}}}$，所以这样的编码被认为是无终止的。

网格分组码可以通过向 $\boldsymbol{b}$ 添加若干终止段来终止，使编码器以预定状态结束，如 $s_{\text{end}} \in \boldsymbol{S}$。假设经过至多 L 个时刻，任何状态都可以从某一其他状态达到。通常通过设计函数 $f_s(\cdot)$ 可以保证这一点。在处理来自 $\boldsymbol{b}$ 的 N_b/N_{in} 个段之后，编码器处于发送器已知的特定状态 $s_{N_b/N_{\text{in}}}$。然后发射机选择 L 个终止段 $\boldsymbol{t}_{N_b/N_{\text{in}}+1}$，…，$\boldsymbol{t}_{N_b/N_{\text{in}}+L}$，每个长度为 N_{in}。对于 $k = N_b/N_{\text{in}} + 1$，…，$N_b/N_{\text{in}} + L$，有

$$\boldsymbol{s}_k = f_s(s_{k-1}, \boldsymbol{t}_k) \tag{8.8}$$

和

$$\boldsymbol{c}_k = f_o(s_{k-1}, \boldsymbol{t}_k) \tag{8.9}$$

通过适当选择 $\boldsymbol{t}_{N_b/N_{\text{in}}+1}$，…，$\boldsymbol{t}_{N_b/N_{\text{in}}+L}$，可以确保 $\boldsymbol{s}_{N_b/N_{\text{in}}+L} = \boldsymbol{s}_{\text{end}}$。这个终止后的编码码率为

$$\frac{N_b}{N_c} = \frac{N_{\text{in}}}{N_{\text{out}}} \frac{1}{1 + LN_{\text{in}}/N_b} \tag{8.10}$$

也就是说，这样的终止导致了码率损失。

8.3.3 编码与因子图

1. 介绍

我们的目标是重写函数 $p(\boldsymbol{C} | \boldsymbol{B}, \mathcal{M})$ 以揭示图 8.1 中因子图中译码节点的结构。有两种常见的方法可以实现这一点：生成方法或描述性方法。

（1）在生成方法中，我们将 $f_c(\boldsymbol{b})$ 分解，这可能引入新的变量，则

$$p(\boldsymbol{C} = \boldsymbol{c} | \boldsymbol{B} = b, \mathcal{M}) = \boxed{=}(\boldsymbol{c}, f_c(\boldsymbol{b})) \tag{8.11}$$

我们可以使用 $f_c(\boldsymbol{b})$ 的分解来打开节点 $p(\boldsymbol{C} | \boldsymbol{B}, \mathcal{M})$。

（2）在描述性方法中，我们假设有可用的编码空间 $\boldsymbol{C}$ 的描述。换句话说，我们需要 $\mathbb{I}\{\boldsymbol{c} \in \boldsymbol{C}\}$ 的分解。当 $f_c^{-1}(\boldsymbol{c})$ 非常简单时（如对于某个系统码有 $f_c^{-1}(\boldsymbol{c}) = \boldsymbol{c}_{1:N_b}$），那么可以写出

$$p(\boldsymbol{C}=\boldsymbol{c}\mid\boldsymbol{B}=\boldsymbol{b},\mathcal{M})=\mathbb{I}\{\boldsymbol{c}\in\boldsymbol{C},\boldsymbol{b}\mid=f_c^{-1}(\boldsymbol{c})\}\tag{8.12}$$

$$p(\boldsymbol{C}=\boldsymbol{c}\mid\boldsymbol{B}=\boldsymbol{b},\mathcal{M})=\mathbb{I}\{\boldsymbol{c}\in\boldsymbol{C}\mid\boxminus(\boldsymbol{b},f_c^{-1}(\boldsymbol{c})\}\tag{8.13}$$

正如我们将看到的，RA 码、卷积码和 Turbo 码是基于生成方法的，而 LDPC 码是基于描述性方法的。在我们处理这些高级编码之前，让我们先看看如何使用线性分组码和网格分组码的概念来分解函数 $p(\boldsymbol{C}\mid\boldsymbol{B},\mathcal{M})$。

2. 线性分组码

对于线性分组码，知道 $f_c(\boldsymbol{b})=\boldsymbol{Gb}$，则

$$p(\boldsymbol{C}=\boldsymbol{c}\mid\boldsymbol{B}=\boldsymbol{b},\mathcal{M})=\boxminus(\boldsymbol{c},\boldsymbol{Gb})\tag{8.14}$$

另外，因为 $\boldsymbol{c}\in\boldsymbol{C}\Leftrightarrow\boldsymbol{H}^{\mathrm{T}}\boldsymbol{c}=0$，有

$$p(\boldsymbol{C}=\boldsymbol{c}\mid\boldsymbol{B}=\boldsymbol{b},\mathcal{M})=\boxminus(\boldsymbol{H}^{\mathrm{T}}\boldsymbol{c},0)\boxminus(\boldsymbol{b},f_c^{-1}(\boldsymbol{c}))\tag{8.15}$$

注意，当编码是系统码时，$\boxminus(\boldsymbol{b},f_c^{-1}(\boldsymbol{c}))=\prod_{l=1}^{N_b}\boxminus(b_l,c_l)$。

3. 网格分组码

对于网格分组码，节点 $p(\boldsymbol{C}\mid\boldsymbol{B},\mathcal{M})$ 可以用 $p(\boldsymbol{C},\boldsymbol{S}\mid\boldsymbol{B},\mathcal{M})$（对于未终止码）或 $p(\boldsymbol{C},\boldsymbol{S},\boldsymbol{T}\mid\boldsymbol{B},\mathcal{M})$（对于终止码）的分解代替，即

$$\begin{aligned}p(\boldsymbol{C}=\boldsymbol{c},\boldsymbol{S}=\boldsymbol{s}\mid\boldsymbol{B}=\boldsymbol{b},\mathcal{M})&=\boxminus(s_0,s_{\text{start}})\prod_{k=1}^{N_b/N_{\text{in}}}\boxminus(s_k,f_s(s_{k-1},\boldsymbol{b}_k))\\&\propto\boxminus(\boldsymbol{c}_k,f_{\mathrm{o}}(s_{k-1},\boldsymbol{b}_k))\end{aligned}\tag{8.16}$$

和

$$\begin{aligned}&p(\boldsymbol{C}=\boldsymbol{c},\boldsymbol{S}=\boldsymbol{s},\boldsymbol{T}=\boldsymbol{t}/\boldsymbol{B}=\boldsymbol{b},\mathcal{M})\\&=\boxminus(s_0,s_{\text{start}})\prod_{k=1}^{N_b/N_{\text{in}}}\boxminus(s_k,f_s(s_{k-1},\boldsymbol{b}_k))\boxminus(\boldsymbol{c}_k,f_o(s_{k-1},\boldsymbol{b}_k))\times\\&\underbrace{\prod_{l=N_b/N_{\text{in}}+1}^{N_b/N_{\text{in}}+L}\boxminus(s_l,f_s(s_{l-1},t_l))\boxminus(\boldsymbol{c}_l,f_o(s_{l-1},\boldsymbol{t}_l))\boxminus(s_{N_b/N_{\text{in}}+L},s_{\text{end}})}_{\text{终止部分}}\end{aligned}\tag{8.17}$$

8.3.4 打孔

在某些情况下，编码的内在速率可能非常小。出于考虑实际的原因，发射机可以选择对多个编码比特打孔以减少 N_c。对一个编码比特进行打孔意味着我们不传输该特定比特。例如，通过以 1/3 的码率对每三个编码比特进行打孔，可以获得码率为 1/2 的码。在接收机一侧，一个打孔的编码比特 C_k 在因子图中转化为一个半边，通过 $\mu C_k\rightarrow\mathrm{dec}(C_k)$ 设置为均匀分布。图 8.2 展示了一个例子。

图 8.2（b）编码序列中的每三位被打孔（不发送）。在接收机处，相应的

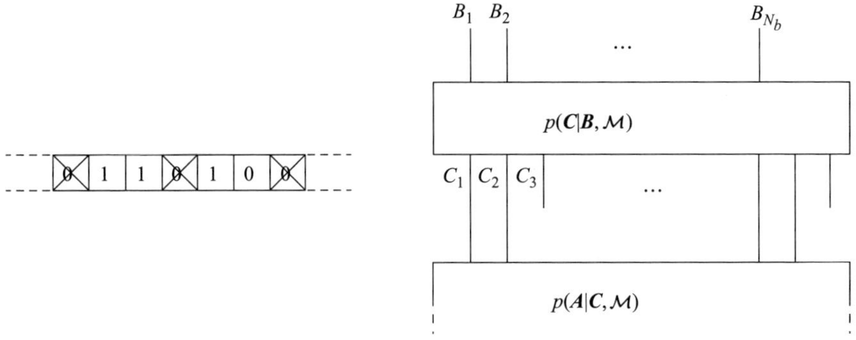

（a）　　　　　　　　（b）

图 8.2　打孔的一个例子

变量变成因子图中的半边。

8.4　重复累积码

8.4.1　描述

重复累积（RA）码是一种非常简单但功能强大的纠错码。RA 码字按如下方式生成：$\boldsymbol{b}$ 中的每个比特被复制 N_c/N_b 次①，产生长度为 N_c 的序列 $\boldsymbol{d}$，这个序列被传递给一个交织器，这个交织器本质上起的作用是打乱这些比特位的顺序，使它们看起来更随机。我们用 $\pi(\cdot)$ 表示交织器函数，并规定 $e=\pi(d)$。最后，编码序列 $\boldsymbol{c}$ 通过累加器，可得

$$\begin{cases} c_1 = e_1 \\ c_2 = c_1 + e_2 \\ c_3 = c_2 + e_3 \\ \vdots \\ cN_c = cN_c - 1 + eN_c \end{cases} \tag{8.18}$$

下面，我们可以用生成矩阵来表示 $\boldsymbol{b}$ 和 $\boldsymbol{c}$ 之间的关系：

$$\boldsymbol{c} = \boldsymbol{G}\boldsymbol{b} \tag{8.19}$$

$$\boldsymbol{c} = \boldsymbol{G}_{\mathrm{acc}}\boldsymbol{G}_{\pi}\boldsymbol{G}_{\mathrm{rep}}\boldsymbol{b} \tag{8.20}$$

式中，$\boldsymbol{G}_{\mathrm{rep}}$是 $N_c \times N_b$ 的重复矩阵，每列有 N_c/N_b 个连续的 1，每行有一个 1，

① 我们选择 $N_c/N_b \in \mathbb{N}$。

矩阵 $\boldsymbol{G}_{\pi}$ 是 $N_c \times N_c$ 的交织器矩阵（通常称为置换矩阵），每行和每列都恰好有一个 1，$\boldsymbol{G}_{\mathrm{acc}}$ 是 $N_c \times N_c$ 累加器矩阵，累加器矩阵的定义如下：引入 $\mathbf{1}_k$ 作为 k 个 1 的行矢量，$\mathbf{0}_k$ 作为 k 个 0 的行矢量，则第 k 行（$1 \leqslant k \leqslant N_c$）由 $[\mathbf{1}_k \mathbf{1}_{N_c-k}]$ 表示。

例 8.1

让我们看一个例子，对于 $N_b = 3$ 且 $N_c/N_b = 2$，当 $\boldsymbol{b} = [b_1 \quad b_2 \quad b_3]^{\mathrm{T}}$ 时，$\boldsymbol{d} = [b_1 \quad b_1 \quad b_2 \quad b_2 \quad b_3 \quad b_3]^{\mathrm{T}}$ 可以由 $\boldsymbol{d} = \boldsymbol{G}_{\mathrm{rep}}\boldsymbol{b}$ 生成，其中中继矩阵由下式给出：

$$\boldsymbol{G}_{\mathrm{rep}} = \begin{bmatrix} 1 & 0 & 0 \\ 1 & 0 & 0 \\ 0 & 1 & 0 \\ 0 & 1 & 0 \\ 0 & 0 & 1 \\ 0 & 0 & 1 \end{bmatrix}$$

假设交织器按如下方式工作：$e = \boldsymbol{\pi}(d)$，其中 $e_1 = d_1$，$e_2 = d_3$，$e_3 = d_6$，$e_4 = d_4$，$e_5 = d_2$，$e_6 = d_5$，可以得到 $\boldsymbol{e} = \boldsymbol{G}_{\pi}d$，有

$$\boldsymbol{G}_{\pi} = \begin{bmatrix} 1 & 0 & 0 & 0 & 0 & 0 \\ 0 & 0 & 1 & 0 & 0 & 0 \\ 0 & 0 & 0 & 0 & 0 & 1 \\ 0 & 0 & 0 & 1 & 0 & 0 \\ 0 & 1 & 0 & 0 & 0 & 0 \\ 0 & 0 & 0 & 0 & 1 & 0 \end{bmatrix}$$

最后，对于 $N_c = 6$ 的矩阵 $\boldsymbol{G}_{\mathrm{acc}}$ 由下式给出，即

$$\boldsymbol{G}_{\mathrm{acc}} = \begin{bmatrix} 1 & 0 & 0 & 0 & 0 & 0 \\ 1 & 1 & 0 & 0 & 0 & 0 \\ 1 & 1 & 1 & 0 & 0 & 0 \\ 1 & 1 & 1 & 1 & 0 & 0 \\ 1 & 1 & 1 & 1 & 1 & 0 \\ 1 & 1 & 1 & 1 & 1 & 1 \end{bmatrix}$$

8.4.2 因子图

利用 8.3.3 节中的生成方法可以写为

$$p(\boldsymbol{C} = \boldsymbol{c} \mid \boldsymbol{B} = \boldsymbol{b}, \mathcal{M}) = \mathbb{I}(\boldsymbol{c}, \boldsymbol{G}\boldsymbol{b}) \tag{8.21}$$

现在，我们可以通过用 $p(\boldsymbol{C}, \boldsymbol{D}, \boldsymbol{E} \mid \boldsymbol{B}, \mathcal{M})$ 的分解替换的方式打开节

点 $p(\boldsymbol{C}\mid\boldsymbol{B},\mathcal{M})$：

$$p(\boldsymbol{C}=\boldsymbol{c},\boldsymbol{D}=\boldsymbol{d},\boldsymbol{E}=\boldsymbol{e}\mid\boldsymbol{B}=\boldsymbol{b},\mathcal{M})=\boxed{=}(\boldsymbol{c},\boldsymbol{G}_{\mathrm{acc}}\boldsymbol{e})\boxed{=}(\boldsymbol{e},\boldsymbol{G}_{\pi}\boldsymbol{d})\boxed{=}(\boldsymbol{d},\boldsymbol{G}_{\mathrm{rep}}\boldsymbol{b}) \tag{8.22}$$

下面引入另一个函数$\boxplus:\mathbb{B}^{D}\to\mathbb{B}$，对于任意$\boldsymbol{D}\in\mathbb{N}$，有

$$\boxplus(x_1,x_2,\cdots,\cdots x_D)=\begin{cases}1, & \sum_{k=1}^{D}x_k=0\\ 0, & 其他\end{cases} \tag{8.23}$$

其中，求和是二进制域中的求和（表8.1）。$\boxplus$操作使我们可以按下式表达式（8.22）中的三个因子：

$$\boxed{=}(\boldsymbol{c},\boldsymbol{G}_{\mathrm{acc}}\boldsymbol{e})=\boxed{=}(c_1,e_1)\prod_{k=2}^{N_c}\boxplus(c_k,c_{k-1},e_k) \tag{8.24}$$

和

$$\boxed{=}(\boldsymbol{e},\boldsymbol{G}_{\pi}\boldsymbol{d})=\prod_{k=1}^{N_c}=\boxed{=}(e_k,d_{\pi(k)}) \tag{8.25}$$

最后，可得

$$\boxed{=}(\boldsymbol{d},\boldsymbol{G}_{\mathrm{rep}}\boldsymbol{b})=\prod_{t=1}^{N_b}\prod_{n=0}^{N_c/N_b-1}\boxed{=}(b_l,d_{lN_c/N_b-n}) \tag{8.26}$$

上述例子中的RA码的因子图如图8.3所示。

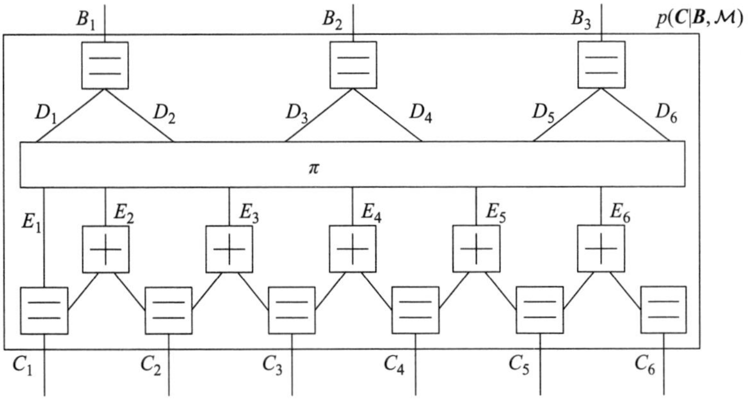

图8.3 打开RA码的译码节点$\left(\textbf{标有}\ \boldsymbol{\pi}\ \textbf{的节点是}\prod_{k=1}^{N_c}\boxed{=}(\boldsymbol{E}_k,\boldsymbol{D}_{\pi(k)})\ \textbf{的简写}\right)$

8.4.3 基本组件

从图 8.3 中可识别出两种类型的节点：等效节点和校验节点（标记为$\boxplus$）。现在，我们将展示如何在这些节点中计算消息。注意，每个校验节点都恰好连接三条边。

8.4.3.1 等效节点

1. 概率域

给定一个有传入消息$\boldsymbol{p}X_k \to \boxed{=}$的等效节点$\boxed{=}$（$X_1$，$X_2$，…，$X_D$），可以按下式计算传出消息：

$$\boldsymbol{p}_{\boxed{=}} \to X_l(x_l) \propto \sum_{\sim[x_l]} \boxed{=}(x_1, x_2, \cdots, x_D) \prod_{k \neq l} \boldsymbol{p}X_k \to \boxed{=}(x_k) \tag{8.27}$$

$$\boldsymbol{p}_{\boxed{=}} \to X_l(x_l) = \prod_{k \neq l} \boldsymbol{p}X_k \to \boxed{=}(x_l) \tag{8.28}$$

注意，概率矢量需要进行归一化处理，使得

$$\sum_{x_l \in \mathbb{B}} \boldsymbol{p}_{\boxed{=}} \to X_l(x_l) = 1$$

2. 对数域

通常会使用对数化的消息表达：$\boldsymbol{L}_{X_k \to \boxed{=} \to (x_k)} = \log \boldsymbol{p} X_{k \to \boxed{=}}{}^{(x_k)}$。由 5.3.3 节可知

$$\boldsymbol{L}_{\boxed{=} \to X_l(x_l)} = \sum_{k \neq l} \boldsymbol{L}_{X_k \to \boxed{=} \to (x_l)} \tag{8.29}$$

3. LLR 域

由于可以将任何实数加到对数域消息上而不对结果造成影响，我们始终确保任何对数域矢量（如 $\boldsymbol{L}$）的第一次传入为零。首先，通过从消息 $\boldsymbol{L}$ 中减去 $\boldsymbol{L}(0)$，这总是可以实现的；然后，消息可以由单个数字表示，即 $\boldsymbol{\lambda}_{X_k \to \boxed{=}} = \boldsymbol{L}_{X_k \to \boxed{=}}(1) - \boldsymbol{L}_{X_k \to \boxed{=}}(0) = \boldsymbol{L}_{X_k \to \boxed{=}}(1)$。在这种情况下，式（8.29）可以改写为

$$\boldsymbol{\lambda}_{\boxed{=} \to X_l} = \sum_{k \neq l} \boldsymbol{\lambda}_{X_k \to \boxed{=}} \tag{8.30}$$

8.4.3.2 校验节点

1. 概率域

给定一个有传入消息$\boldsymbol{p}_{x_k \to \boxplus}$的校验节点$\boxplus(X_1$，$X_2$，$X_3)$，我们可以计算传出消息$\boldsymbol{p}_{\boxplus \to X_l}$。由于函数$\boxplus$对于每个自变量都是对称的。下面，让我们重点研究$\boldsymbol{p}_{\boxplus \to X_l}$，即

$$\boldsymbol{p}_{\boxplus \to X_l}(x_1) \propto \sum_{x_2, x_3} \boxplus(x_1, x_2, x_3) \prod_{k \neq l} \boldsymbol{p}_{X_k \to \boxplus}(x_k) \tag{8.31}$$

和
$$p_{\boxplus\to X_l}(x_1) = \sum_{x_3 \in \mathbb{B}} p_{X_3\to\boxplus}(x_3)\, p_{X_2\to\boxplus}(x_1 + x_3) \tag{8.32}$$

式（8.32）是因为对于固定的 x_1 和 x_3，只有当 $x_2 = x_1 + x_3$ 时$\boxplus$（x_1，x_2，x_3）$\neq 0$。

2. 对数域

将式（8.32）转换到对数域，可得

$$L_{\boxplus\to X_l}(x_1) = \mathbb{M}_{\sim(x_1)}\left(\log \boxminus(x_1 + x_2 + x_3, 0) + \sum_{k\neq 1} L_{X_k\to\boxplus(x_k)}\right) \tag{8.33}$$

和
$$L_{\boxplus\to X_l}(x_1) = \mathbb{M}_{x_3}\left(L_{X_3\to\boxplus(x_3)} + L_{X_2\to\boxplus(x_1+x_3)}\right) \tag{8.34}$$

$$L_{\boxplus\to X_l}(x_1) = \mathbb{M}\left(L_{X_3\to\boxplus(0)} + L_{X_2\to\boxplus(x_1)}, L_{X_3\to\boxplus(1)} + L_{X_2\to\boxplus(x_1+1)}\right) \tag{8.35}$$

3. LLR 域

对于等效节点，我们可以修改对数域消息，使得在任意消息 L 中的第一个元素 $L(0)$ 总是零。下面，引入 $\lambda_{X_k\to\boxplus} = L_{X_k\to\boxplus(1)} - L_{X_k\to\boxplus(0)} = L_{X_k\to\boxplus(1)}$，用式（8.35）计算 $L_{\boxplus\to X_1(1)}$和 $L_{\boxplus\to X_1(0)}$：

$$L_{\boxplus\to X_1(1)} = \mathbb{M}\left(L_{X_3\to\boxplus(0)} + L_{X_2\to\boxplus(1)}, L_{X_3\to\boxplus(1)} + L_{X_2\to\boxplus(0)}\right) \tag{8.36}$$

和
$$L_{\boxplus\to X_1(1)} = \mathbb{M}\left(\lambda_{X_2\to\boxplus}, \lambda_{X_3\to\boxplus}\right) \tag{8.37}$$

有

$$L_{\boxplus\to X_1(0)} = \mathbb{M}\left(L_{X_3\to\boxplus(0)} + L_{X_2\to\boxplus(0)}, L_{X_3\to\boxplus(1)} + L_{X_2\to\boxplus(1)}\right) \tag{8.38}$$

和

$$L_{\boxplus\to X_1(0)} = \mathbb{M}\left(0, \lambda_{X_3\to\boxplus} + \lambda_{X_2\to\boxplus}\right) \tag{8.39}$$

最终的输出消息变为

$$\lambda_{\boxplus\to X_1} = L_{\boxplus\to X_1(1)} - L_{\boxplus\to X_1(0)} \tag{8.40}$$

和

$$\lambda_{\boxplus\to X_1} = \mathbb{M}\left(\lambda_{X_2\to\boxplus}, \lambda_{X_3\to\boxplus}\right) - \mathbb{M}\left(0, \lambda_{X_3\to\boxplus} + \lambda_{X_2\to\boxplus}\right) \tag{8.41}$$

可以证明，引入一个额外的函数 $f_{\boxplus}: \mathbb{R}\times\mathbb{R}\to\mathbb{R}$ 会更方便，有

$$f_{\boxplus}(x, y) = \mathbb{M}(x, y) - \mathbb{M}(0, x + y) \tag{8.42}$$

进一步得，$\lambda_{\boxplus\to X_1} = f_{\boxplus}(\lambda_{X_2\to\boxplus}, \lambda_{X_3\to\boxplus})$。

8.4.4　重复累积码的译码

由于 RA 码的因子图包含环，因此必须决定特定的调度策略。我们将在 LLR 域中进行译码并考虑最常见的调度方式。

（1）初始化。边 E_k（$k = 1, 2, \cdots, N_c$）上的下行消息用均匀分布（或等价地，均匀的对数域（LLR）消息或零）进行初始化，如图 8.4 所示。

（2）前向后向步骤。在图 8.4 的下部执行前向后向型算法。前向和后向阶段分别如图 8.5 和图 8.6 所示，并在算法 8.1 中进行了描述（见图 8.7 对变量的描述）。

（3）上行消息。计算 E_k 边上的上行消息（图 8.8）。这些消息被解交织以后获得 D_k 边上的消息。算法 8.2 描述了这个步骤。

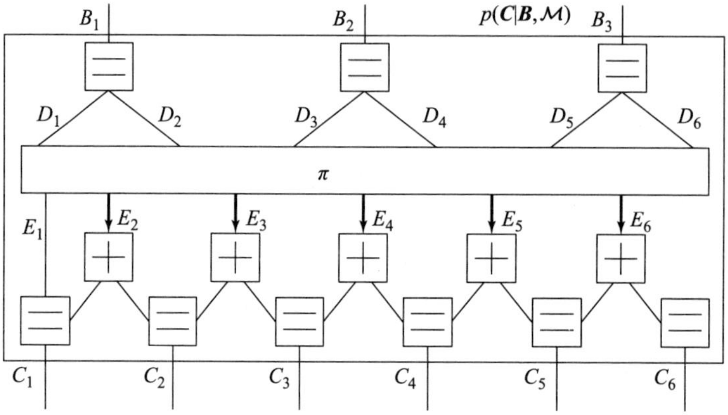

图 8.4　重复累积码：初始化（粗体箭头表示均匀的 pmf 通过相应的边传递）

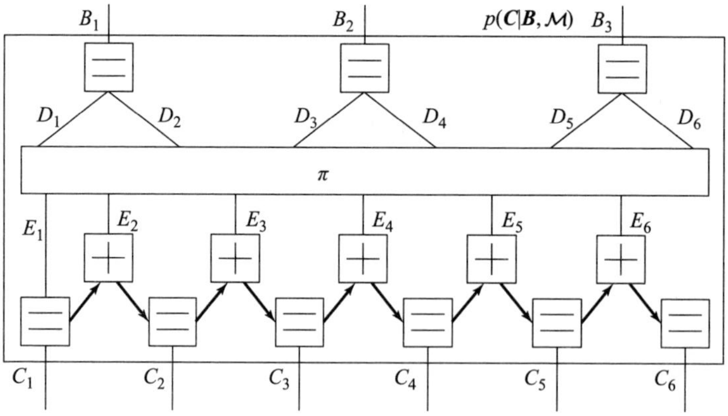

图 8.5　重复累积码：前向阶段（粗体箭头表示消息通过相应的边传递）

（4）下行消息。计算 D_k 边上的下行消息，如图 8.9 所示。这些消息被去交织以获得 E_k 边上的消息。算法 8.3 描述了这一步骤。返回步骤（2）（前向、后向步骤）。

（5）终止。经过多次重复后，译码算法停止，计算传出消息 $\boldsymbol{\lambda}_{\boxed{=}\to B_k}$ 和 $\boldsymbol{\lambda}_{\boxed{=}\to C_k}$。

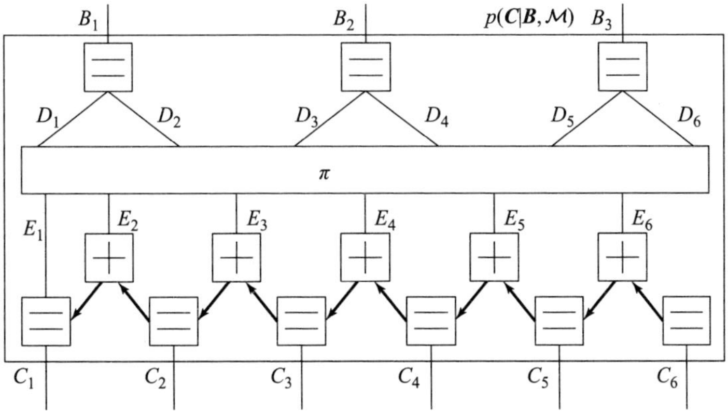

图 8.6　重复累积码：后向阶段（粗体箭头表示消息通过相应的边传递）

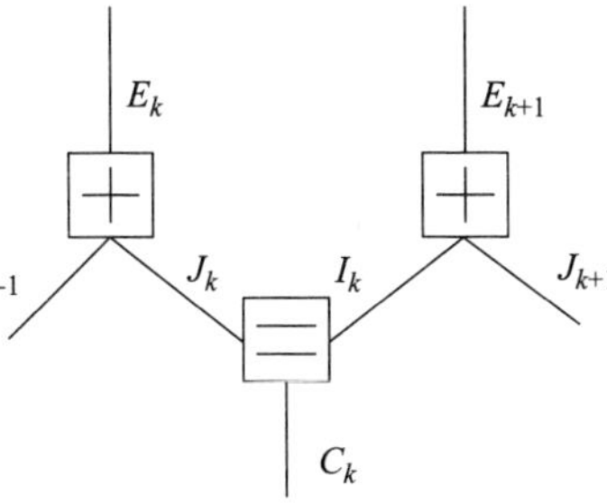

图 8.7　重复累积码：细节

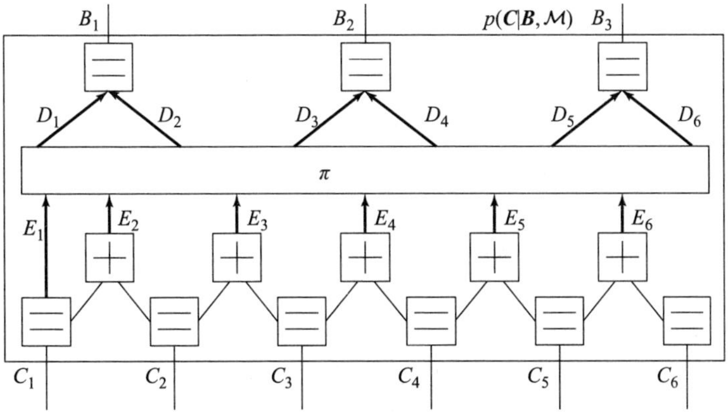

图 8.8　重复累积码：上行消息（粗体箭头表示消息通过相应的边传递）

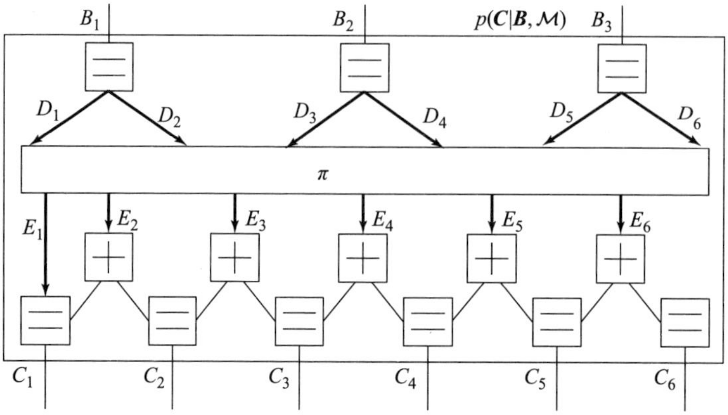

图 8.9　重复累积码：下行消息（粗体箭头表示消息通过相应的边传递）

下面介绍算法 8.1　RA 码的译码：前向 – 后向阶段。

算法 8.1　RA 码的译码：前向 – 后向阶段
1：take care of special cases： $\lambda_{\boxed{=}\to I_1} = \lambda_{E_1\to\boxed{=}} + \lambda_{C_1\to\boxed{=}}$ $\lambda_{J_2\to\boxed{=}} = f_{\boxplus}(\lambda_{E_2\to\boxplus},\ \lambda_{I_1\to\boxplus})$ $\lambda_{\boxed{=}\to J_{N_c}} = \lambda_{C_{N_c}\to\boxed{=}}$ $\lambda_{\boxplus\to I_{N_c}-1} = f_{\boxplus}(\lambda_{E_{N_c}\to\boxplus},\ \lambda_{J_{N_c}\to\boxplus})$ 2：**for** $k = 2 \sim N_c - 1$ **do** 3：　compute forward messages： 　$\lambda_{\boxed{=}\to I_k} = \lambda_{J_k\to\boxed{=}} + \lambda_{C_k\to\boxed{=}}$ 　$\lambda_{J_{k+1}\to\boxed{=}} = f_{\boxplus}(\lambda_{E_{k+1}\to\boxplus},\ \lambda_{I_k\to\boxplus})$ 4：　compute backward messages： 　set $I = N_c - k + 1$ 　$\lambda_{\boxed{=}\to J_l} = \lambda_{C_l\to\boxed{=}} + \lambda_{I_l\to\boxed{=}}$ 　$\lambda_{\boxplus}\to\lambda_{I_2-1} = f_{\boxplus}(\lambda_{E_l\to\boxplus},\ \lambda_{j_l\to\boxplus})$

下面介绍算法 8.2　RA 码的译码：上行消息。

算法 8.2　RA 码的译码：上行消息
1：$\lambda_{E_1\to\pi} = \lambda_{C_1\to\boxed{=}} + \lambda_{I_1\to\boxed{=}}$ 2：**for** $k = 2 \sim N_c$ **do**

3：　compute upward message：
　　$\lambda_{E_k \to \pi} = f_{\boxplus}(\lambda_{I_{k-1} \to \boxplus}, \ \lambda_{J_k \to \boxplus})$
4：**end for**
5：**for** $k = 1 \sim N_c$ **do**
6：　deinterleave message：
　　$\lambda_{D_{\pi^{-1}(k)} \to \boxed{=}} = \lambda_{E_k \to \pi}$
7：**end for**

下面介绍算法 8.3　RA 码的译码：下行消息。

算法 8.3　RA 码的译码：下行消息

1：**for** $k = 1 \sim N_c$ **do**
2：　**for** $n = 0 \sim N_c/N_b - 1$ **do**
3：　compute downward messages，with $K = N_c/N_b$
　　$\lambda_{\boxed{=} \to D_{kK-n}} = \lambda_{\lambda_{B_k} \to \boxed{=}} + \sum_{m=0, m \neq n}^{K-1} \lambda_{D_k K-m}$
4：　interleave message
　　$\lambda_{\pi \to E_{\pi}(kK-n)} = \lambda_{\boxed{=} \to D_{kK-n}}$
5：　**end for**
6：**end for**

下面介绍算法 8.4　RA 码的译码：完整的译码算法。

算法 8.4　RA 码的译码：完整的译码算法

1：input：$\lambda_{B_k \to \boxed{=}}$，$k = 1, 2, \cdots, N_b$
2：input：$\lambda_{C_k \to \boxed{=}}$，$k = 1, 2, \cdots, N_c$
3：initialization：
　$\lambda_{E_1 \to \boxed{=}} = 0$
　$\lambda_{E_k \to \boxplus} = 0, \ k > 1.$
4：**for** iter = 1 to N_{iter} **do**
5：　compute forward and backward messages using Algorithm 8.1
6：　compute upward messages using Algorithm 8.2
7：　compute downward messages using Algorithm 8.3
8：**end for**
9：**for** $k = 1 \sim N_b$ **do**
10：　$\lambda_{\boxed{=} \to B_k} = \sum_{n=0}^{K-1} \lambda_{D_k K-n \to \boxed{=}}$ with $K = N_c/N_b$

end for
$\lambda_{\square \to C_1} = \lambda_{E_1 \to \square} + \lambda_{I_1 \to \square}$
for $k = 2 \sim N_c$ **do**
　　$\lambda_{\square \to C_k} = \lambda_{I_k \to \square} + \lambda_{J_k \to \square}$
end for

8.5　低密度奇偶校验码

8.5.1　描述

低密度奇偶校验（LDPC）码是一类其奇偶校验矩阵稀疏的编码，其每一列只包含很少的1。它们通常是从稀疏奇偶校验矩阵 $\boldsymbol{H}$ 开始，然后从中得出一个系统的生成矩阵 $\boldsymbol{G}$ [46,87]。在本节中，我们将介绍如何创建 LDPC 码，它们的因子图是什么样的，以及如何使用 SPA 对它们进行译码。与 RA 码一样，我们将使用一个贯穿本节的示例。我们从一个由下式给出的奇偶校验矩阵 $\boldsymbol{H}$ 开始：

$$\boldsymbol{H}^{\mathrm{T}} = \begin{bmatrix} 1 & 0 & 0 & 1 & 0 & 1 & 0 & 1 \\ 0 & 1 & 1 & 1 & 0 & 0 & 1 & 0 \\ 1 & 1 & 1 & 0 & 1 & 0 & 0 & 1 \\ 0 & 0 & 1 & 0 & 1 & 1 & 1 & 1 \end{bmatrix} \tag{8.43}$$

因为 $\boldsymbol{H}$ 是 8×4 的矩阵，所以它是（$N_c = 8$，$N_b = 4$）码的奇偶校验矩阵，下面导出这个码的系统生成矩阵。首先将 $\boldsymbol{H}^{\mathrm{T}}$ 转化（通过矩阵行操作）到形式 $[\boldsymbol{P} \quad \boldsymbol{I}_{N_c - N_b}]$，即

$$\boldsymbol{H}_s^{\mathrm{T}} = \begin{bmatrix} 1 & 1 & 0 & 0 & 1 & 0 & 0 & 0 \\ 1 & 0 & 1 & 1 & 0 & 1 & 0 & 0 \\ 0 & 1 & 1 & 1 & 0 & 0 & 1 & 0 \\ 0 & 0 & 1 & 0 & 0 & 0 & 0 & 1 \end{bmatrix} \tag{8.44}$$

$$= [\boldsymbol{P} \quad \boldsymbol{I}_4] \tag{8.45}$$

注意，$\boldsymbol{H}_s$ 与 $\boldsymbol{H}$ 是相同的编码 $\boldsymbol{C}$ 的奇偶校验矩阵。系统生成矩阵由下式给出：

$$\boldsymbol{G}_s = \begin{bmatrix} \boldsymbol{I}_4 \\ \boldsymbol{P} \end{bmatrix} \tag{8.46}$$

即

$$
\boldsymbol{G}_s = \begin{bmatrix} 1 & 0 & 0 & 0 \\ 0 & 1 & 0 & 0 \\ 0 & 0 & 1 & 0 \\ 0 & 0 & 0 & 1 \\ 1 & 1 & 0 & 0 \\ 1 & 0 & 1 & 1 \\ 0 & 1 & 1 & 1 \\ 0 & 0 & 1 & 0 \end{bmatrix} \tag{8.47}
$$

显然，$\boldsymbol{H}_s^{\mathrm{T}}\boldsymbol{G}_s = \boldsymbol{H}^{\mathrm{T}}\boldsymbol{G}_s = \boldsymbol{0}$。

8.5.2 因子图

现在，可以将式（8.15）应用于系统码中，可得

$$
p(\boldsymbol{C} = \boldsymbol{c} \mid \boldsymbol{B} = \boldsymbol{b}, \mathcal{M}) = \prod_{k=1}^{N_c - N_b} \boxed{=}(\boldsymbol{h}_k^{\mathrm{T}}\boldsymbol{c}, 0) \prod_{l=1}^{N_b} \boxed{=}(b_l, c_l) \tag{8.48}
$$

式中：$\boldsymbol{h}_k^{\mathrm{T}}$ 为 $\boldsymbol{H}^{\mathrm{T}}$ 的第 k 行。

在这个例子中，因子图如图 8.10 所示。在 RA 码中已经定义校验节点（标记为$\boxplus$），对于 $x_k \in \mathbb{B}$，有

$$
\boxplus(x_1, x_2, \cdots, x_D) = \begin{cases} 1, & \sum_{k=1}^{D} x_k = 0 \\ 0, & 其他 \end{cases} \tag{8.49}
$$

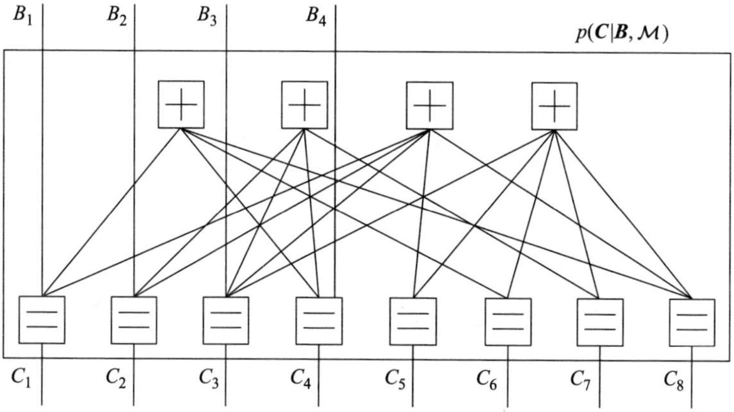

图 8.10 打开译码节点

例如，考虑第一个校验（$\boldsymbol{H}^{\mathrm{T}}$ 中的第一行），即

$$⊟(\boldsymbol{h}_1^{\mathrm{T}}\boldsymbol{c},0) = ⊟(c_1 + c_4 + c_6 + c_8,0) = ⊞(c_1,c_4 c_6,c_8)$$

8.5.3 基本组件

观察图 8.10 中的因子图，可以识别出两种类型的节点：等效节点和校验节点（标记为⊞）。8.4.3 节讨论了 RA 码中的等效节点。

注意，校验节点现在可以是任何度的，这与 RA 码中度为 3 不同。正如我们将看到的那样，计算复杂度和校验节点的度 D 呈指数相关。这样就可以通过打开校验节点来避免，从而使得复杂度和 D 线性相关。

8.5.3.1 校验节点

下面给定一个有传入消息 $\boldsymbol{p}_{X_k \to ⊞}$ 的等效节点⊞（X_1，X_2，…，X_D），可以计算出传出消息 $\boldsymbol{p}_{⊞ \to X_1}$ 为

$$\boldsymbol{p}_{⊞ \to X_1}(x_1) \propto \sum_{\sim(x_1)} ⊟(x_1 + x_2 + \cdots + x_D,0) \prod_{k \neq 1} \boldsymbol{p}_{X_k \to ⊞}(x_k) \tag{8.50}$$

或

$$\boldsymbol{p}_{⊞ \to X_1}(x_1) = \sum_{x_2,x_3,\cdots,x_D} ⊟(x_1 + x_2 + \cdots + x_D,0) \prod_{k \neq 1} \boldsymbol{p}_{X_k \to ⊞}(x_k) \tag{8.51}$$

$$\boldsymbol{p}_{⊞ \to X_1}(x_1) = \sum_{x_3,\cdots,x_D} \boldsymbol{p}_{X_2 \to ⊞}(x_1 + x_2 + \cdots + x_D,0) \prod_{k \neq 1,2} \boldsymbol{p}_{X_k \to ⊞}(x_k) \tag{8.52}$$

等效节点的总和超过了 2^{D-2} 项。对于 $k = 1$，2，…，D，计算所有消息 $\boldsymbol{p}_{⊞ \to X_k} D$ 需要 2^D 的计算量。

8.5.3.2 打开校验节点

通过打开节点⊞（X_1，X_2，…，X_D）和只考虑三个变量的⊞节点，可以降低计算复杂度，我们引入二进制变量 U_2，U_3，…，U_{D-2}，有

$$\overbrace{\overbrace{X_1 + X_2 + X_3}^{U_3} + X_4 + \cdots + X_{D-2}}^{U_{D-2}} + X_{D-1} + X_D = 0$$

（其中 U_2 对应 $X_1 + X_2$，U_4 对应 $X_1 + X_2 + X_3 + X_4$）

下面引入另一个函数：

$$f(X_1,X_2,\cdots,X_D;U_2,U_3,\cdots,U_{D-2}) = ⊞(X_1,X_2,U_2)\, ⊞(U_{D-2},X_{D-1},X_D) \prod_{k=3}^{D-2} ⊞(U_{k-1},X_k,U_k) \tag{8.53}$$

容易证明

$$\sum_{u_2,u_3,\cdots,u_{D-1}} f(x_1,x_2,\cdots,x_D;u_2,u_3,\cdots,u_{D-2}) = ⊞(x_1,x_2,\cdots,x_D) \tag{8.54}$$

这意味着（见 4.6.2 节）可以用分解式（8.53）代替⊞(X_1，X_2，…，

X_D)，相应的因子图如图 8.11 所示，我们看到，只有度为 3 的校验节点保留了下来，8.4.3 节讨论了 RA 码中的这些节点。让我们重点研究 LLR 域消息，重新使用来自 RA 码的函数 $f_{\boxplus}(\cdot)$ [见式 (8.42)]。在算法 8.5 中给出了用于计算节点⊞ (X_1, X_2, …, X_D) 中的消息的新算法。再次参考图 8.11，其中 $\lambda_{U_k}^{(\rightarrow)}$ 表示图 8.11 中的边 U_k 上从左到右的消息，$\lambda_{U_k}^{(\leftarrow)}$ 表示图 8.11 中的边 U_k 上从右到左的消息，很容易看出，复杂度现在关于 D 是线性的。

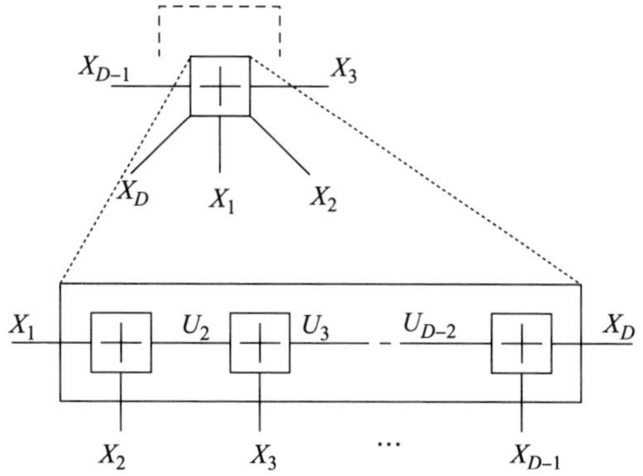

图 8.11　打开一个校验节点

下面介绍算法 8.5　LDPC 码：校验节点中的 SPA。

算法 8.5　LDPC 码：校验节点中的 SPA

$\lambda_{U_2}^{(\rightarrow)} = f_{\boxplus}(\lambda_{X_1\rightarrow\boxplus}, \lambda_{X_2\rightarrow\boxplus})$

$\lambda_{U_{D-2}}^{(\leftarrow)} = f_{\boxplus}(\lambda_{X_D\rightarrow\boxplus}, \lambda_{X_{D-1}\rightarrow\boxplus})$

for $k = 3 \sim D-2$ **do**

　　$\lambda_{U_k}^{(\rightarrow)} = f_{\boxplus}(\lambda_{U_{k-1}}^{(\rightarrow)}, \lambda_{X_k\rightarrow\boxplus})$

　　$\lambda_{U_{D-k}}^{(\leftarrow)} = f_{\boxplus}(\lambda_{U_{D-k+1}}^{(\leftarrow)}, \lambda_{X_{D-k+1}\rightarrow\boxplus})$

end for

$\lambda_{\boxplus\rightarrow X_1} = f_{\boxplus}(\lambda_{U_2}^{(\leftarrow)}, \lambda_{X_2\rightarrow\boxplus})$，$\lambda_{\boxplus\rightarrow X_2} = f_{\boxplus}(\lambda_{U_2}^{(\leftarrow)}, \lambda_{X_1\rightarrow\boxplus})$

$\lambda_{\boxplus\rightarrow X_D} = f_{\boxplus}(\lambda_{U_{D-2}}^{(\rightarrow)}, \lambda_{X_{D-1}\rightarrow\boxplus})$，$\lambda_{\boxplus\rightarrow X_{D-1}} = f_{\boxplus}(\lambda_{U_{D-2}}^{(\rightarrow)}, \lambda_{X_D\rightarrow\boxplus})$

for $k = 3 \sim D-2$ **do**

　　$\lambda_{\boxplus\rightarrow X_k} = f_{\boxplus}(\lambda_{U_{k-1}}^{(\rightarrow)}, \lambda_{U_k}^{(\leftarrow)})$

end for

8.5.4 低密度奇偶校验码的译码

我们再次使用 LLR 域中的表达。请记住，对于任意码字 $\boldsymbol{c}$，有 $\boldsymbol{H}^{\mathrm{T}}\boldsymbol{c}=\boldsymbol{0}$。这里，引入下面的记号：

（1）校验节点（在因子图中标记为⊞）编号为 1，2，…，N_c-N_b，第 n 个校验节点对应于 $\boldsymbol{H}^{\mathrm{T}}$ 中的第 n 行。

（2）等效节点（在因子图中标记为⊟）编号为 1，2，…，N_c，第 k 个等效节点对应于 $\boldsymbol{H}^{\mathrm{T}}$ 中的第 k 列（对应于 C_k）。

（3）从第 k 个等效节点到第 n 个校验节点的消息表示为 $\lambda_{⊟k\to⊞n}$。

由于矩阵 $\boldsymbol{H}^{\mathrm{T}}$ 是稀疏的，只需要记录非零元素的位置。假设某个合适的数据结构是可用的，使得我们可以引入函数 $\psi_r(\cdot)$ 和 $\psi_c(\cdot)$，其中，$\psi_r(n)$表示 $\boldsymbol{H}^{\mathrm{T}}$ 的第 n 行中非零元素的位置，$\psi_c(k)$ 表示 $\boldsymbol{H}^{\mathrm{T}}$ 的第 k 列中非零元素的位置。例如，在式（8.43）中 $\boldsymbol{H}^{\mathrm{T}}$ 的例子中，$\psi_r(3)=\{1,2,3,5,8\}$，$\psi_c(4)=\{1,2\}$。由于 LDPC 码的因子图有环，因而需要一个调度策略。我们继续使用最常见的策略。

（1）初始化。通过设置消息 $\lambda_{⊞n\to⊟k}=0\ \forall k\in\{1,2,\cdots,N_c\}(n\in\psi_c(k))$（图 8.12）初始化译码算法。

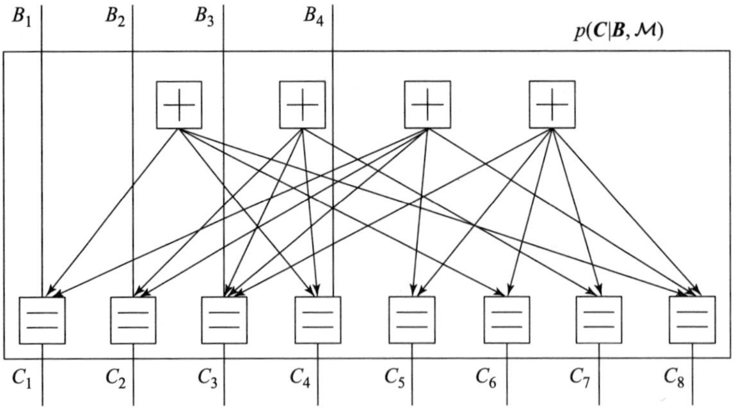

图 8.12 LDPC 码：初始化（粗体箭头表示均匀的 pmf 通过相应的边传递）

（2）上行消息。对所有 k 和所有 $n\in\psi_c(k)$，计算上行消息 $\lambda_{⊟k\to⊞n}$（图 8.13）。

（3）下行消息。对所有 n 和所有 $k\in\psi_r(n)$，计算下行消息 $\lambda_{⊞n\to⊟k}$（图 8.14）。

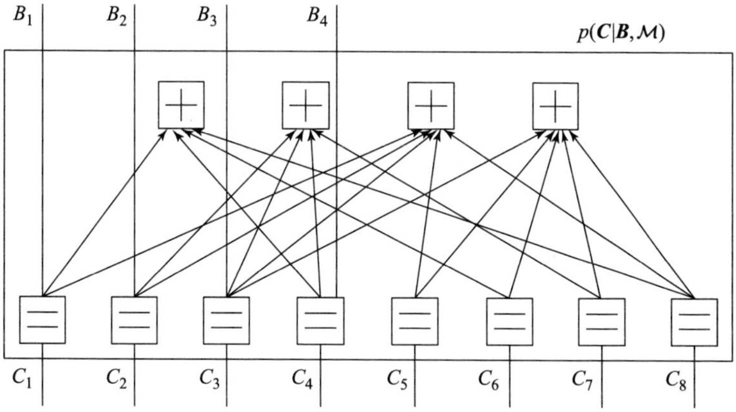

图 8.13 LDPC 码：上行阶段（粗体箭头表示消息通过相应的边传递）

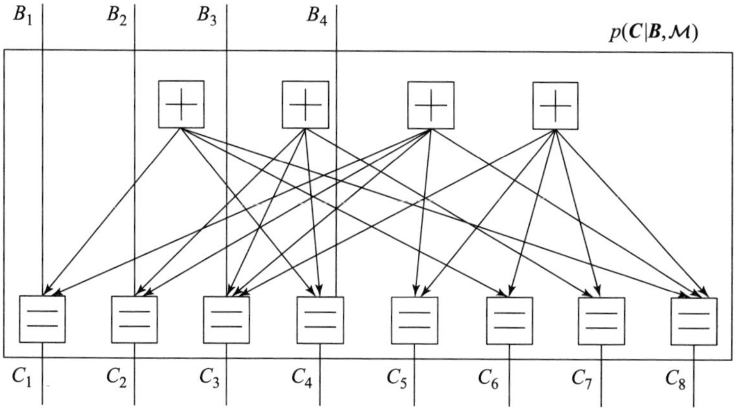

图 8.14 LDPC 码：下行阶段（粗体箭头表示消息通过相应的边传递）

译码算法在向上和向下阶段之间循环，如算法 8.6 所示。在 LDPC 码中，通常在每次循环之后检查对编码比特的硬判决是否构成合法码字。硬判决由置信水平（在该循环中对后验分布的近似）的众数决定：

$$\hat{c}_k = \arg\max_{c_k \in \mathbb{B}} p(C_k = c_k \mid \boldsymbol{Y} = \boldsymbol{y}, \mathcal{M}) \tag{8.55}$$

$$= \begin{cases} 0, & \lambda_{\boxminus \to C_k} + \lambda_{C_k \to \boxminus} < 0 \\ 1, & \lambda_{\boxminus \to C_k} + \lambda_{C_k \to \boxminus} > 0 \end{cases} \tag{8.56}$$

然后，检查是否满足 $\boldsymbol{H}^{\mathrm{T}}\hat{\boldsymbol{c}} = \boldsymbol{0}$，如果是，则可以停止 $p(\boldsymbol{B}, \boldsymbol{Y} = \boldsymbol{y} \mid \mathcal{M})$ 的因子图上的 SPA。

算法 8.6　LDPC 码的译码

input: $\lambda_{B_k\to\boxed{=}}$, $k=1, 2, \cdots, N_b$
input: $\lambda_{C_k\to\boxed{=}}$, $k=1, 2, \cdots, N_c$
initialization: $\lambda_{\boxplus_n\to\boxed{=}_k}=0$, $\forall k\in\{1, 2, \cdots, N_c\}$, $\forall k\in\psi_c(k)$
for iter $=1\sim N_{\text{iter}}$ **do**
　for $k=1\sim N_c$ **do**
　　for $n\in\psi_c(k)$ **do**
　　　compute upward messages:
　　　$\lambda_{\boxed{=}_k\to\boxplus_n}=\lambda_{C_k\to\boxed{=}}+\mathbb{I}\{k\leqslant N_b\}\lambda_{B_k\to\boxed{=}}+\sum m\in\psi_c(k)\setminus(n)\lambda_{\boxplus_m\to\boxed{=}_k}$
　　end for
　end for
　for $n=1\sim N_c-N_b$ **do**
　　compute downward messages $\lambda_{\boxplus_n\to\boxed{=}_k}$ using Algorithm 8.5 for all $k\in\psi_r(n)$
　end for
　if $\boldsymbol{H}^{\mathrm{T}}\hat{\boldsymbol{b}}=\boldsymbol{0}$ **then**
　　STOP iterations{this step is optional}
　end if
end for
for $k=1\sim N_b$ **do**
　$\lambda_{\boxed{=}\to B_k}=\lambda_{C_k\to\boxed{=}}+\sum m\in\psi_c(k)\lambda_{\boxplus_m\to\boxed{=}_k}$
end for
for $k=1\sim N_c$ **do**
　$\lambda_{\boxed{=}\to C_k}=\mathbb{I}\{k\leqslant N_b\}\lambda_{B_k\to\boxed{=}}+\sum m\in\psi_c(k)\lambda_{\boxplus_m\to\boxed{=}_k}$
end for

8.6　卷　积　码

8.6.1　描述

卷积码使二进制信息序列通过有限长移位寄存器来获得码字。典型的卷积编码器如图 8.15 所示，此时 $N_{\text{in}}=1$，$N_{\text{out}}=2$。我们将只考虑 $N_{\text{in}}=1$ 的码。编码器由一串 L 个有记忆模块（寄存器）和二进制加法器组成。在这个例子中，$L=3$。可以观察到，由于$c_k^{(1)}=b_k$，所以这个码是系统码。

卷积码通常由前馈和反馈多项式描述，它们反映了输出与寄存器值之间的关系。在这个例子中，反馈多项式为$g_{\mathrm{FB}}(D)=1+D^2+D^3$（因为我们反馈了第二和第三个寄存器的输出），而前馈多项式为$g_{\mathrm{FF}}(D)=1+D+D^3$（因为我们前馈了第一个和第三个寄存器的输出）。当反馈多项式可以忽略时（$g_{\mathrm{FB}}(D)=1$），我们说编码是非递归的，一个递归系统卷积编码器如图8.15所示。

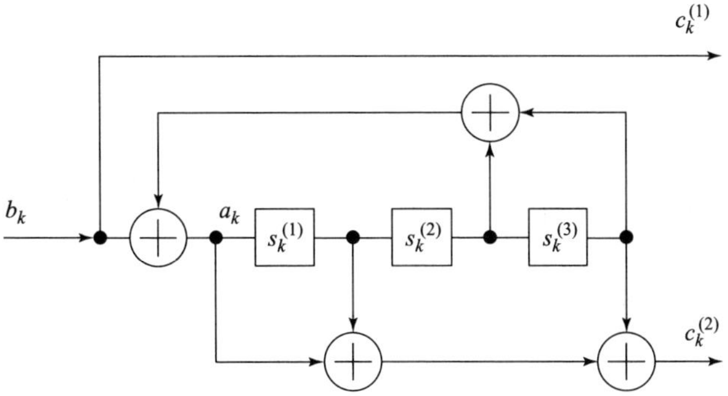

图8.15 $N_{\mathrm{in}}=1$和$N_{\mathrm{out}}=2$的递归系统卷积编码器

寄存器中的比特值称为状态，由于有L个寄存器，所以状态空间S包含2^L个元素（所有长度为L的二进制序列）。状态$\boldsymbol{s}_k$和输出$\boldsymbol{c}_k$取决于输入b_k和前一状态$\boldsymbol{s}_{k-1}$，因此有一个状态空间系统（见8.3.2.2节），函数$f_s(\cdot)$和$f_o(\cdot)$取决于反馈和前馈多项式。在图8.15的例子中，令$a_k=b_k+s_{k-1}^{(2)}+s_{k-1}^{(3)}$，有

$$\boldsymbol{s}_k=f_s(s_{k-1},b_k)=[a_k \quad s_{k-1}^{(1)} \quad s_{k-1}^{(2)}] \tag{8.57}$$

和

$$\boldsymbol{c}_k=f_o(s_{k-1},b_k)=[c_k^{(1)} \quad c_k^{(2)}] \tag{8.58}$$

式中：$c_k^{(1)}=b_k$；$c_k^{(2)}=a_k+s_{k-1}^{(1)}+s_{k-1}^{(3)}$。

- **终止**

卷积码的终止可以通过添加L个终止输入位$\boldsymbol{t}=[t_{N_b+1},\ \cdots,\ t_{N_b+L}]$实现。假设希望终止我们的编码，使得最终状态$\boldsymbol{s}_{N_b+L}$是全零状态。从状态$\boldsymbol{s}_{N_b}$，我们输入$t_{N_b+1}$，…，$t_{N_b+L}$，使得当输入$\boldsymbol{t}_{N_b+k}$时，$\boldsymbol{s}_{N_b+k}^{(k)}$一定变为零。这样，可以确保$\boldsymbol{s}_{N_b+L}$是全零状态。下面，仅仅讨论终止的卷积码。通过最后的LN_{out}个编码位打孔可以获得非终止的卷积码。

例8.2

让我们考虑一个简单的例子，寄存器的初值都是0：$\boldsymbol{s}_{\mathrm{start}}=[s_0^{(1)} \quad s_0^{(2)} \quad s_0^{(3)}]=$

[0 0 0]，$\boldsymbol{b}=[0\ \ 1\ \ 1\ \ 0]$。

时刻1：$b_1=0$ 是输入，那么 $a_1=b_1+s_0^{(2)}+s_0^{(3)}=0$，现在可得，$c_1^{(1)}=b_1=0$，$c_1^{(2)}=a_1+s_0^{(1)}+s_0^{(3)}=0$。最后，状态从 $\boldsymbol{s}_0=[0\ \ 0\ \ 0]$ 变到 $\boldsymbol{s}_1=[a_1\ \ 0\ \ 0]=[0\ \ 0\ \ 0]$。

时刻2：$b_2=1$ 是输入，那么 $a_2=b_2+s_1^{(2)}+s_1^{(3)}=1$，现在可得，$c_2^{(1)}=b_2=1$，$c_2^{(2)}=a_2+s_1^{(1)}+s_1^{(3)}=1$。最后状态从 $\boldsymbol{s}_1=[0\ \ 0\ \ 0]$ 变到 $\boldsymbol{s}_2=[a_2\ \ 0\ \ 0]=[1\ \ 0\ \ 0]$。

时刻3：$b_3=1$ 是输入，那么 $a_3=b_3+s_2^{(2)}+s_2^{(3)}$，现在可得，$c_3^{(1)}=b_3=1$，$c_3^{(2)}=a_3+s_2^{(1)}+s_2^{(3)}=0$。最后，状态从 $\boldsymbol{s}_2=[0\ \ 0\ \ 0]$ 变到 $\boldsymbol{s}_3=[a_3\ \ 1\ \ 0]=[1\ \ 1\ \ 0]$。

时刻4：$b_4=0$ 是输入，那么 $a_4=b_4+s_3^{(2)}+s_3^{(3)}=1$，现在可得，$c_4^{(1)}=b_4=0$，$c_4^{(2)}=a_4+s_3^{(1)}+s_3^{(3)}=0$。最后，状态从 $\boldsymbol{s}_3=[1\ \ 1\ \ 0]$ 变到 $\boldsymbol{s}_4=[a_4\ \ 1\ \ 1]=[1\ \ 1\ \ 1]$。

从状态 $\boldsymbol{s}_0=[0\ \ 0\ \ 0]$ 开始，我们把 $\boldsymbol{b}=[0\ \ 1\ \ 1\ \ 0]$ 编码成 $\boldsymbol{c}=[0\ \ 0\ \ 1\ \ 1\ \ 1\ \ 0\ \ 0\ \ 0]$。最终状态为 $\boldsymbol{s}_4=[1\ \ 1\ \ 1]$，这个卷积码是非终止的，读者可以通过给编码器提供参数 $\boldsymbol{t}=[0\ \ 0\ \ 1]$ 的验证将编码终止到 $\boldsymbol{s}_{\text{end}}=\boldsymbol{s}_{\text{start}}$。相应的输出是 [0 0 0 1 1 1]，并且与 $\boldsymbol{c}$ 连接。因此，对于一个终止码，有

$$[0\ \ 0\ \ 1\ \ 1\ \ 1\ \ 0\ \ 0\ \ 0\ \ 0\ \ 0\ \ 0\ \ 1\ \ 1\ \ 1]=f_c([0\ \ 1\ \ 1\ \ 0])$$

对最后 $LN_{\text{out}}=6$ 个编码比特打孔产生终止码序列 [0 0 1 1 1 0 0 0]。

8.6.2 因子图

与8.3.3节一样，打开节点 $p(\boldsymbol{C}\mid\boldsymbol{B},\mathcal{M})$ 并用 $p(\boldsymbol{C},\boldsymbol{S},\boldsymbol{T}\mid\boldsymbol{B},\mathcal{M})$ 的分解来代替它，其中，

$$\begin{aligned}&p(\boldsymbol{C}=\boldsymbol{c},\boldsymbol{S}=\boldsymbol{s},\boldsymbol{T}=\boldsymbol{t}\mid\boldsymbol{B}=\boldsymbol{b},\mathcal{M})\\&=\mathbb{I}(s_0,s_{\text{start}})\prod_{k=1}^{N_b}\mathbb{I}(s_k,f_s(s_{k-1},b_k))\,\mathbb{I}(\boldsymbol{c}_k,f_o(s_{k-1},b_k))\cdot\\&\underbrace{\prod_{l=N_b+1}^{N_b+L}\mathbb{I}(s_l,f_s(s_{l-1},t_l))\,\mathbb{I}(\boldsymbol{c}_l,f_o(s_{l-1},t_l))\,\mathbb{I}(s_{N_b+L},s_{\text{end}})}_{\text{终止部分}}\end{aligned}\qquad(8.59)$$

该例子中的卷积码相应的因子图如图8.16所示。注意，对于终止码 $N_c=N_{\text{out}}(N_b+L)$，而对于非终止码，从 $c_{N_{\text{out}}}(N_b+1)$ 到 $c_{N_{\text{out}}}(N_b+L)$ 的比

特被打孔，使得 $N_c = N_{\text{out}} N_b$。

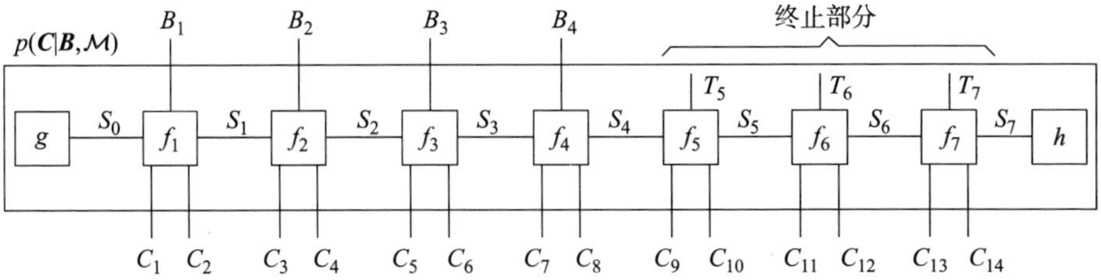

图 8.16 $N_{\text{in}} = 1$，$N_{\text{out}} = 2$ 的卷积码的因子图

图中：

$$g(s_0) = \mathbb{I}(s_0, s_{\text{start}}), h(s_{N_b+L}) = \mathbb{I}(s_{N_b+L}, s_{\text{end}}), f_k(s_{k-1}, s_k, b_k, c_{2k-1}, c_{2k})$$
$$= \mathbb{I}(s_k, f_s(s_{k-1}, b_k))\,\mathbb{I}([c_{2k-1}, c_{2k}], f_o(s_{k-1}, b_k))$$

8.6.3 基本组件

在图 8.16 的因子图中，我们看到两种类型的节点：标记为 f_k 的度为 5 的节点（一般化情况下，度为 $N_{\text{in}} + N_{\text{out}} + 2$），度为 1 的节点（$g$ 和 h）。

注意，边 B_k、C_k 和 T_k 上的消息是二元变量的函数，而边 S_k 上的消息是 S 上定义的变量的函数。请记住 $|S| = 2^L$，其中 L 是一比特寄存器的数量。因为接收机不知道终止比特，对所有的 k，有 $t_k \in \mathbb{B}$，$\mu_{T_k \to f_k}(t_k) = 1/2$，若编码是非终止的，从 $cN_{\text{out}}(N_b + 1)$ 到 $cN_{\text{out}}(N_b + L)$ 的比特被打孔，使得 $\mu_{C_{2k} \to f_k(C_{2k})} = 1/2 = \mu_{C_{2k-1} \to f_k(C_{2k-1})}(k > N_{\text{b}})$。

8.6.3.1 度为 1 的节点

1. 概率域

显然 $\boldsymbol{p}_g \to s_0$ 是大小为 2^L 的矢量，当 $s = s_{\text{start}}$ 时，$\boldsymbol{p}_g \to s_0(s)$ 等于 1，否则等于 0。同理，当 $s = s_{\text{end}}$ 时，$\boldsymbol{p}_{h \to S_{N_b+L}}(s)$ 等于 1，否则等于 0。

注意，对于一个非终止码，对所有 $s \in S$，$\boldsymbol{p}_{S_{N_b} \to f_{N_b}}(s) = 1/2^L$。换句话说，对于非终止的卷积码，图 8.16 中的终止部分可以忽略。

2. 对数域

在对数域，我们只是将概率域中的消息取对数。例如，当 $s = s_{\text{start}}$ 时，$\boldsymbol{L}_g \to s_0(s)$ 等于 0，否则等于 $-\infty$。

8.6.3.2 度为 5 的节点

我们将考虑 $N_{\text{in}} = 1$ 和 $N_{\text{out}} = 2$ 的示例，一般化的情形很容易推而广之。

1. 概率域

让我们考虑时刻 k，有

$$f_k(s_{k-1},s_k,b_k,c_{2k-1},c_{2k}) = \boxminus(s_k,f_s(s_{k-1},b_k))\,\boxminus([c_{2k-1}\quad c_{2k}],f_o(s_{k-1},b_k)) \tag{8.60}$$

对于终止码，在 $k>N_b$ 的条件下，用 t_k 替换 b_k。假设所有传入消息都是可用的，我们要计算所有的传出消息：$\boldsymbol{p}_{f_k\to B_k}$，$\boldsymbol{p}_{f_k\to C_{2k-1}}$，$\boldsymbol{p}_{f_k\to C_{2k}}$，$\boldsymbol{p}_{f_k\to s_k}$ 和 $\boldsymbol{p}_{f_k\to s_{k-1}}$。假设初始化 $\boldsymbol{p}_{f_k\to B_k}$，$\boldsymbol{p}_{f_k\to C_{2k-1}}$，$\boldsymbol{p}_{f_k\to C_{2k}}$，$\boldsymbol{p}_{f_k\to s_k}$ 和 $\boldsymbol{p}_{f_k\to s_{k-1}}$ 为全零矢量，由于输入 b_k 和当前状态 s_{k-1} 唯一确定输出 c_k 以及下一个状态 s_k，计算所有传出消息的最有效方式如算法 8.7 所示。

算法 8.7　卷积码：基本组件

for $s_{k-1}\in S$ **do**
　for $b_k\in\{0,1\}$ **do**
　　$s_k=f_s(s_{k-1},b_k)$
　　$[c_{2k-1}\quad c_{2k}]=f_o(s_{k-1},b_k)$
　　let $p_{B_k}=p_{B_k\to f_k(b_k)}$，$p_{C_{2k-1}}=\boldsymbol{p}_{C_{2k-1}\to f_k(C_{2k-1})}, p_{C_{2k}}=\boldsymbol{p}_{C_{2k}\to f_k(C_{2k})}$，
　　$ps_{k-1}=\boldsymbol{p}s_{k-1\to f_k(s_{k-1})}$，$ps_k=\boldsymbol{p}s_{k\to f_k(S_k)}$.
　　$\boldsymbol{p}_{f_k\to B_k(b_k)}=\boldsymbol{p}_{f_k\to B_k(b_k)}+p_{C_{2k-1}}p_{C_{2k}}ps_k ps_{k-1}$
　　$\boldsymbol{p}_{f_k\to C_{2k-1}(C_{2k-1})}=\boldsymbol{p}_{f_k-C_{2k-1}(C_{2k-1})}+p_{B_k}p_{C_{2k}}ps_k ps_{k-1}$
　　$\boldsymbol{p}_{f_k\to C_{2k}(C_{2k})}=\boldsymbol{p}_{f_k\to C_{2k}(C_{2k})}+p_{C_{2k-1}}p_{B_k}ps_k ps_{k-1}$
　　$\boldsymbol{p}_{f_k\to S_k(S_k)}=\boldsymbol{p}_{f_k\to S_k(S_k)}+p_{C_{2k-1}}p_{C_{2k}}p_{B_k}ps_{k-1}$
　　$p_{f_k\to S_{k-1}(S_{k-1})}=\boldsymbol{p}_{f_k\to S_{k-1}(S_{k-1})}+p_{C_{2k-1}}p_{C_{2k}}ps_k p_{B_k}$
　end for
end for
normalize $\boldsymbol{p}_{f_k\to B_k}$，$\boldsymbol{p}_{f_k\to C_{2k}}$，$\boldsymbol{p}_{f_k\to C_{2k-1}}$，$\boldsymbol{p}_{f_k\to S_k}$，and $\boldsymbol{p}_{f_k\to S_{2k-1}}$

2. 对数域

我们直接取概率域中消息的对数，分别将 × 替换为 +，+ 替换为 $M(\cdot)$。在将 $\boldsymbol{L}_{f_k\to B_k}$，$\boldsymbol{L}_{f_k\to C_{2k-1}}$，$\boldsymbol{L}_{f_k\to C_{2k}}$ 和 $\boldsymbol{L}_{f_k\to S_k}\boldsymbol{L}_{f_k\to S_{k-1}}$ 初始化为全负无穷矢量的条件下，算法 8.8 给出了最终得到的算法。

算法 8.8　卷积码：对数域的基本组件

for $s_{k-1}\in S$ **do**
　for $b_k\in\{0,1\}$ **do**
　　$s_k=f_s(s_{k-1},b_k)$

$[c_{2k-1} \quad c_{2k}] = f_o(s_{k-1},\ b_k)$

let $L_{B_k} = \boldsymbol{L}_{B_k \to f_k(b_k)}$, $L_{C_{2k-1}} = \boldsymbol{L}_{C_{2k-1} \to f_k(C_{2k-1})}, L_{C_{2k}} = \boldsymbol{L}_{C_{2k} \to f_k(C_{2k})}$,

$L_{S_{k-1}} = \boldsymbol{L}_{S_{k-1} \to f_k(S_{k-1})}$, $L_{S_k} = \boldsymbol{L}_{S_k \to f_k(S_k)}$.

$\boldsymbol{L}_{f_k \to B_k(b_k)} = \mathbb{M}\left(\boldsymbol{L}_{f_k \to B_k(b_k)},\ L_{C_{2k-1}} + L_{C_{2k}} + L_{s_k} + L_{s_{k-1}}\right)$

$\boldsymbol{L}_{f_k \to C_{2k-1}(C_{2k-1})} = \mathbb{M}\left(\boldsymbol{L}_{f_k \to C_{2k-1}(C_{2k-1})},\ L_{B_k} + L_{C_{2k}} + L_{s_k} + L_{s_{k-1}}\right)$

$\boldsymbol{L}_{f_k \to C_{2k}(C_{2k})} = \mathbb{M}\left(\boldsymbol{L}_{f_k \to C_{2k}(C_{2k})},\ L_{C_{2k-1}} + L_{B_k} + L_{S_k} + L_{S_{k-1}}\right)$

$\boldsymbol{L}_{f_k \to S_k(S_k)} = \mathbb{M}\left(\boldsymbol{L}_{f_k \to S_k(S_k)},\ L_{C_{2k-1}} + L_{C_{2k}} + L_{B_k} + L_{S_{k-1}}\right)$

$\boldsymbol{L}_{f_k \to S_{k-1}(S_{k-1})} = \mathbb{M}\left(\boldsymbol{L}_{f_k \to S_{k-1}(S_{k-1})},\ L_{C_{2k-1}} + L_{C_{2k}} + L_{S_k} + L_{B_k}\right)$

end for

end for

3. LLR 域

出于对计算复杂度的考虑，二值变量的消息通常表示为 LLR。除了 LLR 被转换为对数域矢量之外，该算法基本上与对数域算法相同。从 LLR 到对数域矢量的转换通常通过以下两种方式之一实现（这里重点研究 $\lambda_{B_k \to f_k}$；相同的方法用于 $\lambda_{C_{2k-1} \to f_k}$ 和 $\lambda_{C_{2k} \to f_k}$）。

（1）给定 $\lambda_{B_k \to f_k}$，令 $\boldsymbol{L}_{B_k \to f_k}(1) = \lambda_{B_k \to f_k}$ 和 $\boldsymbol{L}_{B_k \to f}(0) = 0$。

（2）给定 $\lambda_{B_k \to f_k}$，令 $\boldsymbol{L}_{B_k \to f_k}(1) = \lambda_{B_k \to f_k}/2$ 和 $\boldsymbol{L}_{B_k \to f_k}(0) = -\lambda_{B_k \to f_k}/2$。这使得我们能够写出 $\boldsymbol{L}_{B_k \to f_k}(b_k) = (2b_k - 1)\lambda_{B_k \to f_k}/2$。

在算法结束时，输出的对数域矢量可转换回 LLR，有

$$\lambda_{f_k \to B_k} = \boldsymbol{L}_{f_k \to B_k}(1) \to \boldsymbol{L}_{f_k \to B_k}(0)$$

8.6.4　卷积码的译码

由于卷积码是状态空间模型，因此译码是基于前向后向算法的。该算法最初是在文献［88］中推导出来的，称为 BCJR 算法（根据四位作者的名字命名）。完整的算法在算法 8.9 中给出。可以观察到其复杂度为 $O(N_b 2^L)$，并且对于非终止的编码，可以省略第 11～13 行。

算法 8.9　卷积码的译码

1：input：$\lambda_{B_k \to \mathrm{dec}}$，$k = 1, 2, \cdots, N_b$

2：input：$\lambda_{C_k \to \mathrm{dec}}$，$k = 1, 2, \cdots, N_c$

initialization:

$L_{g\to S_0(S_0)}=0$ when $s_0=s_{\text{start}}$ and $-\infty$ otherwise.

$L_{h\to S_{N_b+L}(S)}=0$ when $s=s_{\text{end}}$ and $-\infty$ otherwise

$L_{T_k\to f_k(t_k)}=0$, $t_k\in\mathbb{B}$, $\forall k>N_b$

$L_{C_{2k}\to f_k(c)}=0=L_{C_{2k-1}\to f_k(c)}$, $c\in\mathbb{B}$, $k>N_{\text{out}}N_b$ for an unterminated code set

$L_{f_k\to B_k}$, $L_{f_k\to T_k}$, $L_{f_k\to C_{2k}}$, $L_{f_k\to C_{2k-1}}$, $L_{f_k\to s_k}$, and $L_{f_k\to S_{k-1}}$ to all-minusinlinity vectors, $\forall K$.

for $k=1\sim(N_b+L-1)$ **do**

compute forward message $L_{f_k\to S_k}$ using Algorithm 8.8 (without lines 6, 7, 8, and 10)

compute backward message $L_{S_{N_b+L-k}\to f_{N_b+L-k}}$ using Algorithm 8.8 (without lines 6 -9)

end for

for $k=1\sim N_b$ **do**

compute messages $\lambda_{f_k\to B_k}$, $\lambda_{f_k\to C_{2k}}$, and $\lambda_{f_k\to C_{2k-1}}$ using Algorithm 8.8 (without lines 9 and 10)

end for

for $k=(N_b+1)\sim(N_b+L)$ **do**

compute messages $\lambda_{f_k\to C_{2k}}$, and $\lambda_{f_k\to C_{2k-1}}$ using Algorithm 8.8 (without lines 9 and 10)

end for

8.6.5 序列检测

尽管我们只考虑了卷积码的标准 SPA，当 $p(\boldsymbol{B},\ \boldsymbol{Y}=\boldsymbol{y}\mid\mathcal{M})$ 的因子图不包含环时，也可以将最大和算法（维特比算法）应用于 $\log p(\boldsymbol{B},\ \boldsymbol{Y}=\boldsymbol{y}\mid\mathcal{M})$ 的分解，这样得到可能性最大的序列：

$$\hat{\boldsymbol{b}}=\arg\max_{\boldsymbol{b}}\log p(\boldsymbol{B}=\boldsymbol{b}\mid\boldsymbol{Y}=\boldsymbol{y},\mathcal{M}) \tag{8.61}$$

根据 5.3.3.3 节，我们可以通过在对数域中运行 SPA 并用最大化操作替换$\mathcal{M}(\cdot)$ 找到最可能的序列。

请注意，对于 RA 码、LDPC 码和 Turbo 码（稍后我们会看到），$p(\boldsymbol{B},\ \boldsymbol{Y}=\boldsymbol{y}\mid\mathcal{M})$ 的因子图必然包含环，因此无法实现最佳序列检测。

8.7 Turbo 码

8.7.1 描述

我们将考虑两种最重要的 Turbo 码：并联卷积码（Parallel Concatenation of Convolutional Codes，PCCC）和串联卷积码（Serial Concatenation of Convolutional Codes，SCCC）。前者是 Berrou 等在 1993 年描述的最初形式 Turbo 码[3]，几年后 Benedetto 等引入了 Turbo 码[89]。与名字的含义一样，Turbo 码由两个卷积编码器连接组成，并由一个交织器分隔。

1. PCCC

在 PCCC 中，使用（$N_{\text{in}}=1$，$N_{\text{out}}=2$）的系统卷积编码器（$\text{CC}^{(\text{A})}$）编码信息序列 $\boldsymbol{b}$，产生码字 $\boldsymbol{c}^{(\text{A})}=f_c^{(\text{A})}(\boldsymbol{b})$。我们将以一种有趣的方式写出编码比特：

$$\boldsymbol{c}^{(\text{A})} = \left[d_1, c_3, \cdots, d_{N_b}, c_{3N_b}, \underbrace{c_{3N_b+1}, c_{3N_b+2}, \cdots, c_{3N_b+2L(A)}}_{\text{终止部分}}\right] \tag{8.62}$$

使得当 $k=1$，2，…，N_b 时，$d_k=b_k$（因为码是系统的）。最后的 $2L^{(\text{A})}$ 位对应于终止。与往常一样，对这最后的 $2L^{(\text{A})}$ 位打孔会产生非终止的编码。然后，我们交织信息比特 $\boldsymbol{e}=\pi(\boldsymbol{d})=\pi(\boldsymbol{b})$，并使用（$N_{\text{in}}=1$，$N_{\text{out}}=2$）的系统卷积编码器对该交织序列进行编码，这使得 $\boldsymbol{c}^{(\text{B})}=f_c^{(\text{B})}(\boldsymbol{e})=f_c^{(\text{B})}(\pi(\boldsymbol{b}))$，我们将编码比特按如下形式写出：

$$\boldsymbol{c}^{(\text{B})} = \left[c_1, c_2, c_4, c_5, \cdots, c_{3N_b-2}, c_{3N_b-1}, \underbrace{c_{3N_b+2L^{(\text{A})}+1}, \cdots, c_{3N_b+2L^{(\text{A})}+2L^{(\text{B})}}}_{\text{终止部分}}\right] \tag{8.63}$$

由于这个码是系统码，对于 $k=1$，2，…，N_b，$c_{3k-2}=e_k=b_{\pi(k)}$。我们可以再次选择对 $c^{(\text{B})}$ 中最后的 $2L^{(\text{B})}$ 位打孔以获得非终止的编码。最终的码字通过连接所有的编码比特，并丢弃比特 d_k，可得

$$\boldsymbol{c} = f_c(\boldsymbol{b}) \tag{8.64}$$

$$= \left[c_1, c_2, c_3, \cdots, c_{3N_b+2L^{(\text{A})}+2L^{(\text{B})}}\right] \tag{8.65}$$

其中，当 $\text{CC}^{(\text{A})}$（$\text{CC}^{(\text{B})}$）非终止时，将 $L^{(\text{A})}$（$L^{(\text{B})}$）设置为零。一般情况下，$f_c^{(\text{B})}(\cdot)=f_c^{(\text{A})}(\cdot)$，码率由下式给出：

$$r = \frac{N_b}{N_c} \tag{8.66}$$

$$r = \frac{1}{3} \frac{1}{1 + 2(L^{(A)} + L^{(B)})/N_b} \tag{8.67}$$

其中，根据编码器 A 或编码器 B 是否终止，$L^{(A)}$ 和 $L^{(B)}$ 可以为零。可以观察到，终止会导致码率损失变小。

2. SCCC

在 SCCC 中，再次使用（$N_{\text{in}} = 1$，$N_{\text{out}} = 2$）的系统卷积编码器编码信息序列 $\boldsymbol{b}$，这会生成长度为 $N^{(A)} = 2N_b + 2L^{(A)}$ 的码字 $\boldsymbol{d} = f_c^{(A)}(\boldsymbol{b})$，其中当编码器未终止时 $L^{(A)} = 0$。与 PCCC 相反，我们现在交织整个序列 $\boldsymbol{d}$，得到 $\boldsymbol{e} = \pi(\boldsymbol{d})$，我们使用（$N_{\text{in}} = 1$，$N_{\text{out}} = 2$）的系统卷积编码器将 $\boldsymbol{e}$ 编码为 $\boldsymbol{c} = f^{(B)}(\boldsymbol{e})$。码字具有长度 $N_c = 2N^{(A)} + 2L^{(B)}$，其中当第二个编码器非终止时，$L^{(B)} = 0$。因此，整体码率为

$$r = \frac{N_b}{N_c} \tag{8.68}$$

$$r = \frac{1}{4} \frac{1}{1 + 2(L^{(A)} + L^{(B)})/N_b} \tag{8.69}$$

8.7.2 因子图

1. PCCC

用下面的分解替换节点 $p(\boldsymbol{C} \mid \boldsymbol{B}, \mathcal{M})$：

$$\begin{aligned}
&p(\boldsymbol{C} = \boldsymbol{c}, \boldsymbol{D} = \boldsymbol{d}, \boldsymbol{E} = \boldsymbol{e}, \boldsymbol{C}^{(A)} = \boldsymbol{c}^{(A)}, C^{(B)} = \boldsymbol{c}^{(B)} \mid \boldsymbol{B} = \boldsymbol{b}, \mathcal{M} \\
&= \mathbb{I}(\boldsymbol{c}^{(A)}, f_C^{(A)}(\boldsymbol{b}))\, \mathbb{I}(\boldsymbol{c}^{(B)}, f_c^{(B)}(\boldsymbol{e})) \cdot \\
&\prod_{k=1}^{N_b} \mathbb{I}(d_k, c_{2k-1}^{(A)})\, \mathbb{I}(\boldsymbol{e}, \pi(\boldsymbol{d})) \cdot \\
&\prod_{k=1}^{N_b} \mathbb{I}(c_{3k-2}, c_{2k-1}^{(B)})\, \mathbb{I}(c_{3k-1}, c_{2k}^{(B)})\, \mathbb{I}(c_{3k}, c_{2k}^{(A)}) \cdot \\
&\underbrace{\prod_{k=1}^{2L^{(A)}} \mathbb{I}(c_{3N_b+k}, c_{2N_b+k}^{(A)}) \prod_{k=1}^{2L^{(B)}} \mathbb{I}(c_{3N_b+2L^{(A)}+k}, c_{2N_b+k}^{(B)})}_{\text{终止部分}}
\end{aligned} \tag{8.70}$$

相应的因子图如图 8.17 所示。

为了表示方便，省略变量 $\boldsymbol{c}_k^{(A)}$ 和 $\boldsymbol{c}_k^{(B)}$。设定这两个编码都是终止的，通过对对应于终止的编码比特打孔可以获得未终止码的因子图。

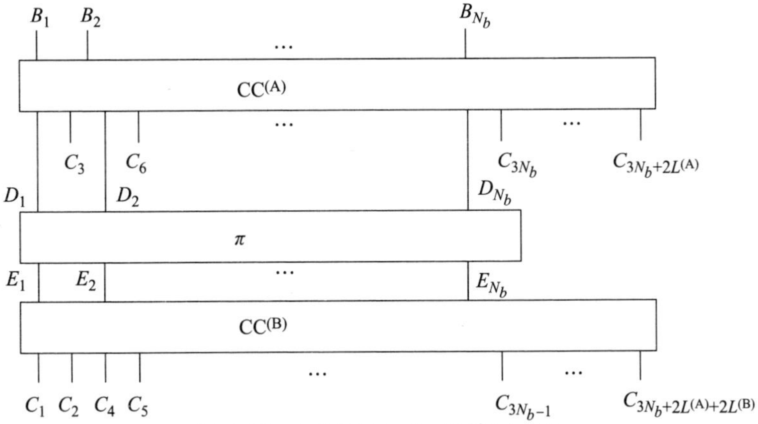

图 8.17 PCCC Turbo 码的因子图

2. SCCC

用以下分解替换节点 $p(\boldsymbol{C} \mid \boldsymbol{B}, \mathcal{M})$：

$$
\begin{aligned}
& p(\boldsymbol{C}=\boldsymbol{c}, \boldsymbol{D}=\boldsymbol{d}, \boldsymbol{E}=\boldsymbol{e} \mid \boldsymbol{B}=\boldsymbol{b}, \mathcal{M}) \\
& =\mathbb{I}(\boldsymbol{d}, f_c^{(\mathrm{A})}(\boldsymbol{b})) \, \mathbb{I}(\boldsymbol{e}, \pi(\boldsymbol{d})) \, \mathbb{I}(\boldsymbol{c}, f_c^{(\mathrm{B})}(\boldsymbol{e}))
\end{aligned} \tag{8.71}
$$

相应的因子图如图 8.18 所示。

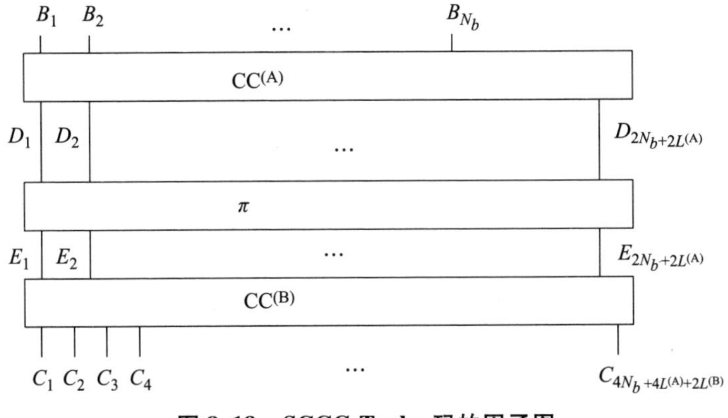

图 8.18 SCCC Turbo 码的因子图

设定这两个编码都是终止的。通过对对应于终止的编码比特打孔可以获得未终止码的因子图。

8.7.3 Turbo 码的译码

由于图 8.17 和图 8.18 中的因子图有环，SPA 是迭代的，所以使用以下迭代策略：

(1) 使用均匀分布初始化 E_k 边上的下行消息：$\boldsymbol{L}_{E_k \to \mathrm{CC}^{(\mathrm{B})}}=\mathbf{0}$（图 8.19）。

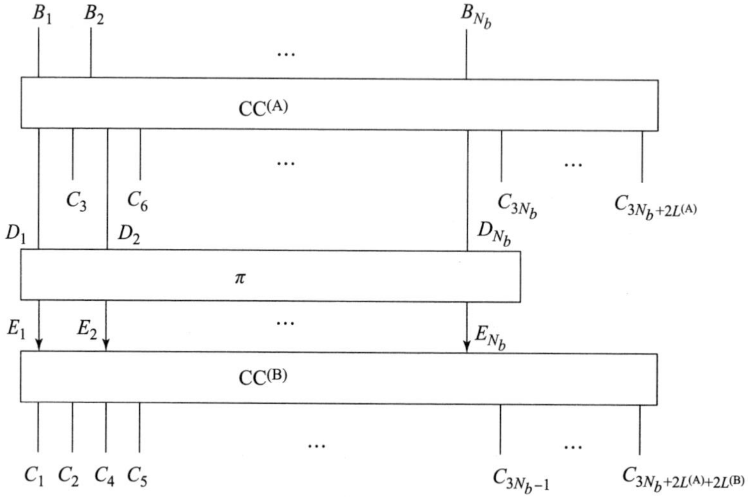

图 8.19　译码 Turbo 码：初始化

（2）使用算法 8.9 的译码 $CC^{(B)}$，得到上行消息 $\lambda_{CC^{(B)}\to E_k}$。

（3）解交织 E_k 边上的上行消息（图 8.20），得到上行消息 $\lambda_{D_k\to CC^{(A)}}$。

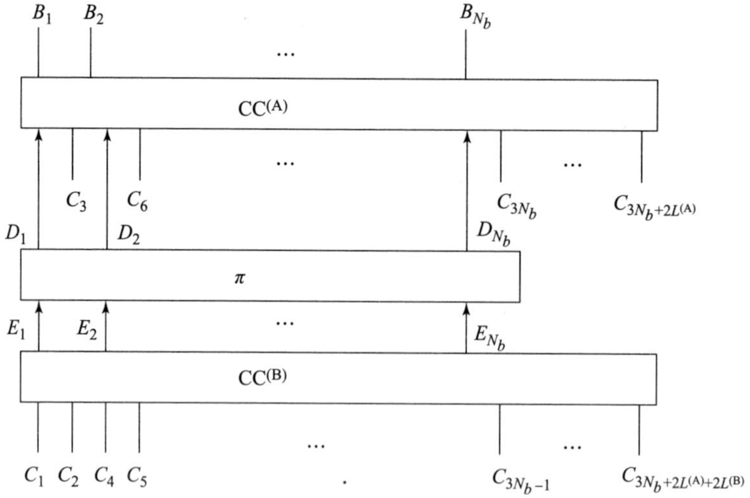

图 8.20　译码 Turbo 码：译码 $CC^{(B)}$ 之后的上行消息

（4）使用算法 8.9 的译码 $CC^{(A)}$，得到下行消息 $\lambda_{CC^{(A)}\to D_k}$。

（5）交织 D_k 边上的下行消息（图 8.21），得到下行消息 $\lambda_{E_k\to CC^{(B)}}$。转到步骤（2）。

算法 8.10 描述了 Turbo 码译码的完整算法。

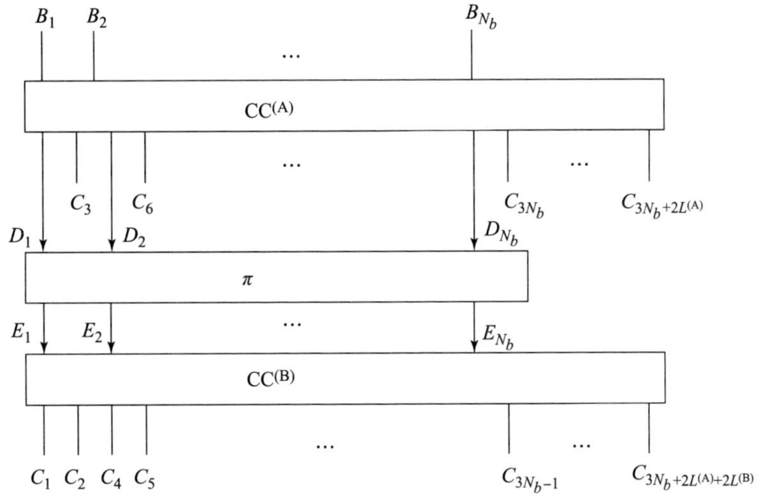

图 8.21　译码 Turbo 码：译码 $CC^{(A)}$ 后的下行消息

算法 8.10　PCCC/SCCC Turbo 码的译码

input：$\lambda_{B_k\to\mathrm{dec}}$，$k=1,2,\cdots,N_b$

input：$\lambda_{C_k\to\mathrm{dec}}$，$k=1,2,\cdots,N_c$

initialization

$\lambda_{E_k\to\mathrm{CC}^{(B)}}=0$，$\forall k$

for iter $=1\sim N_{\mathrm{iter}}$ **do**

decode convolutional code B using Algorithm 8.9. This yields $\lambda_{\mathrm{CC}^{(B)}\to E_k}$，$\forall k$

de-interleave the messages：$\lambda_{\pi\to D_k}=\lambda_{\mathrm{CC}^{(B)}\to E_{\pi(k)}}$，$\forall k$

decode convolutional code A using Algorithm 8.9. This yields $\lambda_{D_k\to\pi}$，$\forall k$

interleave the messages：$\lambda_{E_k\to\mathrm{CC}^{(B)}}=\lambda_{D_{\pi^{-1}(k)}\to\pi}$，$\forall k$

end for

8.8　性能阐述

让我们考虑一个 PCCC Turbo 码的例子，其中 $g_{\mathrm{FF}}(D)=1+D^4$，$g_{\mathrm{FB}}(D)=1+D+D^2+D^3+D^4$。第一个编码器是终止的；而第二个编码器不是终止的。我们设置 $N_b=330$，所以 $N_c=998$。使用 BPSK 调制，编码器之间的交织器是伪

随机的并且不同码字的都不一样。信道是 AWGN 信道，所以 $y_k = \sqrt{E_s} a_k + n_k$，其中，$n_k$ 是 iid、零均值并且$\mathbb{E}\{|N_k|^2\} = N_0$ 的复高斯随机变量，我们根据 BER 随 SNR 的变化评估性能。SNR 表示为 $E_b/N_0$①，其中 $E_b = E_s/(R\log_2|\Omega|)$，$R$ 表 示码率。

最终的性能如图 8.22 所示。随着迭代的进行，BER 下降了几个数量级。我们可以总结出 Turbo 码的三个 SNR 区域：低于 0，BER 相当高。在 0 以上，BER 突然下降。BER 突然下降处的 SNR 值称为**夹断点**（pinch-off point，在我们的例子中为 0）。在 0 以上，Turbo 码进入所谓的**瀑布区**（waterfall region），在这个区域 BER 随着迭代次数的增加而急剧下降。高于 2 dB 时，BER 变得更平坦。BER 平坦化的高 SNR 区域称为**误码平台区**（Error-Floor Region，EFR）。该区域的 BER 主要取决于 Turbo 码的汉明距离。作为参考，我们加进来未编码系统的 BER($R = 1$)。Turbo 码的性能增益非常明显。

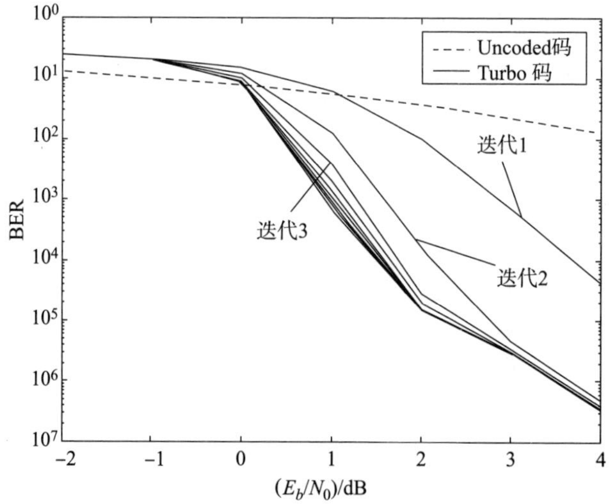

图 8.22　Turbo 码：以 SNR 作为自变量的 BER 的性能

观察每次迭代后的 BER 的增益。经过 4 次迭代后，增益可以忽略不计。作为参考，我们加入未编码系统的性能（其中 $E_s = E_b$）。

8.9　本章要点

在本章中，我们主要聚焦于通过打开表示函数 $p(\boldsymbol{C}|\boldsymbol{B},\mathcal{M})$ 的节点，

① SNR 可以用分贝（dB）表示，即 10logSNR。

并假设来自 C_k 边和 B_k 边的消息已知，以在得出的因子图上运行 SPA。我们介绍了 4 种纠错码。

（1）RA 码。RA 码其因子图由等效节点和度为 3 的校验节点以及交织器组成。RA 码因子图包含环，所以 SPA 是迭代的。

（2）LDPC 码。这种码基于稀疏奇偶校验矩阵，因子图同样由等效节点和校验节点组成。因子图包含环，SPA 是迭代的。

（3）卷积码。这种码基于状态空间模型，卷积码因子图是第 6 章中提出的变体，SPA 不是迭代的。当 $p(\boldsymbol{B}, \boldsymbol{Y}=\boldsymbol{y} \mid \mathcal{M})$ 的分解的因子图不包含环时，可以将最大和算法（维特比算法）应用于 $\log p(\boldsymbol{B}, \boldsymbol{Y}=\boldsymbol{y} \mid \mathcal{M})$ 以获得最佳序列检测。

（4）Turbo 码。连接由交织器隔开的两个卷积编码器就得到了 Turbo 码。Turbo 码因子图中两个卷积码的因子图相连，这也导致了环的存在，进而引出了一个迭代的 SPA。我们分别讨论了 PCCC 和 SCCC Turbo 码。

译码器需要消息 $\mu_{B_k \to \mathrm{dec}}(B_k)$，$\forall k$ 和 $\mu_{C_k \to \mathrm{dec}}(c_k)$，$\forall k$。消息 $\mu_{B_k \to \mathrm{dec}}(B_k)$ 是信息比特的先验分布，并假设为接收机已知。通过运行解映射节点上的 SPA 可以获得消息 $\mu_{C_k \to \mathrm{dec}}(C_k)$，它表示分布 $p(\boldsymbol{A} \mid \boldsymbol{C}, \mathcal{M})$。第 9 章将讨论如何计算这个消息。

第 9 章

解　映　射

9.1　概　　述

在第 8 章中，我们已经知道在分布 $p(\boldsymbol{B}, \boldsymbol{Y}=\boldsymbol{y} \mid \mathcal{M})$ 的因子图中（图 9.1）译码节点里消息是如何计算的。现在要解决第二个节点：解映射节点，它代表着分布 $p(\boldsymbol{A} \mid \boldsymbol{C}, \mathcal{M})$。其中，$\boldsymbol{C}$ 表示含有 N_c 个编码比特的序列，$\boldsymbol{A}$ 是 N_s 个编码符号的序列，其中的符号属于某个星座集 Ω（如 16-QAM）。通过映射编码比特到一个信号星座，可以调整系统的频谱效率：映射到任意一个星座点的比特越多，所需要传输的复数符号就越少。

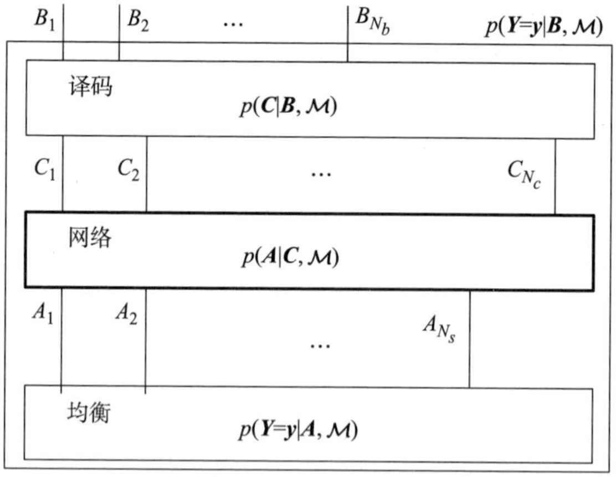

图 9.1　一个 $p(\boldsymbol{Y}=\boldsymbol{y} \mid \boldsymbol{B}, \mathcal{M})$ 因子图

（打开节点以显示其结构，加粗的节点框是这节的标题）

尽管存在许多不同的映射方案，但我们集中在两个常用的例子：比特交织编码调制（Bit-Interleaved Coded Modulation，BICM）和网格编码调制（Trellis-Coded Modulation，TCM）。前者由 Zehavi[90] 首次引入，并在之后被 Caire 等[91]详细分析。文献［92－94］说明发射机使用 BICM 会自然而然地引入迭代接收机。网格编码调制由 Ungerboeck 在文献［95］中提出，作为一种联合（卷积码）编码和映射获得可以进行最优序列检测接收机的方式。

本章内容安排如下：

- 9.2 节描述本章的主要目标。
- 9.3 节讨论 BICM，而 TCM 将在 9.4 节中讲解。对于两种调制方案，我们将描述在概率域、对数域和 LLR 域对应的解映射算法。
- BICM 的一个性能将在 9.5 节给出。

9.2 目　　标

本章有两个目标：首先，将用一个更详细的因子图替换掉图 9.1 中的节点 $p(\boldsymbol{A}|\boldsymbol{C},\mathcal{M})$，用什么样的因子图取决于具体的映射方案；然后，将展示 SPA 如何在得出的因子图中运行。我们会在概率域、对数域和 LLR 域推导解映射算法。

节点 $p(\boldsymbol{A}|\boldsymbol{C},\mathcal{M})$ 有来自译码块 $\mu_{C_k\to\mathrm{dem}}(C_k)$（和 $\mu_{\mathrm{dec}\to C_k}(C_k)$ 表示同一个消息）以及来自均衡块 $\mu_{A_k\to\mathrm{dem}}(A_k)$ 的消息。其中，“dem”表示解映射器节点。当消息 $\mu_{C_k\to\mathrm{dem}}(C_k)$ 由于因子图 $p(\boldsymbol{A}|\boldsymbol{C},\mathcal{M})$、$p(\boldsymbol{C}|\boldsymbol{B},\mathcal{M})$ 中有环而不可获得时，它们假设为在 $\boldsymbol{B}$ 上的均匀分布。为了帮助读者理解解映射算法，假设 $y_k=a_k+n_k$，其中 $n_k\sim N^C(0,\sigma^2)$，$p(\boldsymbol{Y}=\boldsymbol{y}|\boldsymbol{A}=\boldsymbol{a},\mathcal{M})\propto\prod_{k=1}^{N_c}\exp(-|y_k-a_k|^2/\sigma^2)$。这就意味着 $\mu_{A_k\to\mathrm{dem}}(a_k)\propto\exp(-|y_k-a_k|^2/\sigma^2)$。

9.3 比特交织编码调制

9.3.1 原理

比特交织编码调制（BICM）按照如下规则进行：N_c 编码比特序列被交织①，产生一个序列 $\boldsymbol{d}=\pi(\boldsymbol{c})$。在 $\boldsymbol{d}$ 中的比特被分为长度为 $m=\log_2|\Omega|$ 的连续块。第 k 个块被映射到星座图上的点 $a_k\in\Omega$，产生一个 $N_s=N_c/m$ 的编码

① BICM 的交织器与 RA 码或者 Turbo 码中的不一样，它是一个单独的交织器。

符号的序列 $\boldsymbol{a}$。映射 $\boldsymbol{B}_m \to \Omega$ 是使用映射函数 $\phi(\cdot)$ 得到的，则对于 $k=1$，2，…，N_c/m，有

$$a_k = \phi(d_{(k-1)m+1}, d_{(k-1)m+2}, \cdots, d_{km}) \tag{9.1}$$

图 9.2 展示了 16 – QAM 星座映射策略的一个例子。交织器确保当一个符号 a_k 受到信道或者噪声的极大影响时，不会导致在 $\boldsymbol{c}$ 中出现 m 个错误比特的序列。这在结合某些纠错码（如卷积码）使用时很关键，这些编码在应对突发错误方面捉襟见肘。

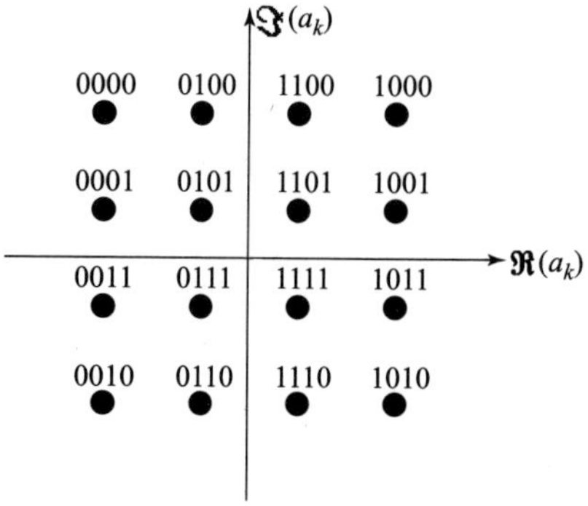

图 9.2　16 – QAM 的格雷映射

9.3.2　因子图

我们用以下 $p(\boldsymbol{A}, \boldsymbol{D} | \boldsymbol{C}, \mathcal{M})$ 的因式分解代替节点 $p(\boldsymbol{A} | \boldsymbol{C}, \mathcal{M})$，即

$$p(\boldsymbol{A}=\boldsymbol{a}, \boldsymbol{D}=\boldsymbol{d} \mid \boldsymbol{C}=\boldsymbol{c}, \mathcal{M}) = \prod_{k=1}^{N_s} \boxminus(a_k, \phi(\boldsymbol{d}_{(k-1)m+1:km})) \prod_{n=1}^{N_c} \boxminus(d_k, c_{\pi(k)}) \tag{9.2}$$

这里，我们用 $\boldsymbol{d}_{(k-1)m+1:km}$ 表示 $\boldsymbol{d}_{(k-1)m+1}$，$d_{(k-1)m+2}$，…，$d_{km}$。对应的因子图如图 9.3 所示。

9.3.3　基本组件

由于图 9.3 中的因子图由 N_s 个不相连的节点构成，只需要关注一种基本组件，也就是 $\boxminus(a_k, \varphi(\boldsymbol{d}_{(k-1)m+1:km}))$。让我们看看如何在这个节点上实现 SPA。

1. 概率域

假设已知传入消息 $\boldsymbol{p}_{D(k-1)m+n\to\varphi}$ ($n \in \{1, 2, \cdots, m\}$) 和 $\boldsymbol{p}_{Ak\to\varphi}$。注意，$\boldsymbol{p}_{D(k-1)m+n\to\varphi}$ 是一个二维矢量，而 $\boldsymbol{p}_{Ak\to\varphi}$ 是一个维度大小为 $|\Omega| = 2^m$ 的矢量。下

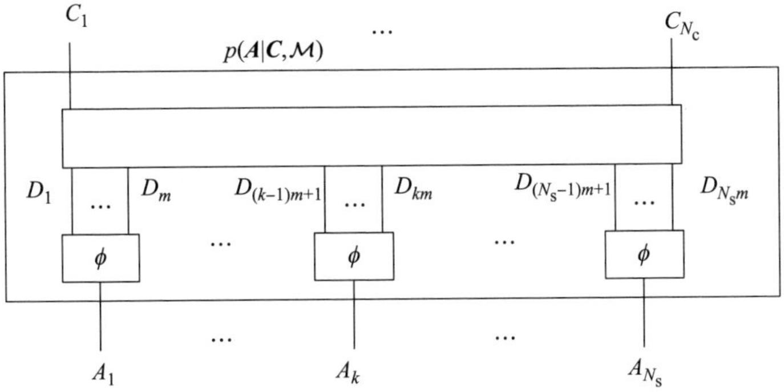

图 9.3　BICM 的一个因子图（节点 ϕ 表示映射约束 $\varphi(\boldsymbol{d}_{(k-1)m+1:km})$，并标记为 $\boldsymbol{\pi}$ 的节点代表函数⊟($\boldsymbol{d}$, $\boldsymbol{\pi}(\boldsymbol{c})$)）

面，给出在边 $D_{(k-1)m+n}$ 计算传出的消息：

$$\boldsymbol{p}_{\phi \to D_{(k-1)m+n}}(d) \propto \sum_{\tilde{\boldsymbol{d}} \in \mathbb{B}^m:\ \tilde{d}_n = d} \boldsymbol{p}_{A_k \to \phi}(\phi(\tilde{\boldsymbol{d}})) \prod_{l \neq n} \boldsymbol{p}_{D_{(k-1)m+l} \to \phi}(\tilde{d}_l) \tag{9.3}$$

第 n 个元素固定取值 $d \in \mathbb{B}$，计算其他长度为 m 的二进制序列的总和。边 A_k 上的传出消息为

$$\boldsymbol{p}_{\phi \to A_k}(a) \propto \prod_{n=1}^{m} \boldsymbol{p}_{D_{(k-1)m+n} \to \phi}([\phi^{-1}(a)]_n) \tag{9.4}$$

2. 对数域

用运算 + 代替运算 ×，用运算$\mathcal{M}$代替运算 +，可得

$$\boldsymbol{L}_{\phi \to D_{(k-1)m+n}}(d) = \mathbb{M}_{\tilde{\boldsymbol{d}} \in \mathbb{B}^m:\ \tilde{d}_n = d} \left(\boldsymbol{L}_{A_k \to \phi}(\phi(\tilde{\boldsymbol{d}})) + \sum_{l \neq n} \boldsymbol{L}_{D_{(k-1)m+n} \to \phi}(\tilde{d}_l) \right) \tag{9.5}$$

和

$$\boldsymbol{L}_{\phi \to A_k}(a) = \sum_{n=1}^{m} \boldsymbol{L}_{D_{(k-1)m+n} \to \phi}([\phi^{-1} a]_n) \tag{9.6}$$

3. LLR 域

给定消息（标量）$\lambda_{D_{(k-1)m+n} \to \phi}$（$n \in \{1, 2, \cdots, m\}$）以及矢量 $\boldsymbol{L}_{A_k \to \phi}$，可得

$$\begin{aligned}\lambda_{\phi \to D_{(k-1)m+n}} = & \mathbb{M}_{\tilde{\boldsymbol{d}} \in \mathbb{B}^m:\ \tilde{d}_n = 1} \left(\boldsymbol{L}_{A_k \to \phi}(\phi(\tilde{\boldsymbol{d}})) + \sum_{l \neq n} ⊟(\tilde{d}_l, 1) \lambda_{D_{(k-1)m+l} \to \phi} \right) - \\ & \mathbb{M}_{\tilde{\boldsymbol{d}} \in \mathbb{B}^m:\ \tilde{d}_n = 0} \left(\boldsymbol{L}_{A_k \to \phi}(\phi(\tilde{\boldsymbol{d}})) + \sum_{l \neq n} ⊟(\tilde{d}_l, 1) \lambda_{D_{(k-1)m+l} \to \phi} \right)\end{aligned} \tag{9.7}$$

和

$$L_{\phi \to A_k}(a) = \sum_{n=1}^{m} \boxminus([\phi^{-1}a]_n, 1)\lambda_{D_{(k-1)m+n} \to \phi}) \tag{9.8}$$

9.3.4 解映射算法

完整的 BICM 解映射算法在算法 9.1 中给出。

算法 9.1　BICM 解映射

input：$\lambda_{C_k \to \text{dem}}$，$k = 1, 2, \cdots, N_c$

input：$L_{A_k \to \text{dem}}$，$k = 1, 2, \cdots, N_s$

interleave the messages

　$\lambda_{D_{\pi(k)} \to \phi} = \lambda_{C_k \to \text{dem}}$，$\forall k$

for $k = 1 \sim N_s$ **do**

　　for $a \in \Omega$ **do**

　　　$L_{\phi \to A_k}(a) = \sum_{n=1}^{m} \boxminus([\phi^{(-1)}(a)]_n, 1)\lambda_{D_{(k-1)m+n} \to \phi}, \forall a \in \Omega$

　　end for

　　for $n = 1 \sim m$ **do**

　　　compute $\lambda_{\phi \to D_{(k-1)m+n}}$ using（9.7）

　　end for

end for

de-interleave the messages

　$\lambda_{C_k \to \text{dem}} = \lambda_{D_{\pi(k)} \to \phi}$，$\forall k$

9.3.5 与译码节点的交互

即使当译码节点本身没有闭环时，使用带有纠错码组合的 BICM 也总会产生解映射节点和译码节点之间的环。这种循环依赖性可以从式（9.7）看出：在边 $D_{(k-1)m+n}$的上行消息取决于边 $D_{(k-1)m+l}$，$l_1 = n$(除了在 BPSK 调制的情况中，这里 $m = 1$）的下行消息。因此，对于给定的来自均衡块的消息，$\mu_{A_k \to \phi}(a_k)$，$\forall k$，我们可以在解映射节点和译码节点之间迭代。这被称为具有迭代译码（BICM-ID）的比特交织编码调制。从译码器到解映射器的消息被初始化为均匀分布。如果译码节点有环，最终会得到一个双重迭代系统。例如，在具有 BICM 的 LDPC 码中，可以对每一个 BICM-ID 迭代内决定要执行的译码迭代次数。不同的调度策略可能会导致 BER 性能的差异。

9.4 网格编码调制

9.4.1 描述

网格编码调制（TCM）是一种联合卷积编码与映射技术，其译码器和解映射器的对应因子图都没有环。卷积码在 8.6 节已经讨论过，我们用一个 $N_{\text{in}}=1$ 的卷积编码开始。对于每一个时刻 k，编码器都有一个状态 $\boldsymbol{s}_{k-1}$。当输入 b_k 时，编码器会进入状态，则

$$\boldsymbol{s}_k = f_s(\boldsymbol{s}_{k-1}, b_k) \tag{9.9}$$

并且输出一个 N_{out} 比特的序列 $\boldsymbol{c}_k$：

$$\boldsymbol{c}_k = f_o(\boldsymbol{s}_{k-1}, b_k) \tag{9.10}$$

不同于 BICM 中交织编码比特，这里把 $\boldsymbol{c}_k$ 映射成一个编码符号 $a_k \in \Omega$，其中 $\log_2|\Omega| = N_{\text{out}}$，则

$$a_k = \phi(\boldsymbol{c}_k) \tag{9.11}$$

式中，$k=1, 2, \cdots, N_s$。

9.4.2 因子图

由于

$$p(\boldsymbol{A} = \boldsymbol{a} \mid \boldsymbol{C} = \boldsymbol{c}, \mathcal{M}) \prod_{k=1}^{N_s} \boxminus(a_k, \phi(\boldsymbol{c}_k)) \tag{9.12}$$

p（$\boldsymbol{C}|\boldsymbol{B}$，$\mathcal{M}$）节点能够被下面的因式分解所替代［式（8.59）］：

$$\begin{aligned} & p(\boldsymbol{C} = \boldsymbol{c}, \boldsymbol{S} = \boldsymbol{s}, \boldsymbol{T} = \boldsymbol{t}/\boldsymbol{B} = \boldsymbol{b}, \mathcal{M}) \\ & = \boxminus(s_0, s_{\text{start}}) \prod_{k=1}^{N_b} \boxminus(s_k, f_s(s_{k-1}, \boldsymbol{b}_k)) \boxminus(\boldsymbol{c}_k, f_o(s_{k-1}, \boldsymbol{b}_k)) \cdot \\ & \underbrace{\prod_{l=N_b+1}^{N_b+L} \boxminus(s_l, f_s(s_{l-1}, t_l)) \boxminus(\boldsymbol{c}_l, f_o(s_{l-1}, \boldsymbol{t}_l)) \boxminus(s_{N_b+L}, s_{\text{end}})}_{\text{终止部分}} \end{aligned} \tag{9.13}$$

译码和解映射节点的因子图如图 9.4 所示。请注意下面几点：

（1）这个因子图没有环。这是因为我们把比特序列 $\boldsymbol{c}_k$（而不是单个比特）考虑成了变量。

（2）变量 $\boldsymbol{c}_k$ 是 $\boldsymbol{B}^{N_{\text{out}}}$ 的元素，$N_{\text{out}} = \log_2|\Omega|$。

（3）当 $N_{\text{in}}=1$ 时，$N_s = N_b + L$。

（4）当一些编码序列 $\boldsymbol{c}_k$ 被打孔后，消息 $\mu_\varphi \to \boldsymbol{C}_k(\boldsymbol{c}_k)$ 变成均匀分布（如在一个非终止码中）。

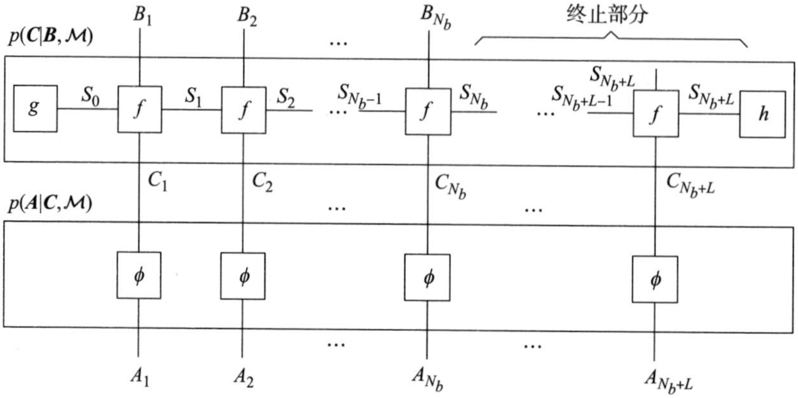

图 9.4　TCM 的一个因子图，$N_{\text{in}}=1$，$g(s_0)=(s_0,\ s_{\text{start}})$，$h(s_{N_b+L})=(s_{N_b+L},\ s_{\text{end}})$，$f(s_{k-1},\ s_k,\ b_k,\ c_k)=(s_k,\ f_s(s_{k-1},\ b_k))=(c_k,\ f_o(s_{k-1},\ b_k))$，这里 c_k 是一个长度为 N_{out} 的二进制序列，节点 ϕ 表示映射约束□（a_k，$\phi(c_k)$））

9.4.3　解映射算法

我们将仅关注图 9.4（标记为 ϕ）的映射器节点。卷积码上的 SPA 与我们在 8.6 节讨论的十分相似，唯一的区别就是将 $\boldsymbol{c}_k$ 看作是 $\boldsymbol{B}^{N_{\text{out}}}$ 的变量，而不是 N_{out} 二进制变量。这使得消息 $\boldsymbol{p}_\phi \to \boldsymbol{C}_k$ 和 $\boldsymbol{p}_{C_k\to\phi}$ 是维度为 $2^{N_{\text{out}}}$ 的矢量。

给定 $\boldsymbol{p}_{A_k\to\phi}$（一个长度 $2^{N_{\text{out}}}=|\Omega|$ 的矢量），$\boldsymbol{p}_\phi \to \boldsymbol{C}_k$（另一个长度 $2^{N_{\text{out}}}=|\Omega|$ 的矢量）由下式得出：

$$\boldsymbol{p}_\phi \to \boldsymbol{C}_k(\boldsymbol{c}_k) = \boldsymbol{p}_{A_k\to\phi}(\phi^{-1}(\boldsymbol{c}_k)) \tag{9.14}$$

类似地，有

$$\boldsymbol{p}_{\phi\to A_k}(a_k) = \boldsymbol{p}_{C_k\to\phi}(\phi(a_k)) \tag{9.15}$$

将它们变换到对数域是没有意义的。

9.4.4　序列检测

上面考虑了 TCM 的标准 SPA。当 $\log p(\boldsymbol{B},\ \boldsymbol{Y}=\boldsymbol{y} \mid \mathcal{M})$ 的因子图无环时，也能够应用最大和/维特比算法。最优检测序列为

$$\hat{\boldsymbol{b}} = \arg\max_{\boldsymbol{b}} \log p(\boldsymbol{B}=\boldsymbol{b} \mid \boldsymbol{Y}=y,\mathcal{M}) \tag{9.16}$$

鉴于在 5.3.3.3 节的观察，可以通过在对数域运行 SPA 并用 $\max(\cdot)$ 替换 $\mathcal{M}(\cdot)$ 得到最优检测序列。

9.5　性能阐述

让我们用带有生成器 $g_{FF}(D) = 1 + D^2$ 和 $g_{FB}(D) = 1 + D + D^2$ 的终止系统卷积码来评估 BICM 的性能，编码序列长度 $N_c = 240$。调制方式是带有非格雷映射的 8 - PSK（图 9.5）。比特交织器是伪随机的，输入是码字，输出依然是码字。信道是一个 AWGN 信道，因此 $y_k = \sqrt{E_s a_k} + n_k$，这里 n_k 满足 iid、复高斯、零均值且 $E\{|N_k|^2\} = N_0$。我们根据一定的 SNR 下的 BER 评估性能。SNR 用 E_b/N_0（dB 表示①）描述，其中 $E_b = E_s/(R \log_2 |\Omega|)$，$R$ 表示码率。BICM 的 SNR - BER 性能如图 9.6 所示。随着解映射器和译码器之间迭代次数的增加，BER 下降了几个数量级。

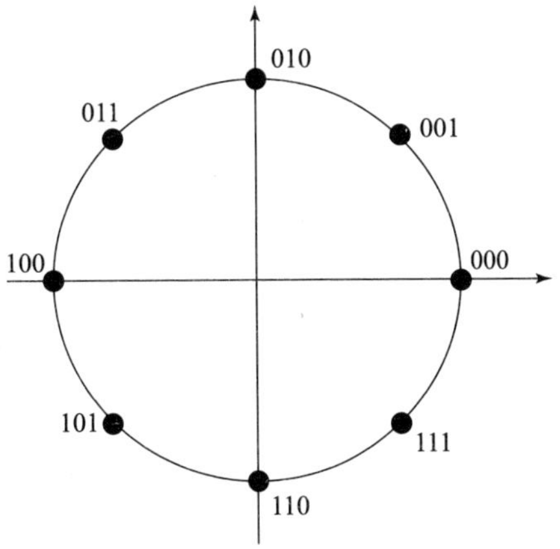

图 9.5　非格雷映射的 8 - PSK

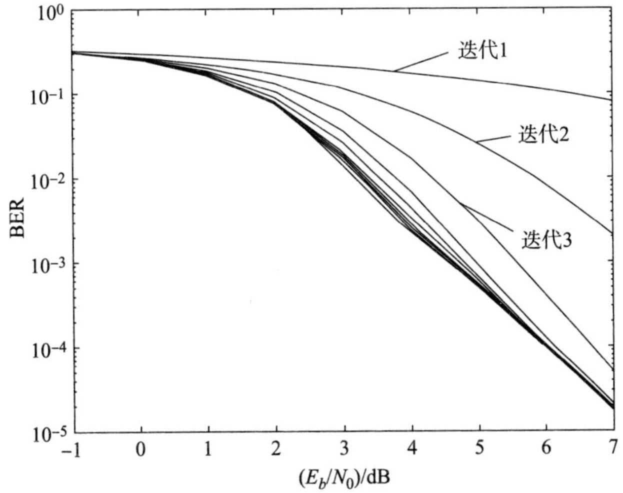

图 9.6　BICM 的 SNR - BER 性能

（观察每次迭代后误码率的下降，4 次迭代之后，下降可忽略不计）

---

① SNR 可以用分贝（dB）表示，即 10log SNR。

9.6 本章要点

本章讨论了两种重要的调制方式，得出了简洁的因子图。

（1）比特交织编码调制（BICM）。因子图由一个交织器节点和一组不相交的节点组成，每个节点将一组编码比特和单个编码符号相关联。结合纠错码，$p(\boldsymbol{A}|\boldsymbol{C}, \mathcal{M})p(\boldsymbol{C}|\boldsymbol{B}, \mathcal{M})$ 的因子图总是包含环，从而需要迭代的解映射算法。这个方案可以与第 8 章中的任何译码模块组合使用。

（2）网格编码调制（TCM）。网格编码调制将卷积码和映射组合，使 $p(\boldsymbol{A}|\boldsymbol{C}, \mathcal{M})p(\boldsymbol{C}|\boldsymbol{B}, \mathcal{M})$ 的因子图不包含环。若和一种传输方案同时使用使得 $p(\boldsymbol{B}, \boldsymbol{Y}=\boldsymbol{y}|\mathcal{M})$ 因子图是无环的，则可以在 $\log p(\boldsymbol{B}, \boldsymbol{Y}=\boldsymbol{y}|\mathcal{M})$ 上使用最大和算法得到最优的序列检测。

解映射节点需要消息 $\mu_{A_k \to \mathrm{dem}}(A_k)$，$\forall k$。这些消息是通过在均衡节点上执行 SPA 获得的，它们代表分布 $p(\boldsymbol{Y}=\boldsymbol{y}|\boldsymbol{A}, \mathcal{M})$。如何计算这些消息将是第 10 章的主题。

第 10 章

均衡：总体概述

10.1 概　　述

除译码与解映射外，基于因子图的接收机还需要一个均衡器。均衡器在均衡节点 $p(\boldsymbol{Y}=\boldsymbol{y}|\boldsymbol{A},\mathcal{M})$ 运用和积算法，如图 10.1 所示，其中，$\boldsymbol{a}$ 是未知的编码数据符号的序列，$\boldsymbol{y}$ 是已知观测。观测可通过对接收波形的适当处理获得。处理过程很大程度上取决于特定的通信场景（用户数量、天线数量等），相关的具体问题将在第 11 ~ 13 章解决。本章内容以文献［96 - 100］为基础讨论更一般化的均衡。

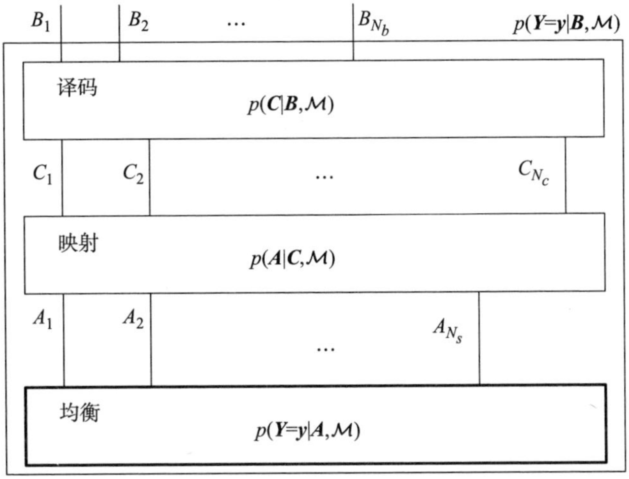

图 10.1　$p(\boldsymbol{Y}=\boldsymbol{y}|\boldsymbol{B},\mathcal{M})$ 的因子图
（打开节点揭示它的结构，加粗的节点是本章的主题）

观测 $\boldsymbol{y}$ 通常是数据符号 $\boldsymbol{a}$ 的非确定性函数。正如第 2 章所述，接收机收到的信号是经过物理信道传输并被噪声干扰过的，其取值可能不仅仅依赖于

N_s个所感兴趣的对应位数据符号。这里引出如下非常通用的观测 $\boldsymbol{y}$ 和编码符号 $\boldsymbol{a}$ 之间的关系：

$$\boldsymbol{y}=h(\boldsymbol{a},\tilde{\boldsymbol{a}})+\boldsymbol{n} \tag{10.1}$$

式中：$\boldsymbol{n}$ 为复高斯噪声矢量；$\tilde{\boldsymbol{a}}$ 表示除 $\boldsymbol{a}$ 外影响观测 $\boldsymbol{y}$ 的符号；$h(\cdot)$ 表示物理信道以及发送端和接收端的任何处理过程的变形。这个模型将会在本书的剩余部分多次出现，因此我们将会探究其对应的均衡过程是如何进行的。与前两章相同，我们在本章假设对于所有的 k，消息 $\mu_{A_k\to\mathrm{eq}}(A_k)$ 已知，并且致力于计算 $\mu_{\mathrm{eq}\to A_k}(A_k)$，这里的“eq”代表均衡器。

本章内容安排如下：

- 我们将在 10.2 节概述均衡问题。
- 在 10.3 节中，我们将描述一类通用的均衡方法，包括滑动窗均衡器、高斯均衡器和蒙特卡罗均衡器。
- 在 10.4 节我们给出关于均衡联合解映射和译码的简短论述。
- 性能展示在 10.5 节给出。

10.2 问题描述

我们考虑下述问题：复数序列 $\boldsymbol{a}=[a_1,a_2,\cdots,a_{N_s}]^{\mathrm{T}}$ 中，每个元素都属于一个有限集合 $\Omega\subset\mathbb{C}$。我们观测到一个复数矢量 $\boldsymbol{y}=[y_1,y_2,\cdots,y_{N_0}]^{\mathrm{T}}$，通过下式与 $\boldsymbol{a}$ 相关：

$$\boldsymbol{y}=h(\boldsymbol{a},\tilde{\boldsymbol{a}})+\boldsymbol{n} \tag{10.2}$$

式中：$\boldsymbol{h}:\Omega^{N_s}\times\Omega^{N_d}\to\mathbb{C}^{N_0}$ 是已知函数；$\tilde{\boldsymbol{a}}$ 是除 $\boldsymbol{a}$ 以外影响当前观测 $\boldsymbol{y}$ 的 N_d个其他符号；$\boldsymbol{n}$ 是 $N_0\times 1$ 的独立于 $\boldsymbol{a}$ 的矢量，服从分布 $\boldsymbol{n}\sim p_{\boldsymbol{N}}(\boldsymbol{n})$；星座集 Ω 满足 $\sum_{a\in\Omega}a=0$ 并且 $\sum_{a\in\Omega}|a|^2=|\Omega|$。

由式（10.2）可以看出，节点 $p(\boldsymbol{Y}=\boldsymbol{y}|\boldsymbol{A},\mathcal{M})$ 能被打开并被下述因式分解替代：

$$p(\boldsymbol{Y}=\boldsymbol{y},\tilde{\boldsymbol{A}}=\tilde{\boldsymbol{a}}|\boldsymbol{A}=\boldsymbol{a},\mathcal{M})=p_N(\boldsymbol{y}-h(\boldsymbol{a},\tilde{\boldsymbol{a}}))p(\tilde{\boldsymbol{A}}=\tilde{\boldsymbol{a}}) \tag{10.3}$$

式中，$\tilde{\boldsymbol{a}}$ 中的符号可能已知也可能未知。

我们用 $\prod_{k=1}^{N_d}p(\tilde{A}_k=\tilde{a}_k)$ 代替 $p(\tilde{A}=\tilde{a})$，其中 $p(\tilde{A}_k=\tilde{a}_k)$ 是均匀分布

（对于未知符号）或是离散狄拉克分布（对于已知符号）。为了表示方便，我们将 a 和 $\tilde{\boldsymbol{a}}$ 合成为用 $\boldsymbol{a}$ 表示的矢量，并且令 $\mu_{A_k \to \mathrm{eq}}(A_k)$ 表示我们不感兴趣的编码数据符号 a_k 的对应消息，其服从均匀分布或离散狄拉克分布，可得

$$\boldsymbol{y} = h(\boldsymbol{a}) + \boldsymbol{n} \tag{10.4}$$

式中，$\boldsymbol{a}$ 通常作为长度为 $N_s + N_d$ 的矢量，包括感兴趣的编码符号和额外符号。之后我们将不再分别描述 $\boldsymbol{a}$ 和 $[\boldsymbol{a},\ \tilde{\boldsymbol{a}}]$ 或 N_s 和 $N_s + N_d$ 之间的区别。

下面的例子将使得这一模型更加易懂：

例 10.1

令 $\boldsymbol{a}$ 是一段很长的数据流的一部分，对于 $n \in \mathbb{Z}$，有

$$y_n = \sum_{l=0}^{L-1} h_l a_{n-l} + n_n$$

式中：n_n 为独立同分布的零均值复高斯噪声样本；$E\{|N_n|^2\} = 2\sigma^2$。

假设 $\boldsymbol{y} = [y_1,\ y_2,\ \cdots,\ y_{N_s}]^{\mathrm{T}}$，$\boldsymbol{a} = [a_1,\ a_2,\ \cdots,\ a_{N_s}]^{\mathrm{T}}$ 且 $\tilde{\boldsymbol{a}} = [a_{-L+1},\ \cdots,\ a_0]^{\mathrm{T}}$，可以表示为

$$\boldsymbol{y} = \boldsymbol{H}\begin{bmatrix} \tilde{\boldsymbol{a}} \\ \boldsymbol{a} \end{bmatrix} + \boldsymbol{n}$$

式中：$\boldsymbol{H}$ 为一个托普利兹矩阵。

在某些情况下，$\tilde{\boldsymbol{a}}$ 中的符号是已知的，如当它们属于接收机已经正确译码的块时。在其他情况下，符号是未知的。正如我们所提到的：

$$\boldsymbol{y} = \boldsymbol{H}\boldsymbol{a} + \boldsymbol{n}$$

式中：$\boldsymbol{a}$ 是包含感兴趣的数据符号和任何其他已知或未知的符号的矢量。

10.3　均衡算法

10.3.1　概述

下面描述一系列一般场景下解决均衡问题的方法。根据传向解映射模块的消息 $\mu_{\mathrm{eq} \to A_k}(A_k)$ 是否准确，我们将这些方法分为准确的和近似的。不同的方法通常可以相互结合。

1. 准确算法

（1）SPA 均衡器。直接应用和积算法可以得出传向解映射单元的消息 $\mu_{\mathrm{eq} \to A_k}(A_k)$。计算复杂度与 $\boldsymbol{a}$ 的长度指数相关。

（2）结构化均衡器。打开节点 $p(\boldsymbol{Y} = \boldsymbol{y} \mid \boldsymbol{A},\ \mathcal{M})$ 并且利用潜在的结构以

更小的计算成本得出消息 $\mu_{\mathrm{eq}\to A_k}(A_k)$。

（3）SSM 均衡器。在某些情况下，利用结构可以自然而然地导出一个 SSM。使用前向后向算法，消息 $\mu_{\mathrm{eq}\to A_k}(A_k)$ 的计算复杂度可以与 $\boldsymbol{a}$ 的长度线性相关。

2. 近似算法

（1）滑动窗均衡器。不必考虑整体观测 $\boldsymbol{y}$，我们以一个合适的窗观测 y_k，并且在 $p(Y_k = y_k \mid A_k = a_k,\ \mathcal{M})$ 的基础上计算 $\mu_{\mathrm{eq}\to A_k}(A_k)$，这里 $\boldsymbol{a}_k$ 是 a_k 附近的窗。滑动窗均衡器在因子图上构造出了特有的结构，并降低了复杂度。

（2）蒙特卡罗均衡器。蒙特卡罗采样方法通过采样近似 $\mu_{\mathrm{eq}\to A_k}(A_k)$。复杂度与样本的数量呈线性关系。蒙特卡罗均衡器可以和结构化均衡器或滑动窗均衡器相结合。

（3）高斯/MMSE 均衡器。我们假设 a_k 是高斯的，只要 $\boldsymbol{y}$ 是 $\boldsymbol{a}$ 的线性函数，则消息 $\mu_{\mathrm{eq}\to A_k}(A_k)$ 就可以很直接地求解。算法的复杂度仅依赖于 $\boldsymbol{H}$ 的结构。高斯均衡器又称为 MMSE 均衡器。MMSE 均衡器可和结构化均衡器或滑动窗均衡器相结合。

我们将仅在概率域推导算法，得到的消息可以自然地转换到对数域。

10.3.2 和积算法均衡器

在从解调器输入的消息 $\mu_{A_l\to \mathrm{eq}}(A_l)$ $(l \neq k)$ 的基础上计算消息 $\mu_{\mathrm{eq}\to A_k}(A_k)$。使用 SPA，可得

$$\mu_{\mathrm{eq}\to A_k}(a_k) \propto \sum_{\sim\{a_k\}} p(Y = y \mid A = a, \mathcal{M}) \prod_{l\neq k} \mu_{A_l\to \mathrm{eq}}(a_l) \qquad (10.5)$$

1. 复杂度

对于任意的 $a_k \in \Omega$，式（10.5）的复杂度为 $O(|\Omega|^{N_s-1})$，因此所有消息 $\mu_{\mathrm{eq}\to A_k}(A_k)$ 的计算复杂度为 $O(|\Omega|^{N_s})$，这是每个符号的复杂度。由于在 $\boldsymbol{a}$ 中有 N_s 个符号，故整体复杂度为 $O(N_s|\Omega|^{N_s})$。

2. 消息的解释

正如我们在 5.3.2 节看到的，因为输入消息 $\mu_{A_l\to \mathrm{eq}}(A_l)$ 被归一化，我们可以将它们视为编码符号的（人为指定的）先验分布。然后引入人为的联合后验分布 $p(\boldsymbol{A} \mid \boldsymbol{Y} = \boldsymbol{y},\ \mathcal{M})$，其中符号 A_l 相互独立，先验分布是 $p(A_l = a_l) = \mu_{A_l\to \mathrm{eq}}(a_l)$。与 A_k 相关的人为分布的边缘可通过定义给出，即

$$p(\boldsymbol{A_k} = \boldsymbol{a} \mid \boldsymbol{Y} = \boldsymbol{y}, \mathcal{M}) = \sum_{a;a_k=a} p(\boldsymbol{A} = \boldsymbol{a} \mid \boldsymbol{Y} = \boldsymbol{y}, \mathcal{M}) \qquad (10.6)$$

$$p(\boldsymbol{A_k} = \boldsymbol{a} \mid \boldsymbol{Y} = \boldsymbol{y}, \mathcal{M}) = \propto \sum_{a:a_k=a} p(\boldsymbol{Y} = \boldsymbol{y} \mid \boldsymbol{A} = \boldsymbol{a}, \mathcal{M}) p(A = a) \tag{10.7}$$

$$p(\boldsymbol{A_k} = \boldsymbol{a} \mid \boldsymbol{Y} = \boldsymbol{y}, \mathcal{M}) = \sum_{a:a_k=a} p(\boldsymbol{Y} = \boldsymbol{y} \mid \boldsymbol{A} = \boldsymbol{a}, \mathcal{M}) \prod_l p(A_l = a_l) \tag{10.8}$$

$$p(\boldsymbol{A_k} = \boldsymbol{a} \mid \boldsymbol{Y} = \boldsymbol{y}, \mathcal{M}) \propto \mu_{A_k \to \mathrm{eq}}(a) \mu_{\mathrm{eq} \to A_k}(a) \tag{10.9}$$

在最后一步中我们使用了式（10.5）。注意，当因子图无环时，式（10.9）是 A_k 的实际后验分布。当因子图有环时，式（10.9）是当前对 A_k 实际后验分布的近似（置信水平）①。在许多论文中，消息 $\mu_{\mathrm{eq} \to A_k}(A_k)$ 被称作 A_k 的外部概率（extrinsic probability），因此式（10.9）可表示为

后验概率∝先验概率×外部概率

在推导均衡器时这个关系是很有用的。特别地，对于蒙特卡罗和高斯均衡器，通过首先计算（人为的）边缘后验概率分布 $p(\boldsymbol{A_k} \mid \boldsymbol{Y} = \boldsymbol{y},\ \mathcal{M})$，将各个编码符号视为独立的且具有先验分布 $\mu_{A_l \to \mathrm{eq}}(A_l)$，$\forall l$，能够确定消息 $\mu_{\mathrm{eq} \to A_k}(A_k)$。得到 $p(\boldsymbol{A_k} \mid \boldsymbol{Y} = \boldsymbol{y},\ \mathcal{M})$ 后，对其除以 $\mu_{A_k \to \mathrm{eq}}(A_k)$ 并进行归一化，就可以算出 $\mu_{\mathrm{eq} \to A_k}(A_k)$。

10.3.3　结构化均衡器

在许多情形下，节点 $p(\boldsymbol{Y} = \boldsymbol{y} \mid \boldsymbol{A},\ \mathcal{M})$ 能被打开以显示出其隐含的结构。一个普遍的情形是 $p(\boldsymbol{Y} = \boldsymbol{y} \mid \boldsymbol{A},\ \mathcal{M})$ 能被因式分解为符号 A_k 的函数或者符号的小块。换句话说，存在因式分解：

$$p(\boldsymbol{Y} = \boldsymbol{y} \mid \boldsymbol{A}, \mathcal{M}) \propto \prod_{n=1}^{N_p} f_n(A_{S_n}, y) \tag{10.10}$$

式中：A_{S_n} 表示 $\boldsymbol{A}$ 中落入集合 S_n 的元素；集合 S_n 是互斥的。

计算输出消息 $\mu_{\mathrm{eq} \to A_k}(A_k)$（$k \in S_m$），对于某些 m，可得

$$\mu_{\mathrm{eq} \to A_k}(a_k) \propto \sum_{\sim\{a_k\}} p(Y = y \mid A = a, \mathcal{M}) \prod_{l \neq k} \mu_{A_l \to \mathrm{eq}}(a_l) \tag{10.11}$$

$$\mu_{\mathrm{eq} \to A_k}(a_k) \propto \sum_{\sim\{a_k\}} f_m(A_{S_m} = a_{S_m}, y) \prod_{l \in S_m, l \neq k} \mu_{A_l \to \mathrm{eq}}(a_l) \tag{10.12}$$

从而，将复杂度从每数据符号 $O(|\Omega|^{N_s})$ 减少至每数据符号 $O(|\Omega|^{|S_m|})$，有时 $p(\boldsymbol{Y} = \boldsymbol{y} \mid \boldsymbol{A},\ \mathcal{M})$ 的因式分解可能更复杂，见 10.3.4 节关于 SSM 均衡器的一个例子。

---

① 随着迭代的进行，这个近似会出现变化（因为消息 $\mu_{A_l \to \mathrm{eq}}(A_l)$ 变化了），并且（我们期望它）近似的准确度能够提升。

• 复杂度

整体复杂度基本依赖于函数 $h(\cdot)$ 的结构，并且其范围上至 $O(N_s|\Omega|^{N_s})$，下至 $O(N_s)$。

例 10.2

考虑观测：

$$\boldsymbol{y}=\boldsymbol{H}\boldsymbol{a}+\boldsymbol{n}$$

式中：$\boldsymbol{y}$ 是 $N_s\times 1$ 矢量；$n\sim N_n^C(0,\ 2\sigma^2 I_{N_s})$，有

$$\boldsymbol{H}=\begin{bmatrix} h_1 & 0 & \cdots & 0 \\ 0 & h_2 & \cdots & 0 \\ \vdots & \vdots & & \vdots \\ 0 & 0 & \cdots & h_{N_s} \end{bmatrix}$$

然后，能够如下因式分解 $p(\boldsymbol{Y}=\boldsymbol{y}|\boldsymbol{A},\ \mathcal{M})$：

$$\begin{aligned} p(\boldsymbol{Y}=\boldsymbol{y}|\boldsymbol{A},\ \mathcal{M}) &\propto \exp\left(-\frac{1}{2\sigma^2}\|\boldsymbol{y}-\boldsymbol{H}\boldsymbol{a}\|^2\right) \\ &=\prod_{n=1}^{N_s}\exp\left(-\frac{1}{2\sigma^2}|y_n-h_n a_n|^2\right) \end{aligned}$$

计算消息 $\mu_{\mathrm{eq}\to A_k}(A_k)$：

$$\begin{aligned} \mu_{\mathrm{eq}\to A_k}(a_k) &\propto \sum_{\sim\{a_k\}} p(\boldsymbol{Y}=\boldsymbol{y}|\boldsymbol{A}=\boldsymbol{a},\mathcal{M})\prod_{l=1,l\neq k}^{N_s}\mu_{A_l\to\mathrm{eq}}(a_l) \\ &\propto \exp\left(-\frac{1}{2\sigma^2}|y_k-h_k a_k|^2\right) \end{aligned}$$

10.3.4 状态空间模型均衡器

一个重要的特殊的结构是 SSM。观测 $\boldsymbol{y}$ 和数据符号 $\boldsymbol{a}$ 如下相关①：

$$y_k=h_k(a_k,a_{k-1},\cdots,a_{k-L+1})+n_k \tag{10.13}$$

式中：噪声样本 n_k 是独立同分布的复高斯；$E\{|N_k|^2\}=2\sigma^2$，我们将 L 记为**信道长度**（channel length）。

假设有观测 $\boldsymbol{y}=[y_1,\ y_2,\ \cdots,\ y_{N_s+L-1}]^{\mathrm{T}}$，其中 a_k 中 $k<1$ 和 $k>N_s$ 的数据符号是未知的。式（10.13）可以转化为转移-输出 SSM：$k-1$ 时刻的状态表示成 $s_{k-1}=[a_{k-1},\ \cdots,\ a_{k-L+1}]\in\Omega^{L-1}$，更新方程为

$$s_k=f_s(s_{k-1},a_k) \tag{10.14}$$

① 特别地，有 $y_k=\sum_{l=0}^{L-1}h_l a_{k-l}+n_k$。

$$s_k = [a_k[s_{k-1}]_{1:L-2}] \tag{10.15}$$

式中：$[s_{k-1}]_{1:L-2}$表示长度为 $L-2$ 的矢量，包括在 s_{k-1} 中的第一个到倒数第二个元素，则

$$y_k = h_k(a_k, [s_{k-1}]_1, [s_{k-1}]_2, \cdots, [s_{k-1}]_{L-2}) + n_k \tag{10.16}$$

式中：$[s_{k-1}]_i$是在 $s_{k-1} = [[s_{k-1}]_1, \cdots, [s_{k-1}]_{L-1}]$ 中的第 i 个元素。

SSM 使得我们可以使用 $p(\boldsymbol{Y}=\boldsymbol{y}, \boldsymbol{S} \mid \boldsymbol{A}, \mathcal{M})$ 因式分解去替代节点 $p(\boldsymbol{Y}=\boldsymbol{y} \mid \boldsymbol{A}, \mathcal{M})$：

$$p(\boldsymbol{Y}=\boldsymbol{y}, \boldsymbol{S}=\boldsymbol{s} \mid \boldsymbol{A}=\boldsymbol{a}, \mathcal{M}) = p(\boldsymbol{Y}=\boldsymbol{y} \mid \boldsymbol{S}=\boldsymbol{s}, \boldsymbol{A}=\boldsymbol{a}, \mathcal{M}) p(\boldsymbol{S}=\boldsymbol{s} \mid \boldsymbol{A}=\boldsymbol{a}, \mathcal{M}) \tag{10.17}$$

$$p(\boldsymbol{Y}=\boldsymbol{y}, \boldsymbol{S}=\boldsymbol{s} \mid \boldsymbol{A}=\boldsymbol{a}, \mathcal{M}) \propto \prod_{k=1}^{N_s+L-1} =(s_k, f_s(s_{k-1}, a_k)) p(Y_k = y_k \mid S_{k-1}=s_{k-1}, A_k=a_k, \mathcal{M}) \tag{10.18}$$

相应的因子图如图 10.2 所示。给定消息 $\mu_{A_l \to \text{eq}}(A_l)$，我们能够在图上运行 6.3 节的前向后向算法，得到 $\mu_{\text{eq} \to A_k}(A_k)$。注意，$k > N_s$ 的消息 $\mu_{S_0 \to f}(s_0)$，$\mu_{S_{N_s+L} \to f}(s_{N_s+L})$ 和 $\mu_{A_k \to \text{eq}}(A_k)$ 在它们相应的域上都是均匀分布的。在状态空间模型的因子图上 SPA 的整体复杂度为 $O(N_s |\Omega|^L)$。

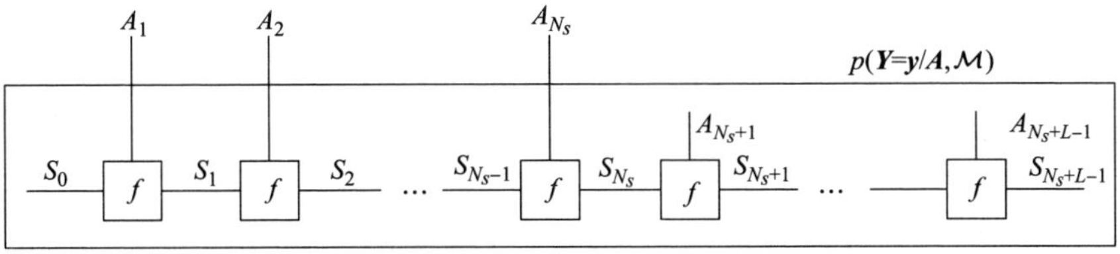

图 10.2　$p(\boldsymbol{Y}=\boldsymbol{y} \mid \boldsymbol{A}, \mathcal{M})$ 的因子图（节点被打开以揭示它的结构，此处 $f(s_{k-1}, s_k, a_k) = (s_k, f_s(s_{k-1}, a_k))\ p(Y_k = y_k \mid S_{k-1} = s_{k-1}, A_{k=a_k}, \mathcal{M}))$

10.3.5　滑动窗均衡器

在许多均衡问题中，对于实际的实现，结构化方法可能复杂度仍然过高。在这样的情况下，滑动窗是一种有用的办法。我们再次聚焦模型：

$$y_k = h_k(a_k, a_{k-1}, \cdots, a_{k-L+1}) + n_k \tag{10.19}$$

式中，允许整体噪声矢量 $\boldsymbol{n} \sim N_n^C(0, \boldsymbol{\Sigma})$（不是必须为独立同分布）。

假设我们希望计算传给解映射器的消息 $\mu_{\text{eq} \to A_k}(A_k)$，则

$$\mu_{\text{eq} \to A_k}(a_k) \propto \sum_{\sim \{a_k\}} p(\boldsymbol{Y}=\boldsymbol{y} \mid \boldsymbol{A}=\boldsymbol{a}, \mathcal{M}) \prod_{l \neq k} \mu_{A_l \to \text{eq}}(a_l) \tag{10.20}$$

在 $\boldsymbol{y}$ 中选择长度为 W 的合适的段或窗 $\boldsymbol{y}_k$，则近似式（10.20）可改写为

$$\mu_{\text{eq}\to A_k}(a_k) \propto \sum_{\sim\{a_k\}} p(Y_k = y_k | A = a, \mathcal{M}) \prod_{l\neq k} \mu_{A_l\to\text{eq}}(a_l) \tag{10.21}$$

窗长度的选择应保证其包含了大部分与 a_k 相关的观测。根据式(10.19)，$p(\boldsymbol{Y_k}=\boldsymbol{y_k}|\boldsymbol{A}=\boldsymbol{a},\ \mathcal{M})=p(\boldsymbol{Y_k}=\boldsymbol{y_k}|\boldsymbol{A_k}=\boldsymbol{a_k},\ \mathcal{M})$，其中，$a_k$ 是在 a 中的长度为 $W+L-1$ 的窗，则

$$\mu_{\text{eq}\to A_k}(a_k) \propto \sum_{a_k:a_k} p(Y_k = y_k | A_k = a_k, \mathcal{M}) \prod_{l\neq k} \mu_{A_l\to\text{eq}}(a_l) \tag{10.22}$$

接收机设计中要选择合适的窗，使得接收机性能良好且计算复杂度能够显著减少。

- **复杂度**

在这样的因子图上和积算法的整体复杂度为 $O(N_s|\Omega|^{W+L-1})$。通过将滑动窗均衡器和蒙特卡罗或高斯/MMSE 均衡器结合，复杂度将可以进一步降低。

例 10.3【线性模型的滑动窗均衡器】

观察模型：

$$y_k = \alpha a_k + \beta a_{k-1} + n_k$$

式中：$\alpha=0.01$，$\beta=1$，噪声样本 n_k 是独立同分布零均值的复高斯；$E\{|N_k|^2\}=2\sigma^2$。

对应于长度 $L=2$ 的信道，观测到 $\boldsymbol{y}=[y_1\ \ y_2\ \ y_3\ \ y_4\ \ y_5]^{\mathrm{T}}$，则

$$\boldsymbol{y}=\boldsymbol{Ha}+\boldsymbol{n}$$

式中：$\boldsymbol{H}$ 为托普利兹矩阵。

进一步地，有

$$\begin{bmatrix} y_1\\ y_2\\ y_3\\ y_4\\ y_5 \end{bmatrix} = \begin{bmatrix} \beta & \alpha & 0 & 0 & 0 & 0\\ 0 & \beta & \alpha & 0 & 0 & 0\\ 0 & 0 & \beta & \alpha & 0 & 0\\ 0 & 0 & 0 & \beta & \alpha & 0\\ 0 & 0 & 0 & 0 & \beta & \alpha \end{bmatrix} \begin{bmatrix} a_0\\ a_1\\ a_2\\ a_3\\ a_4\\ a_5 \end{bmatrix} + \begin{bmatrix} n_1\\ n_2\\ n_3\\ n_4\\ n_5 \end{bmatrix}$$

假设我们感兴趣的是 $N_s=4$ 的编码符号 $[a_1\ \ a_2\ \ a_3\ \ a_4]^{\mathrm{T}}$ 并且希望计算 $\mu_{\text{eq}\to A_k}(A_k)$ ($k=1$，2，3，4)。符号 a_0 和 a_5 是未知的，因此设置对于 $k=0$ 和 $k=5$，$\mu_{A_k\to\text{eq}}(A_k)$ 是均匀分布。回顾一下，SPA 整体复杂度是 $O(N_s|\Omega|^{N_s+L})$，变换到 SSM 后的整体复杂度为 $O(N_s|\Omega|^{L})$。

为了估计 $\mu_{\text{eq}\to A_k}(A_k)$，其中 $k=1$，2，3，4，可以选择不同的窗。如：

(1) $\boldsymbol{y}_k=\boldsymbol{y}_k$，使得

$$y_k = [\beta\alpha]\begin{bmatrix} a_{k-1} \\ a_k \end{bmatrix} + n_k$$

因此，有

$$\boldsymbol{a}_k = \begin{bmatrix} a_{k-1} \\ a_k \end{bmatrix}$$

根据 SPA 规则，有

$$\mu_{\mathrm{eq}\to A_k}(a_k) \propto \sum\nolimits_{a_{k-1}\in\Omega} p(Y_k = y_k | A_k = a_k, \mathcal{M})\mu_{A_{k-1}\to\mathrm{eq}}(a_{k-1})$$

（2）$\boldsymbol{y}_k = \boldsymbol{y}_{k+1}$，使得

$$\boldsymbol{y}_k = [\beta \quad \alpha]\begin{bmatrix} a_k \\ a_{k+1} \end{bmatrix} + n_{k+1}$$

因此，有

$$\boldsymbol{a}_k = \begin{bmatrix} a_k \\ a_{k+1} \end{bmatrix}$$

根据 SPA 规则，有

$$\mu_{\mathrm{eq}\to A_k}(a_k) \propto \sum\nolimits_{a_{k+1}\in\Omega} p(Y_k = y_k | A_k = a_k, \mathcal{M})\mu_{A_{k+1}\to\mathrm{eq}}(a_{k+1})$$

（3）$\boldsymbol{y}_k = \boldsymbol{y}_k$，使得

$$\boldsymbol{y}_k = \begin{bmatrix} y_k \\ y_{k+1} \end{bmatrix}$$

则

$$\boldsymbol{y}_k = \begin{bmatrix} \beta & \alpha & 0 \\ 0 & \beta & \alpha \end{bmatrix}\begin{bmatrix} a_{k-1} \\ a_k \\ a_{k+1} \end{bmatrix} + \begin{bmatrix} n_k \\ n_{k+1} \end{bmatrix}$$

因此，有

$$\boldsymbol{a}_k = \begin{bmatrix} a_{k-1} \\ a_k \\ a_{k+1} \end{bmatrix}$$

根据 SPA 规则，有

$$\mu_{\mathrm{eq}\to A_k}(a_k) \propto \sum\nolimits_{(a_{k-1},a_{k+1})\in\Omega^2} p(Y_k = y_k | A_k = a_k, \mathcal{M})\mu_{A_{k+1}\to\mathrm{eq}}(a_{k+1})\mu_{A_{k-1}\to\mathrm{eq}}(a_{k-1})$$

使用前两个窗的 SPA 的整体计算复杂度是相同的，均为 $O(N_s|\Omega|^L)$（或每个数据符号 $O(|\Omega|^L)$）。然而，因为 $|\alpha| \ll |\beta|$，故 $\boldsymbol{y}_k = \boldsymbol{y}_{k+1}$ 是一个更合适的窗去近似 $\mu_{\mathrm{eq}\to A_k}(A_k)$。第三个窗的整体复杂度是 $O(N_s|\Omega|^{L+1})$。

10.3.6 蒙特卡罗均衡器

虽然在大多数情况下结构化均衡器、SSM 均衡器和滑动窗均衡器性能很好，但是不可忽略的是，这几种方法的计算量都非常大。因此，我们引入蒙特卡罗（MC）方法降低计算需求。引入$\boldsymbol{A}_{\bar{k}} = [A_1, \cdots, A_{k-1}, A_{k+1}, \cdots, A_{N_s}]^{\mathrm{T}}$，则从均衡器进入解调器的消息可写为

$$\mu_{\mathrm{eq}\to A_k}(a_k) \propto \sum_{\sim\{a_k\}} p(\boldsymbol{Y} = \boldsymbol{y} | \boldsymbol{A} = \boldsymbol{a}, \mathcal{M}) \prod_{l=1, l\neq k}^{N_s} p(A_l = a_l) \tag{10.23}$$

$$= \sum_{a_{\bar{k}} \in \Omega^{N_s-1}} p(\boldsymbol{Y} = \boldsymbol{y} | \boldsymbol{A}_{\bar{k}} = \boldsymbol{a}_{\bar{k}}, A_k = a_k, \mathcal{M}) \prod_{l=1, l\neq k}^{N_s} p(A_l = a_l) \tag{10.24}$$

由 10.3.2 节可知，$\mu_{\mathrm{eq}\to A_k}(a_k)$ 可以表示为

$$\mu_{\mathrm{eq}\to A_k}(a_k) \propto \frac{p(\boldsymbol{A}_k = a_k | \boldsymbol{Y} = \boldsymbol{y}, \mathcal{M})}{\mu_{\mathrm{eq}\to A_k}(a_k)} \tag{10.25}$$

式中：$p(\boldsymbol{A}_k | \boldsymbol{Y} = \boldsymbol{y}, \mathcal{M})$ 是联合后验概率分布 $p(\boldsymbol{A} | \boldsymbol{Y} = \boldsymbol{y}, \mathcal{M})$ 的边缘概率分布。我们将描述三种常见的 MC 均衡器方法，这三种方法都通过采样来近似 $p(\boldsymbol{A}_k | \boldsymbol{Y} = \boldsymbol{y}, \mathcal{M})$ 分布，每种方法都要求从一个特定的目标分布中采样。在 10.3.6.2 节中，我们将展示如何采样。这些方法需要从$q_{\boldsymbol{A}_{\bar{k}}}(\cdot)$ 或者 $q_{\boldsymbol{A}}(\cdot)$分布中采样（回顾一下，当已有服从$q_{\boldsymbol{A}}(\cdot)$ 分布的采样点时，可以通过提取每个采样点的第 k 个元素来获得服从$q_{\boldsymbol{A}_{\bar{k}}}(\cdot)$ 分布的采样点）。根据式（10.25），通过用近似后验概率分布 $p(\boldsymbol{A}_k | \boldsymbol{Y} = \boldsymbol{y}, \mathcal{M})$ 除以 $\mu_{\mathrm{eq}\to A_k}(a_k)$ 可以得到消息 $\mu_{\mathrm{eq}\to A_k}(a_k)$。

蒙特卡罗均衡器可以与滑动窗均衡器相结合。方法是将式（10.23）中的 $p(\boldsymbol{Y} = \boldsymbol{y} | \boldsymbol{A} = \boldsymbol{a}, \mathcal{M})$ 替换为 $p(\boldsymbol{Y}_k = \boldsymbol{y}_k | \boldsymbol{A}_k = \boldsymbol{a}_k, \mathcal{M})$，其中，$\boldsymbol{y}_k$ 是窗观察值，$\boldsymbol{a}_k$ 是对应的数据符号窗口。蒙特卡罗均衡器也可以和结构化均衡器相结合，具体途径是将 MC 方法应用到单个因式上。

10.3.6.1 三种均衡方法

1. 服从 $p(\boldsymbol{A}_{\bar{k}} | \boldsymbol{Y} = \boldsymbol{y}, \mathcal{M})$ 的差异性采样点

此方法的出发点是，式（10.23）中大部分项非常接近零，仅有几项真正地对求和有贡献。当对最相关的几项求和时，结果应该非常接近真值。

考虑服从 $p(\boldsymbol{A}_{\bar{k}} | \boldsymbol{Y} = \boldsymbol{y}, \mathcal{M})$ 的采样点组成的集合$L_{\bar{k}}$。首先去掉所有的副本，得到包含$L_d \leqslant L$ 个不同采样点的新列表$L_{\bar{k}}^{d}$；然后做如下近似：

$$\mu_{\mathrm{eq}\to A_k}(a_k) \propto \sum_{a_{\bar{k}} \in \Omega^{N_s-1}} p(\boldsymbol{Y} = \boldsymbol{y} | \boldsymbol{A}_{\bar{k}} = \boldsymbol{a}_{\bar{k}}, \boldsymbol{A}_k = \boldsymbol{a}_k, \mathcal{M}) \prod_{l=1, l\neq k}^{N_s} p(A_l = a_l) \tag{10.26}$$

$$\mu_{eq\to A_k}(a_k) \approx \sum_{a_{\bar{k}} \in L_{\bar{k}}^d} p(\boldsymbol{Y} = \boldsymbol{y} \mid \boldsymbol{A}_{\bar{k}} = \boldsymbol{a}_{\bar{k}}, \boldsymbol{A}_k = \boldsymbol{a}_k, \mathcal{M}) \prod_{l=1,l\neq k}^{N_s} p(A_l = a_l) \tag{10.27}$$

当$L_d \ll |\Omega|^{N_s-1}$时，计算量将大幅降低。

2. 未加权采样

第二种方法是首先确定 $p(\boldsymbol{A}_k = a_k \mid \boldsymbol{Y} = \boldsymbol{y}, \mathcal{M})$ 的近似形式，然后根据式(10.25)，除以 $p(A_k = a_k)$ 以获得 $\mu_{eq\to A_k}(a_k)$。现在假设已有一组服从联合分布 $p(\boldsymbol{A} \mid \boldsymbol{Y} = \boldsymbol{y}, \mathcal{M})$ 的采样点$\mathcal{L}$，这组采样点构成了粒子表示$\mathcal{R}_L(p(\boldsymbol{A} \mid \boldsymbol{Y} = \boldsymbol{y}, \mathcal{M})) = \left\{\frac{1}{L}, \boldsymbol{a}^{(n)}\right\}_{n=1}^{L}$，则$\left\{\frac{1}{L}, a_k^{(n)}\right\}_{n=1}^{L}$是边缘分布 $p(\boldsymbol{A}_k \mid \boldsymbol{Y} = \boldsymbol{y}, \mathcal{M})$ 的粒子表示。换句话说，有如下近似：

$$p(\boldsymbol{A}_k = a_k \mid \boldsymbol{Y} = \boldsymbol{y}, \mathcal{M}) \approx \sum_{n=1}^{L} \frac{1}{L} 𝟙(a_k, a_k^{(n)}) \tag{10.28}$$

除以 $p(A_k = a_k)$ 并归一化后即可得到 $\mu_{eq\to A_k}(a_k)$。

3. 重要性抽样

此方法与前一个方法较为相似，都对 $p(\boldsymbol{A}_k \mid \boldsymbol{Y} = \boldsymbol{y}, \mathcal{M})$ 进行近似。假设已有一组服从$q_{A_{\bar{k}}}(a_{\bar{k}})$分布的 L 个采样点，有

$$\begin{aligned} p(\boldsymbol{A}_k = a_k \mid \boldsymbol{Y} = \boldsymbol{y}, \mathcal{M}) &= \sum_{a_{\bar{k}} \in \Omega^{N_s-1}} p(A_k = a_k, \boldsymbol{A}_{\bar{k}} = \boldsymbol{a}_{\bar{k}} \mid \boldsymbol{Y} = \boldsymbol{y}, \mathcal{M}) \\ &= \sum_{a_{\bar{k}} \in \Omega^{N_s-1}} p(A_k = a_k \mid \boldsymbol{A}_{\bar{k}} = \boldsymbol{a}_{\bar{k}}, \boldsymbol{Y} = \boldsymbol{y}, \mathcal{M}) p(\boldsymbol{A}_{\bar{k}} = \boldsymbol{a}_{\bar{k}} \mid \boldsymbol{Y} = \boldsymbol{y}, \mathcal{M}) \end{aligned}$$

考虑服从$q_{\boldsymbol{A}_{\bar{k}}}(\boldsymbol{a}_{\bar{k}})$ 分布的 L 个采样点，可以得到如下采样表示：

$$\mathcal{R}_L(p(\boldsymbol{A}_{\bar{k}} \mid \boldsymbol{Y} = \boldsymbol{y}, \mathcal{M})) = \{w^{(n)}, \boldsymbol{a}_{\bar{k}}^{(n)}\}_{n=1}^{L}$$

其中，

$$w^{(n)} \propto \frac{p(\boldsymbol{A}_{\bar{k}} = \boldsymbol{a}_{\bar{k}}^{(n)} \mid \boldsymbol{Y} = \boldsymbol{y}, \mathcal{M})}{q_{\boldsymbol{A}_{\bar{k}}}(\boldsymbol{a}_{\bar{k}}^{(n)})} \tag{10.29}$$

因此，能够将 $p(\boldsymbol{A}_k = a_k \mid \boldsymbol{Y} = \boldsymbol{y}, \mathcal{M})$ 近似为

$$p(A_k = a_k \mid \boldsymbol{Y} = \boldsymbol{y}, \mathcal{M}) \approx \sum_{n=1}^{L} w^{(n)} p(A_k = a_k \mid \boldsymbol{A}_{\bar{k}} = \boldsymbol{a}_{\bar{k}}^{(n)}, \boldsymbol{Y} = \boldsymbol{y}, \mathcal{M}) \tag{10.30}$$

可以很快发现，$p(A_k = a_k \mid \boldsymbol{A}_{\bar{k}} = \boldsymbol{a}_{\bar{k}}^{(n)}, \boldsymbol{Y} = \boldsymbol{y}, \mathcal{M})$ 这个因子非常容易计算。权值应当归一化，即 $\sum_{n=1}^{L} w^{(n)} = 1$。特殊地，$q_{\boldsymbol{A}_{\bar{k}}}(\boldsymbol{a}_{\bar{k}}) = p(\boldsymbol{A}_{\bar{k}} = \boldsymbol{a}_{\bar{k}} \mid \boldsymbol{Y} = \boldsymbol{y}, \mathcal{M})$，$w^{(n)} = \frac{1}{L}$。除以 $p(A_k = a_k)$，归一化后即可得到$\mu_{eq\to A_k}(a_k)$。

10.3.6.2 采样

上述方法需要从$q_{A_{\bar{k}}}(\boldsymbol{a}_{\bar{k}})$分布中进行采样；特殊地，需要从$p(\boldsymbol{A}_{\bar{k}}|\boldsymbol{Y}=\boldsymbol{y},\mathcal{M})$分布中采样。这种特殊情况最为有趣，因此下面将只关注这种情况。已知当有服从$p(\boldsymbol{A}|\boldsymbol{Y}=\boldsymbol{y},\mathcal{M})$分布的采样点时，仅通过提取每个采样点的第$k$个元素即可获得服从$p(\boldsymbol{A}_{\bar{k}}|\boldsymbol{Y}=\boldsymbol{y},\mathcal{M})$分布的采样点。那么，如何获得服从$p(\boldsymbol{A}|\boldsymbol{Y}=\boldsymbol{y},\mathcal{M})$分布的采样点呢？我们采用吉布斯采样器（Gibbs sampler)，具体描述见算法10.1。

注意，通过如下方法可实现对于条件分布$p(A_l|\boldsymbol{A}_{\bar{l}}=\boldsymbol{a}_l,\boldsymbol{Y}=\boldsymbol{y},\mathcal{M})$的采样。

已知

$$p(A_l|\boldsymbol{A}_{\bar{l}}=\boldsymbol{a}_l,\boldsymbol{Y}=\boldsymbol{y},\mathcal{M})\propto p(A_l=a_l)\ p(\boldsymbol{Y}=\boldsymbol{y}|\boldsymbol{A}=\boldsymbol{a},\mathcal{M}) \tag{10.31}$$

由于A_l定义在一个小集合Ω上，固定$\boldsymbol{a}_{\bar{k}}$，对每个$a_l\in\Omega$，可以确定$p(A_l=a_l)p(\boldsymbol{Y}=\boldsymbol{y}|\boldsymbol{A}=\boldsymbol{a},\mathcal{M})$，然后确定归一化常数。这样就产生了概率质量函数(pmf)$p(A_l=a_l)p(\boldsymbol{Y}=\boldsymbol{y}|\boldsymbol{A}=\boldsymbol{a},\mathcal{M})$，从其中可以获得一个采样点。需要注意，在计算式（10.30）时同样需要$p(A_l|\boldsymbol{A}_{\bar{l}}=\boldsymbol{a}_l,\boldsymbol{Y}=\boldsymbol{y},\mathcal{M})$。

算法 10.1　对于$p(\boldsymbol{A}|\boldsymbol{Y}=\boldsymbol{y},\mathcal{M})$的吉布斯采样器

1：初始化：选择初始状态$\boldsymbol{a}^{(-N_{\text{burn}}-1)}$
2：**for** $i=-N_{\text{burn}}\sim L$ **do**
3：**for** $l=1\sim N_s$ **do**
4：确定$p(A_l|\boldsymbol{A}_{1:l-1}=\boldsymbol{a}_{1:l-1}^{(i)},=\boldsymbol{a}_{l+1:N_s}^{(i-1)},\boldsymbol{Y}=\boldsymbol{y},\mathcal{M})$
5：获得$a_l^{(i)}\sim p\ (A_l|\boldsymbol{A}_{1:l-1}=\boldsymbol{a}_{1:l-1}^{(i)},\boldsymbol{A}_{l+1:N_s}=\boldsymbol{a}_{l+1:N_s}^{(i-1)},\boldsymbol{Y}=\boldsymbol{y},\mathcal{M})$
6：**end for**
7：**end for**

10.3.7 高斯/最小均方误差均衡器

10.3.7.1 模型

本节将使用式（10.2）的一种特殊形式，即有高斯噪声线性模型：

$$\boldsymbol{y}=\boldsymbol{H}\boldsymbol{a}+\boldsymbol{n} \tag{10.32}$$

式中：$\boldsymbol{H}$为$N_0\times N_s$的复矩阵；$\boldsymbol{n}\sim\mathcal{N}_{\boldsymbol{n}}^{\mathbb{C}}(0,\boldsymbol{\Sigma})$。

通过假设$\boldsymbol{a}$是一个高斯变量，可以得到MMSE均衡器。下面只描述最常用的MMSE均衡。MMSE均衡器可以与滑动窗均衡器相结合，方法是将式（10.32）中的$\boldsymbol{y}=\boldsymbol{H}\boldsymbol{a}+\boldsymbol{n}$替换成$\boldsymbol{y}_k=\boldsymbol{H}_k\boldsymbol{a}_k+\boldsymbol{n}_k$，其中，$\boldsymbol{y}_k$是窗口观测值，

$\boldsymbol{H}_k$、$\boldsymbol{a}_k$、$\boldsymbol{n}_k$ 分别是相关数据符号、矩阵 $\boldsymbol{H}$ 的子矩阵和噪声矢量。另外，通过对每个因子应用 MMSE 均衡即可将 MMSE 均衡器与结构化均衡器结合起来。

10.3.7.2　步骤 1：高斯假设

虽然 a_k 属于有限集 Ω，但是可以暂时假设 $\boldsymbol{a}$ 具有如下先验分布：$\boldsymbol{a} \sim \mathcal{N}_{\boldsymbol{a}}^{\mathbb{C}}(\boldsymbol{m}_{\mathrm{a}}, \boldsymbol{\Sigma}_{\mathrm{a}})$，其中，$\boldsymbol{m}_{\mathrm{a}} = [m_{\mathrm{a},1}, \cdots, m_{\mathrm{a},N_s}]^{\mathrm{T}}$，$\boldsymbol{\Sigma}_{\mathrm{a}} = \mathrm{diag}(\sigma_{\mathrm{a},1}^2, \cdots, \sigma_{\mathrm{a},N_s}^2)$，即一个 $N_s \times N_s$ 的矩阵，有

$$m_{\mathrm{a},l} = \sum_{a_l \in \Omega} a_l p(A_l = a_l) \tag{10.33}$$

$$\sigma_{\mathrm{a},l}^2 = \sum_{a_l \in \Omega} |a_l - m_{\mathrm{a},l}|^2 p(A_l = a_l) \tag{10.34}$$

式中：下标“a”“p”“e”分别表示先验、后验和外信息。

由于 $\boldsymbol{Y}$ 和 $\boldsymbol{A}$ 是联合高斯的，$\boldsymbol{A}$ 服从如下后验分布：

$$p(\boldsymbol{A} = \boldsymbol{a} | \boldsymbol{Y} = \boldsymbol{y}, \boldsymbol{\mathcal{M}}) = \mathcal{N}_{\boldsymbol{a}}^{\mathbb{C}}(\boldsymbol{m}_{\mathrm{p}}, \boldsymbol{\Sigma}_{\mathrm{p}}) \tag{10.35}$$

其中，

$$\boldsymbol{\Sigma}_{\mathrm{p}} = (\boldsymbol{\Sigma}_{\mathrm{a}}^{-1} + \boldsymbol{H}^{\mathrm{H}} \boldsymbol{\Sigma}^{-1} \boldsymbol{H})^{-1} = (\boldsymbol{I}_{N_s} - \boldsymbol{K}\boldsymbol{H}) \boldsymbol{\Sigma}_{\mathrm{a}} \tag{10.36}$$

则

$$\boldsymbol{m}_{\mathbf{p}} = \boldsymbol{m}_{\mathbf{a}} + \boldsymbol{K}(\boldsymbol{y} - \boldsymbol{H}\boldsymbol{m}_{\mathbf{a}}) \tag{10.37}$$

式中：$\boldsymbol{K} = \boldsymbol{\Sigma}_{\mathrm{a}} \boldsymbol{H}^{\mathrm{H}} (\boldsymbol{H} \boldsymbol{\Sigma}_{\mathrm{a}} \boldsymbol{H}^{\mathrm{H}} + \boldsymbol{\Sigma})^{-1}$。

可以观察到 $\boldsymbol{m}_{\mathbf{p}}$ 和 3.2.2.1 节的 MMSE 估计器有一定的相似性。根据 $p(\boldsymbol{A} = \boldsymbol{a} | \boldsymbol{Y} = \boldsymbol{y}, \boldsymbol{\mathcal{M}})$，我们下面的目标是计算 $\mu_{\mathrm{eq} \to A_k}(A_k)$。

10.3.7.3　步骤 2：确定 $p(A_k = a_k | Y = y, \mathcal{M})$

$\boldsymbol{m}_{\mathbf{p}}$ 的第 k 个元素由下式确定：

$$m_{\mathrm{p},k} = \boldsymbol{e}_k^{\mathrm{T}} \boldsymbol{m}_{\mathbf{p}} \tag{10.38}$$

式中：$\boldsymbol{e}_k$ 为一个 $N_s \times 1$ 的矢量，除了第 k 个元素为 1 外，其余所有元素均为零，则

$$m_{\mathrm{p},k} = m_{\mathrm{a},k} + \sigma_{\mathrm{a},k}^2 \boldsymbol{h}_k^{\mathrm{H}} (\boldsymbol{H} \boldsymbol{\Sigma}_{\mathrm{a}} \boldsymbol{H}^{\mathrm{H}} + \boldsymbol{\Sigma})^{-1} (\boldsymbol{y} - \boldsymbol{H}\boldsymbol{m}_{\mathbf{a}}) \tag{10.39}$$

式中：$\boldsymbol{h}_k$ 是矩阵 $\boldsymbol{H}$ 的第 k 列，亦即 $\boldsymbol{h}_k = \boldsymbol{H}\boldsymbol{e}_k$。

相似地，$\boldsymbol{\Sigma}_{\mathrm{p}}$ 的第 k 个对角元由下式给出，即

$$\sigma_{\mathrm{p},k}^2 = \boldsymbol{e}_k^{\mathrm{T}} \boldsymbol{\Sigma}_{\mathrm{p}} \boldsymbol{e}_k \tag{10.40}$$

$$= \sigma_{\mathrm{a},k}^2 - \boldsymbol{e}_k^{\mathrm{T}} \boldsymbol{\Sigma}_{\mathrm{a}} \boldsymbol{H}^{\mathrm{H}} (\boldsymbol{H} \boldsymbol{\Sigma}_{\mathrm{a}} \boldsymbol{H}^{\mathrm{H}} + \boldsymbol{\Sigma})^{-1} \boldsymbol{H} \boldsymbol{\Sigma}_{\mathrm{a}} \boldsymbol{e}_k \tag{10.41}$$

$$= \sigma_{\mathrm{a},k}^2 - \sigma_{\mathrm{a},k}^2 \boldsymbol{h}_k^{\mathrm{H}} (\boldsymbol{H} \Sigma_{\mathrm{a}} \boldsymbol{H}^{\mathrm{H}} + \Sigma)^{-1} \boldsymbol{h}_k \sigma_{\mathrm{a},k}^2 \tag{10.42}$$

$$= \sigma_{\mathrm{a},k}^2 (1 - \boldsymbol{h}_k^{\mathrm{H}} (\boldsymbol{H} \Sigma_{\mathrm{a}} \boldsymbol{H}^{\mathrm{H}} + \Sigma)^{-1} \boldsymbol{h}_k \sigma_{\mathrm{a},k}^2) \tag{10.43}$$

10.3.7.4 步骤 3：消除 $p(A=a\mid Y=y,\mathcal{M})$ 对 $p(A_k=a_k)$ 的依赖性

我们知道，外信息概率 $\mu_{\mathrm{eq}\to A_k}(a_k)$ 不能依赖于先验概率 $p(A_k=a_k)$。考虑到 $1/|\Omega|\sum_{a\in\Omega}a=0$，而且 $1/|\Omega|\sum_{a\in\Omega}|a|^2=1$，用 0 取代 $m_{\mathrm{a},k}$，用 1 取代 $\sigma^2_{\mathrm{a},k}$，可得如下结果，即

$$m_{\mathrm{e},k}=\underbrace{\boldsymbol{h}_k^{\mathrm{H}}(\boldsymbol{H}\boldsymbol{\Sigma}_{\bar{k}}\boldsymbol{H}^{\mathrm{H}}+\boldsymbol{\Sigma})^{-1}}_{\boldsymbol{w}_k^{\mathrm{H}}}(\boldsymbol{y}-\boldsymbol{H}\boldsymbol{m}_{\bar{k}}) \tag{10.44}$$

$$\sigma^2_{\mathrm{e},k}=1-\boldsymbol{w}_k^{\mathrm{H}}\boldsymbol{h}_k \tag{10.45}$$

式中：$\boldsymbol{m}_{\bar{k}}$是将$\boldsymbol{m}_{\mathrm{a}}$的第 k 个元素替换为零后的矩阵；$\boldsymbol{\Sigma}_{\bar{k}}$ 为将$\boldsymbol{\Sigma}_{\mathrm{a}}$的第 k 个元素替换为 1 后的矩阵。

10.3.7.5 步骤 4：将高斯分布转化成 $\boldsymbol{\Omega}$ 上的消息

考虑如下两种常见的将高斯分布$\mathcal{N}^{\mathbb{C}}_{a_k}(m_{\mathrm{e},k},\sigma^2_{e,k})$ 转换成消息 $\mu_{\mathrm{eq}\to A_k}(a_k)$ 的方法。

1. 概率数据联合

根据文献 [101]，有

$$\mu_{\mathrm{eq}\to A_k}(a_k)\propto\exp\left(-\frac{1}{\sigma^2_{\mathrm{e},k}}|a_k-m_{\mathrm{e},k}|^2\right) \tag{10.46}$$

归一化系数可通过设定 $\sum_{a_k\in\Omega}\mu_{\mathrm{eq}\to A_k}(a_k)=1$ 获得。

2. 等效高斯信道

一种最常见的办法是，假设$m_{\mathrm{e},k}$是 a_k 经过加噪[31,97]：

$$m_{\mathrm{e},k}=\mu_k a_k+v_k \tag{10.47}$$

式中，$v_k\sim\mathcal{N}^{\mathbb{C}}_{v_k}(0,\sigma^2_{\mathrm{ch}})$。

由此可知

$$\mu_k=\mathbb{E}\{A_k M_{\mathrm{e},k}\} \tag{10.48}$$

$$\mu_k=w_k^{\mathrm{H}}\mathbb{E}\{A_k(\boldsymbol{Y}-\boldsymbol{H}\boldsymbol{m}_{\bar{k}})\} \tag{10.49}$$

$$\mu_k=\boldsymbol{w}_k^{\mathrm{H}}\boldsymbol{h}_k \tag{10.50}$$

注意，$\mu_k\in\mathbb{R}$，则

$$\sigma^2_{\mathrm{ch}}=\mathbb{E}\{|V_k|^2\} \tag{10.51}$$

$$\sigma^2_{\mathrm{ch}}=\mathbb{E}\{|M_{\mathrm{e},k}-\mu_k A_k|^2\} \tag{10.52}$$

$$\sigma^2_{\mathrm{ch}}=\mathbb{E}\{|M_{\mathrm{e},k}|^2\}-|\mu_k|^2 \tag{10.53}$$

$$\sigma^2_{\mathrm{ch}}=\mathbb{E}\{|w_k^{\mathrm{H}}(Y-Hm_{\bar{k}})|^2\}-|\mu_k|^2 \tag{10.54}$$

$$\sigma^2_{\mathrm{ch}}=w_k^{\mathrm{H}}(H\Sigma_{\bar{k}}\mathrm{H}^{\mathrm{H}}+\Sigma)w_k-|\mu_k|^2 \tag{10.55}$$

$$\sigma_{\mathrm{ch}}^{2} = w_{k}^{\mathrm{H}} h_{k} - |\mu_{k}|^{2} \tag{10.56}$$

$$\sigma_{\mathrm{ch}}^{2} = \mu_{k} - \mu_{k}^{2} \tag{10.57}$$

由这一等效高斯信道方法最终可得

$$\mu_{\mathrm{eq}\to A_k}(a_k) \propto \exp\left(-\frac{1}{\sigma_{\mathrm{ch}}^{2}} | m_{\mathrm{e},k} - a_k \mu_k|^{2}\right) \tag{10.58}$$

式中，归一化系数可通过 $\sum_{a_k \in \Omega} \mu_{\mathrm{eq}\to A_k}(a_k) = 1$ 获得。

10.3.7.6　注解

在上述方法中，必须要求解矩阵（$\boldsymbol{H}\boldsymbol{\Sigma}_{\bar{k}}\boldsymbol{H}^{\mathrm{H}} + \boldsymbol{\Sigma}$）的逆矩阵。这是一个 $N_0 \times N_0$ 的矩阵。另外，矩阵 $\boldsymbol{H}$ 是一个 $N_0 \times N_s$ 的矩阵。当 $N_0 < N_s$ 时，此矩阵称为宽（fat）矩阵。当 $N_0 > N_s$ 时，此矩阵称为高（tall）矩阵。在统计推理问题中，我们更希望看到高矩阵，因为那样将面临一个观测值多于未知量的问题。然而，这也意味着我们必须求解大型矩阵（$N_0 \times N_0$）的逆矩阵。这可以通过如下方法避免：使用逆矩阵引理①，可以将式（10.36）和式（10.37）中的矩阵 $\boldsymbol{K}$ 写为

$$\boldsymbol{K} = \boldsymbol{\Sigma}_{\mathrm{a}} \boldsymbol{H}^{\mathrm{H}} (\boldsymbol{H}\boldsymbol{\Sigma}_{\mathrm{a}}\boldsymbol{H}^{\mathrm{H}} + \boldsymbol{\Sigma})^{-1} \tag{10.59}$$

$$\boldsymbol{K} = (\boldsymbol{\Sigma}_{\mathrm{a}}^{-1} + \boldsymbol{H}^{\mathrm{H}} \boldsymbol{\Sigma}^{-1}\boldsymbol{H})^{-1} \boldsymbol{H}^{\mathrm{H}} \boldsymbol{\Sigma}^{-1} \tag{10.60}$$

假设 $\boldsymbol{\Sigma}^{-1}$ 能够被有效地计算出来（许多情况下，$\boldsymbol{\Sigma}^{-1}$ 能够被预先计算出），那么只需要求解 $N_s \times N_s$ 的逆矩阵。需要注意的是，$\boldsymbol{\Sigma}_{\mathrm{a}}$ 是一个非奇异的对角矩阵，因此其逆矩阵很容易求得。这就引出了 $m_{\mathrm{e},k}$ 和 $\sigma_{\mathrm{e},k}^{2}$ 的另一种表示格式，即

$$m_{\mathrm{e},k} = \boldsymbol{e}_{\boldsymbol{k}}^{\mathrm{T}} (\boldsymbol{\Sigma}_{\bar{k}}^{-1} + \boldsymbol{H}^{\mathrm{H}} \boldsymbol{\Sigma}^{-1}\boldsymbol{H})^{-1} \boldsymbol{H}^{\mathrm{H}} \boldsymbol{\Sigma}^{-1} (\boldsymbol{y} - \boldsymbol{H}\boldsymbol{m}_{\bar{\boldsymbol{k}}}) \tag{10.61}$$

和

$$\sigma_{\mathrm{e},k}^{2} = 1 - \boldsymbol{e}_{\boldsymbol{k}}^{\mathrm{T}} (\boldsymbol{\Sigma}_{\bar{k}}^{-1} + \boldsymbol{H}^{\mathrm{H}} \boldsymbol{\Sigma}^{-1}\boldsymbol{H})^{-1} \boldsymbol{H}^{\mathrm{H}} \boldsymbol{\Sigma}^{-1} h_k \tag{10.62}$$

可以看出，根据矩阵 $\boldsymbol{H}$ 是宽矩阵或者高矩阵，可以将矩阵 $\boldsymbol{K}$ 表示出来，从而只需求解 $\min\{N_s, N_0\} \times \min\{N_s, N_0\}$ 大小的逆矩阵。更一般地，需要求逆的矩阵是高度结构化（structured）的，因此逆矩阵能够被高效地求解出[98]。

10.4　与解映射和解码节点的交互

可以看出，从均衡器传向解映射器的消息 $\mu_{\mathrm{eq}\to A_k}(A_k)$ 取决于从解映射器

① 一种矩阵求逆引理为 $(\boldsymbol{I}+\boldsymbol{AB})^{-1}\boldsymbol{A} = \boldsymbol{A}(\boldsymbol{I}+\boldsymbol{BA})^{-1}$。

去向均衡器的消息 $\mu_{A_l \to \mathrm{eq}}(A_l)$（$l \neq k$）。这意味着，即使 $p(\boldsymbol{Y}=\boldsymbol{y} \mid \boldsymbol{A}, \mathcal{M})$ 的因子图不包括任何环路，那么 $p(\boldsymbol{Y}=\boldsymbol{y}, \boldsymbol{B} \mid \mathcal{M})$ 的总因子图也有可能含有环路。这又意味着，均衡可以用迭代方式实现：对于第一次迭代，消息 $\mu_{A_l \to \mathrm{eq}}(A_l)$ 设置为均匀分布；在所有后续迭代中，这些消息从解映射器中获得。计算消息有许多种方法，不同的计算策略将导致不同的性能结果。

10.5 性能阐述

为了说明这些均衡策略的性能，下面举出一个例子。

考虑如下格式的观测模型：

$$y_k = \sqrt{E_s} h(a_k, a_{k-1}, a_{k-2}) + n_k$$

式中：噪声采样点是独立同分布的，$n_k \sim \mathcal{N}_n^{\mathbb{C}}(0, N_0)$；$h(\cdot)$ 为三阶非线性 Volterra 信道[15]：

$$\begin{aligned} h(a_k, a_{k-1}, a_{k-2}) = {} & (0.780\,855 + \mathrm{j}0.413\,469) a_k + (0.040\,323 - \mathrm{j}0.000\,640) a_{k-1} + \\ & (0.015\,361 - \mathrm{j}0.008\,961) a_{k-2} + (-0.04 - \mathrm{j}0.009) a_k^2 a_k^* + \\ & (-0.035 + \mathrm{j}0.035) a_k^2 a_{k-1}^* + (0.039 + \mathrm{j}0.022) a_k^2 a_{k-2}^* + \\ & (-0.001 - \mathrm{j}0.017) a_{k-1}^2 a_k^* + (0.018 - \mathrm{j}0.018) a_{k-2}^2 a_k^* \end{aligned}$$

使用格雷映射的 QPSK 信号以及终止递归系统卷积码，$g_{\mathrm{FF}}(D) = 1 + D^4$，$g_{\mathrm{FB}}(D) = 1 + D + D^2 + D^3 + D^4$，设 $N_s = 256$。编码器和映射器由伪随机位交织器分开。考虑如下三种均衡器：SSM 均衡器（见 10.3.4 节），以及两种 MC 均衡器（见 10.3.6 节）。

（1）一种使用重要性抽样的 MC 均衡器，从 $p(\boldsymbol{A} \mid \boldsymbol{Y}=\boldsymbol{y}, \mathcal{M})$ 中抽取 $L=10$ 个采样点，采样的老化周期为 5 个采样点。

（2）一种使用差异性采样的 MC 均衡器，滑动窗为 $\boldsymbol{y}_k = [y_k, y_{k+1}, y_{k+2}]^{\mathrm{T}}$，$\boldsymbol{a}_k = [a_{k-2}, a_k, a_{k+1}, a_{k+2}]^{\mathrm{T}}$。从 $p(\boldsymbol{A}_k \mid \boldsymbol{Y}_k = \boldsymbol{y}_k, \mathcal{M})$ 中抽取 $L=10$ 个采样点，采样的老化周期为 5 个采样点。

SSM 均衡器的性能由三次迭代展现，而两种 MC 均衡器的性能只由第三次迭代展现。genie 界对应于从解映射器到均衡器具有完整的先验信息。

我们通过在不同 SNR 下的 BER 评估性能。SNR 由 $\frac{E_b}{N_0}$ 表示（以 dB 为单位），其中，$E_b = \frac{E_s}{R \log_2 |\Omega|}$，$R$ 为码率，BER 在 SNR 变化下的性能结果如图 10.3 所示。作为参考，我们引入了 genie 界，即解映射器向均衡器提供全部

的完整先验消息。SSM 均衡器经过三次迭代后收敛，当 BER < 10^{-3} 时，非常接近 genie 界。两个 MC 均衡器的性能几乎与 SSM 均衡器一致。

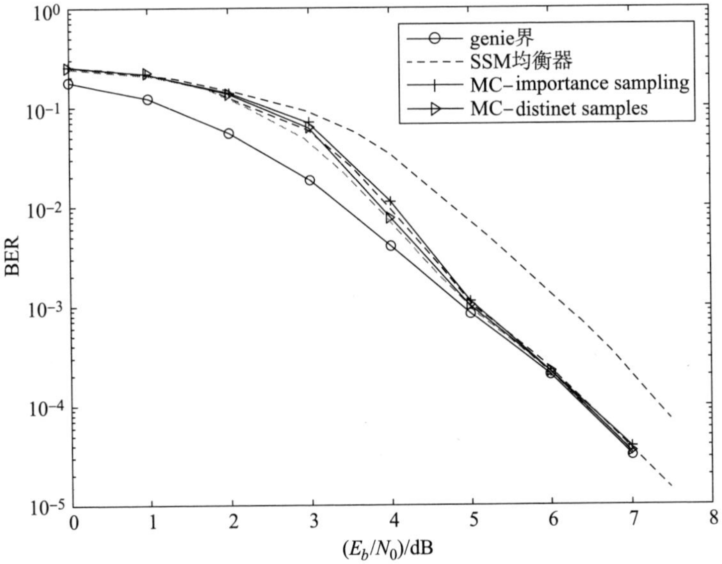

图 10.3　均衡：BER 在 SNR 变化下的性能

10.6　本章要点

根据接收器因子图中的节点 $p(\boldsymbol{Y}=\boldsymbol{y}\mid\boldsymbol{A},\ \mathcal{M})$ 以及传入的消息 $\mu_{A_l\to\mathrm{eq}}(A_l)$，均衡过程计算出传向解映射器的消息 $\mu_{\mathrm{eq}\to A_k}(A_k)$。接下来，考虑了如下模型：

$$\boldsymbol{y} = \boldsymbol{h}(\boldsymbol{a},\tilde{\boldsymbol{a}}) + \boldsymbol{n} \tag{10.63}$$

式中，$\boldsymbol{n}$ 为高斯噪声矢量；$\tilde{\boldsymbol{a}}$ 表示影响观测值 $\boldsymbol{y}$ 的符号但不属于 $\boldsymbol{a}$ 的那一部分；$\boldsymbol{h}(\cdot)$ 为一个已知的转换形式，包括了物理信道和发射机与接收机中的所有处理过程。我们讨论了准确的均衡方法和近似的均衡方法。

（1）确切均衡方法：①SPA 均衡器；②结构化均衡器；③SSM 均衡器。

（2）近似均衡方法：①滑动窗均衡器；②MC 均衡器（可以与结构化均衡器或者滑动窗均衡器相结合）；③高斯/MMSE 均衡器（通常与结构化均衡器或者滑动窗均衡器相结合）。

解决具体问题时，这些均衡技术需要结合起来，并进行调整。在下面的章节中，我们将重温第 2 章中的数字通信方案，并基于式（10.63）推导出合适的观测模型。

第 11 章

均衡：单用户单天线通信

11.1 概　　述

如图 11.1 所示，在单用户单天线传输中，接收机和发射机都配备了一个天线，没有其他发射机，这是最传统并且最容易理解的通信方式。在过去的几十年里，很多这样的接收机已经被设计出来。这些接收机通常由很多个阶段组成：第一阶段是将收到的时域连续波形转换到一种适于观测（允许数字信号处理）的形式；第二阶段是均衡（对抗码间串扰）、解映射（判决出编码比特）以及最后的译码（试图从编码比特中还原出原始的信息序列）。这是不进行迭代的方法，即没有信息再从译码器传回到解映射器或者均衡器。在这里提到的译码器、解映射器以及均衡器对应于更传统的接收机，而非因子图中的节点。传统的思维模式很难设计出在均衡过程中多次利用译码器信息这种非特设性的方法。在因子图的框架结构中，多个模块间信息的流动可以表现得自然而清晰。图 11.2 中描述了这两种接收机设计方法。

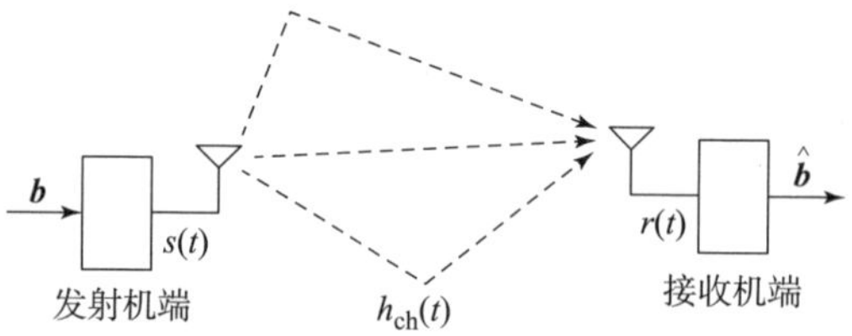

图 11.1　单用户单天线通信：对应的基带传输信号 $s(t)$ 通过相应的基带传输信道 $h_{ch}(t)$ 传播，在接收机被热噪声干扰（相应的基带接收信号 $r(t)$）

在本章中，我们可以看到如何将接收到的波形转换到一种适于观测的形式 $\boldsymbol{y}$。这种转换过程与传统接收机是一样的。在得到 $\boldsymbol{y}$ 之后，我们将展示怎

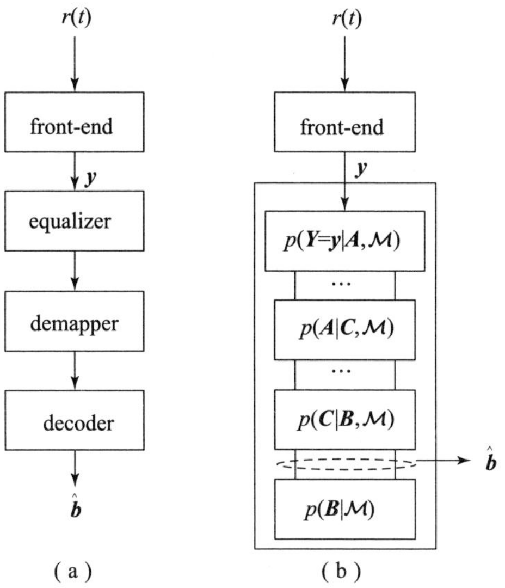

图 11.2　一个传统的接收机（a）和一个因子图接收机（b）

样利用因子图计算均衡节点到解映射节点的消息 $\mu_{\mathrm{eq}\to A_k}$，A_k 并用于均衡。我们感兴趣的编码符号序列一般由 N_s 个连续的符号 $[a_{k_0}, a_{k_0+1}, \cdots, a_{k_0+N_s-1}]^{\mathrm{T}}$ 组成，其中 $k_0 \in \mathbf{Z}$。对这些符号的编号很大程度上取决于具体的传输机制。

我们将在合适的地方提及多个技术文献中等价的接收机。

观测结果 $\boldsymbol{y}$ 作为一个参数提供给了因子图。在 $p(\boldsymbol{B}, \boldsymbol{Y}=\boldsymbol{y} \mid \mathcal{M})$ 的因子图上，运行 SPA 使我们得到边缘后验分布 $p(\boldsymbol{B}_k \mid \boldsymbol{Y}=\boldsymbol{y}, \mathcal{M})$，并基于此判决信息比特。

本章内容安排如下：

- 11.2 节将讨论单载波调制。我们将描述三种转换接收波形到适于观测形式 $\boldsymbol{y}$ 的方法，并且展示如何计算从均衡节点传到解映射节点的消息。
- 11.3 节的主题是多载波调制，我们将讨论标准的 OFDM 接收机。

11.2 单载波调制

11.2.1 接收信号波形

回想 2.3.1 节，等价基带接收信号由下式给出：

$$r(t) = \sqrt{E_s} \sum_{k=-\infty}^{+\infty} a_k h(t - kT) + n(t) \tag{11.1}$$

式中：E_s为每个传输的符号所携带的能量；$h(t)$ 为传输脉冲 $p(t)$ 与等价基带物理信道$h_{\mathrm{ch}}(t)$ 的卷积；$n(t)$ 为一个复高斯白噪声过程，实分量与虚分量独立，能量谱密度为 $N_0/2$。

我们将物理信道建模成有 L 条路径的多径信道：

$$h_{\mathrm{ch}}(t) = \sum_{l=0}^{L-1} a_l \delta(t - \tau_l) \tag{11.2}$$

式中：$a_l \in C$；$\tau_l \in R$ 分别代表第 l 条路径的复增益和传播延迟。

假设 N_s个感兴趣的数据符号为 $[a_0, a_1, \cdots, a_{N_s-1}]^{\mathrm{T}}$。考虑三种接收机：匹配滤波接收机、白化匹配滤波接收机以及过采样接收机。

- 噪声与采样

给定高斯白噪声的过程 $n(t)$，实分量和虚分量相互独立，能量谱密度为 $N_0/2$，经过一个滤波器 $q(t)$，滤波器噪声为

$$w(t) = \int_{-\infty}^{+\infty} q(u) n(t - u) \mathrm{d}u \tag{11.3}$$

式中：$w(t)$ 在时刻 kT_s 的采样得到符号 $w_k(k \in \mathbf{Z})$，则这些符号符合高斯分布，均值为零并且满足

$$EW_k w_{k'}^* = g((k - k')T_s) N_0 \tag{11.4}$$

其中，

$$g(t) = \int_{-\infty}^{+\infty} q^*(u) q(t + u) \mathrm{d}u \tag{11.5}$$

特别地，当 $p(t)$ 是一个速率为 $1/T_s$ 的平方根奈奎斯特脉冲时，$g(kT_s) = \delta_k$，噪声采样信号W_k 是不相关联的（并且由于它们都符合高斯分布，其是相互独立的）。

11.2.2 匹配滤波接收机

在匹配滤波接收机中，我们用滤波器 $h^*(t)$ 对接收信号 $r(t)$ 进行滤波，$h^*(t)$ 与等价信道匹配。之后按符号速率进行采样[38,102]。匹配滤波器

的输出信号为

$$y_{\mathrm{MF}}(t) = \int_{-\infty}^{+\infty} h^*(u) r(t+u) \mathrm{d}u \tag{11.6}$$

和

$$y_{\mathrm{MF}}(t) = \sqrt{E_s} \sum_{k=-\infty}^{+\infty} a_k g(t-kT) + n_{\mathrm{MF}}(t) \tag{11.7}$$

式中：$g(t) = \int h^*(u) h(t+u) \mathrm{d}u$；$n_{\mathrm{MF}}(t)$ 为经过了滤波器的噪声。

如果按时间 $k'T$ 采样，可得

$$y_{\mathrm{MF}}(k'T) = \sqrt{E_s} \sum_{k=-\infty}^{+\infty} a_k g_{k'-k} + n_{\mathrm{MF}}(k'T) \tag{11.8}$$

$$y_{\mathrm{MF}}(k'T) = \sqrt{E_s} \sum_{l=L_{\min}}^{L_{\max}} g_l a_{k'-1} + n_{\mathrm{MF}}(k'T) \tag{11.9}$$

式中，$g_l = g(lT)$，$E\, N_{\mathrm{MF}}(k'T) N_{\mathrm{MF}}^*(k''T) = g_{k'-k''} N_0$，并且假设了只有 $L_{\min} \leqslant l \leqslant L_{\max}$ 时 $g(lT)$ 值占主导。

让我们将采样放到一个矢量 $\boldsymbol{y}_{\mathrm{MF}}$ 里，即

$$\boldsymbol{y}_{\mathrm{MF}} = \boldsymbol{H}_{\mathrm{MF}} \boldsymbol{a} + \boldsymbol{n}_{\mathrm{MF}} \tag{11.10}$$

式中：矢量 $\boldsymbol{a}$ 含有感兴趣的编码数据符号 $[a_0, a_1, \cdots, a_{N_s-1}]^{\mathrm{T}}$ 以及一些未知的数据符号 $a_{k<0}$，$a_{k>N_s-1}$；矩阵 $\boldsymbol{H}_{\mathrm{MF}}$ 是一个对角线元素由 $\sqrt{E_s} g_k (k = L_{\min}, \cdots, L_{\max})$ 构成的托普利兹矩阵。

1. 均衡器

根据 $g(t)$ 是否为速率 $1/T$ 的缩放奈奎斯特脉冲，我们划分以下两种情况。

（1）奈奎斯特脉冲。当 $g(t)$ 是缩放后的速率为 $1/T$ 的奈奎斯特脉冲时，对于 $l \neq 0$，$g_l = 0$，这里有两层含义：一方面，噪声是白噪声；另一方面，不存在码间串扰：

$$y_{\mathrm{MF}}(kT) = \sqrt{E_s} g_0 a_k + n_{\mathrm{MF}}(kT) \tag{11.11}$$

当 $p(t)$ 是一个速率为 $1/T_s$ 的平方根奈奎斯特脉冲，并且物理信道频率平坦（由 $h_{\mathrm{ch}}(t) = a\delta(t-\tau)$ 得出 $h(t) = ap(t-\tau)$）时满足上述情况。我们发现当 $\sigma^2 = N_0 g_0^2$ 时，有

$$p(\boldsymbol{Y} = \boldsymbol{y}_{\mathrm{MF}} \mid \boldsymbol{A} = \boldsymbol{a}, \mathcal{M}) \propto \exp\left(-\frac{1}{2\sigma^2} \| \boldsymbol{y}_{\mathrm{MF}} - \sqrt{E_s} g_0 \boldsymbol{a} \|^2\right) \tag{11.12}$$

$$p(\boldsymbol{Y} = \boldsymbol{y}_{\mathrm{MF}} \mid \boldsymbol{A} = \boldsymbol{a}, \mathcal{M}) = \prod_{k=0}^{N_s-1} \exp\left(-\frac{1}{2\sigma^2} \left| \sqrt{E_s} g_0 \boldsymbol{a}_k - \boldsymbol{y}_{\mathrm{MF}}(kT) \right|^2\right) \tag{11.13}$$

这样，可以立刻推出结构化均衡器：

$$\mu_{\mathrm{eq}\to A_k}(a_k) \propto \exp\left(-\frac{1}{2\sigma^2}\left|\sqrt{E_s}g_0\boldsymbol{a}_k - \boldsymbol{y}_{\mathrm{MF}}(kT)\right|^2\right) \tag{11.14}$$

（2）非奈奎斯特脉冲。当 $g(t)$ 不是速率为 $1/T$ 的缩放奈奎斯特脉冲时，噪声 n_{MF}不是白噪声（称为色噪声）且存在码间串扰。对此我们只得使用滑动窗 MMSE 均衡器。

11.2.3 白化匹配滤波接收机

1. 滤波器

白化匹配滤波器用一个合适的白化滤波器[103]处理匹配滤波采样 $y_{\mathrm{MF}}(kT)$，有

$$y_{WMF}(kT) = \sum_{l=0}^{L_{WMF-1}} h_l a_{k-l} + n_{WMF}(kT) \tag{11.15}$$

式中，$EN^*_{WMF}(kT)N_{WMF}(k'T) = N_0\,\delta_{k-k'}$。

将符号表示为矢量形式，可得

$$\boldsymbol{y}_{WMF} = \boldsymbol{H}_{WMF\boldsymbol{a}} + \boldsymbol{n}_{WMF} \tag{11.16}$$

式中，矢量 $\boldsymbol{a}$ 包含了感兴趣的编码数据符号 $[a_0, a_1, \cdots, a_{N_s-1}]^{\mathrm{T}}$ 以及一些未知的数据符号 $a_{k<0}$，$a_{k>N_s-1}$。矩阵 $\boldsymbol{H}_{\mathrm{MF}}$是一个对角线元素由 $h_k(k=0, 1, \cdots L_{WMF}-1)$ 构成的托普利兹矩阵。

例 11.1

当$L_{WMF}=2$ 时，假设观测结果为 $y_m = y_{WMF}(kT)$ $(k=-1, 0, 1, 2, 3)$，则 $\boldsymbol{y}$ 可以表示为

$$\begin{bmatrix} y_{-1} \\ y_0 \\ y_1 \\ y_2 \\ y_3 \end{bmatrix} = \begin{bmatrix} h_1 & h_0 & 0 & 0 & 0 & 0 \\ 0 & h_1 & h_0 & 0 & 0 & 0 \\ 0 & 0 & h_1 & h_0 & 0 & 0 \\ 0 & 0 & 0 & h_1 & h_0 & 0 \\ 0 & 0 & 0 & 0 & h_1 & h_0 \end{bmatrix} \begin{bmatrix} a_{-2} \\ a_{-1} \\ a_0 \\ a_1 \\ a_2 \\ a_3 \end{bmatrix} + \begin{bmatrix} n_{-1} \\ n_0 \\ n_1 \\ n_2 \\ n_3 \end{bmatrix}$$

2. 均衡器

因为噪声为白噪声，这种观测模型可以使用一种 SSM 均衡器[96]。对于很长的信道（L_{WMF}很大）和很大的星座集（$|\Omega|$ 很大），SSM 均衡器的计算复杂度太高。我们还可以采用滑动窗均衡器 MMSE[99,104]，或者是（滑动窗）MC 均衡器。可以利用矩阵$\boldsymbol{H}_{WMF}$的托普利兹结构降低 MMSE 均衡器的计算复杂度。

11.2.4 过采样接收机

1. 接收机

过采样接收机是匹配滤波接收机的一种替代方案。我们用一个速率为 N/T 的平方根奈奎斯特脉冲 $q(t)$ 对信号 $r(t)$ 进行滤波，产生的信号可以表示为

$$y_{\mathrm{OS}}(t) = \int_{-\infty}^{+\infty} q(u) r(t-u) \mathrm{d}u \tag{11.17}$$

$$y_{\mathrm{OS}}(t) = \sum_{k=-\infty}^{+\infty} a_k h_{\mathrm{OS}}(t-kT) + n_{\mathrm{OS}}(t) \tag{11.18}$$

按时刻 $k'T + mTN (m = 0, 1, \cdots, N-1, k' \in \mathbb{Z})$ 采样，得到 $y_{\mathrm{OS}}(k'T + mT/N)$，这里用 $y_{k'}^{(m)}$ 简写。

观测结果可以表示为

$$y_{k'}^{(m)} = \sum_{k=-\infty}^{+\infty} ak\, h_{k'-k}^{(m)} + n_{k'}^{(m)} \tag{11.19}$$

式中，$h_k^{(m)} = h_{\mathrm{OS}}(kT + mT/N)$，有

$$\mathbb{E}\{ N_{k'}^{(m)} (N_{k''}^{(m')})^* \} = N_0 \delta_{k'-k''} \delta_{m-m'}$$

由于 $h_{\mathrm{OS}}(t)$ 中时间通常（近似地）限制在 $t \in [L_{\min}T, L_{\max}T]$，也可以将其写为

$$y_k^{(m)} = \sum_{l=L_{\min}}^{L_{\max}} h_l^{(m)} a_{k-l} + n_k^{(m)} \tag{11.20}$$

通过矢量化，可得

$$\boldsymbol{y}_{\mathrm{OS}} = \boldsymbol{H}_{\mathrm{OS}} \boldsymbol{a} + \boldsymbol{n}_{\mathrm{OS}} \tag{11.21}$$

注意，$\boldsymbol{H}_{\mathrm{OS}}$ 不再是一个托普利兹矩阵，而变成了一个带状矩阵。

例 11.2

假设 $N = 2$，$L_{\min} = 0$，$L_{\max} = 1$，我们观测 $y_{\mathrm{OS}}(-T)$，…，$y_{\mathrm{OS}}(2T)$，有

$$\begin{bmatrix} y_{-1}^{(0)} \\ y_{-1}^{(1)} \\ y_0^{(0)} \\ y_0^{(1)} \\ y_1^{(0)} \\ y_1^{(1)} \\ y_2^{(0)} \end{bmatrix} = \begin{bmatrix} h_1^{(0)} & h_0^{(0)} & 0 & 0 & 0 \\ h_1^{(1)} & h_0^{(1)} & 0 & 0 & 0 \\ 0 & h_1^{(0)} & h_0^{(0)} & 0 & 0 \\ 0 & h_1^{(1)} & h_0^{(1)} & 0 & 0 \\ 0 & 0 & h_1^{(0)} & h_0^{(0)} & 0 \\ 0 & 0 & h_1^{(1)} & h_0^{(1)} & 0 \\ 0 & 0 & 0 & h_1^{(0)} & h_0^{(0)} \end{bmatrix} \begin{bmatrix} a_{-2} \\ a_{-1} \\ a_0 \\ a_1 \\ a_2 \end{bmatrix} + \boldsymbol{n}_{\mathrm{OS}}$$

从实际观点来看，过采样接收机有其优势：观测结果 y_{OS} 可以在不了解信道 $h(t)$ 的情况下得到。这使得我们可以在数字域进行信道估计。这一点不同于依赖 $h(t)$ 获得观测结果 y_{MF} 或 y_{WMF} 的匹配滤波接收机。

2. 均衡器

由于噪声是白噪声，原则上可以使用 SSM 均衡器。然而信道长度 $L_{os} = L_{max} - L_{min} + 1$ 经常很大，因此实际中只能使用滑动窗 MMSE 均衡器[105]或者（滑动窗）MC 均衡器。

11.3 多载波调制

11.3.1 接收信号波形

由 2.3.1 节，对于 OFDM 系统，接收到的波形可以表示为

$$r(t) = \sum_{k=-\infty}^{+\infty} \sum_{l=-N_{CP}}^{N_{FFT-1}} \check{a}_{l,k} h(t - lT - kT_{OFDM}) + n(t) \tag{11.22}$$

式中：$\check{a}_{l,k}$ 为第 k 个 OFDM 符号的第 l 个时域值；$h(t)$ 为等价信道（包括传输能量因子 $\sqrt{E_s N_{FFT}/(N_{FFT} + N_{CP})}$）；$n(t)$ 为复高斯白噪声过程，实分量和虚分量独立，能量谱密度为 $N_0/2$；T_{OFDM} 为 OFDM 的符号周期。

矢量 $\boldsymbol{a}$ 对应于式（11.22）中 $k=0, 1, \cdots, N-1$ 共 N 个 OFDM 符号，即 $N_s = NN_{FFT}$（假设所有的子载波都用于传输数据）。

11.3.2 OFDM 接收机

1. 接收机

首先用一个速率为 $1/T$ 的单位能量平方根奈奎斯特滤波器 $q(t)$ 对 $r(t)$ 进行滤波，可得

$$\check{y}(t) = \int_{-\infty}^{+\infty} q(u) r(t-u) \mathrm{d}u \tag{11.23}$$

$$y(t) = \sum_{k=-\infty}^{+\infty} \sum_{l=-N_{CP}}^{N_{FFT-1}} \check{a}_{l,k} \check{h}(t - lT - kT_{OFDM}) + \check{n}(t) \tag{11.24}$$

OFDM 接收机工作原理如图 11.3 所示。

OFDM 接收机包括滤波器、ADC 以及串行到并行的转换。循环前缀相应的采样被丢弃。剩下的 N_{FFT} 个采样被转换到频域并且送到均衡节点。

让我们来引入 $\check{h}(t)$ 的支持（support）的概念。令 t_{min} 为 $\check{h}(t) = 0$ 的最大时刻，$t < t_{min}$；相似地，令 t_{max} 为 $\check{h}(t) = 0$ 的最小时刻，$t > t_{max}$。$\check{h}(t)$ 的

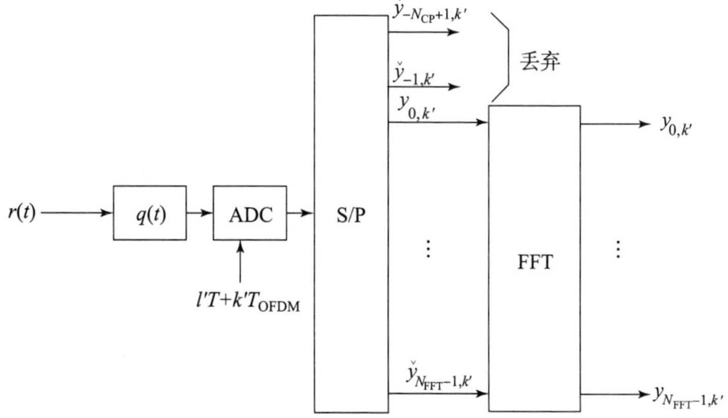

图 11.3　OFDM 接收机

支持由时间间隔 $[t_{min}, t_{max}]$ 确定，$h^{(n)}(t)=0$ 对所有支持时间 $[t_{min}, t_{max}]$ 外的时间 t 恒成立。OFDM 系统的关键特质之一是信道的延迟扩展不会超出循环前缀的时长 $N_{CP}T$。更确切地说：

$$\frac{t_{max}-t_{min}}{T} < N_{CP}+1 \tag{11.25}$$

为方便起见，假设$\check{h}(t)$ 的支持是 $[0, N_{DS}T)$，$N_{DS} \leqslant N_{CP}+1$。对$\check{y}(t)$ 在 $l'T+k'T_{OFDM}$时间点采样（$l=0, 1, \cdots, N_{FFT}-1$，$k'=0, 1, \cdots, N-1$），可得

$$\check{y}_{l',k'} = \sum_{k=-\infty}^{+\infty} \sum_{l=-N_{CP}}^{N_{FFT-1}} \check{a}_{l,k}\, \check{h}(l'T + k'T_{OFDM} - lT - kT_{OFDM}) + \check{n}_{l',k'} \tag{11.26}$$

式中，$E\check{N}_{l',k'}\check{N}^*_{l'',k''} = \delta l' - l''\delta k' - k''N_0$。

注意，与循环前缀相对应的 N_{CP}样本被丢弃了。$\check{h}(t)$ 有限的支持使得 $\check{y}_{l'k'}$可以用一个更加简短紧凑的形式表示，即

$$\check{y}_{l',k'} = \sum_{l=-N_{CP}}^{N_{FFT-1}} \check{a}_{l,k'}\, \check{h}_{l'-l} + \check{n}_{l',k'} \tag{11.27}$$

式中，$\check{h}_l = \check{h}(lT)$。

可以发现，对于一个固定的 k'，样本$\check{y}_{l'k'}$（$l=0, 1, \cdots, N_{FFT}-1$）不会受到从其他 OFDM 符号中的时域值$\check{a}_{l,k}$的干扰。还可以注意到，对于 $l<0$ 和 $l \geqslant N_{DS}$，$\check{h}_l=0$。

对于一个固定的 k'，矢量化N_{FFT}，可得

$$\check{y}_{k'} = \check{H}\check{a}_{k'} + \check{n}_{k'} \tag{11.28}$$

式中：$E\{\check{N}_{k'}\check{N}^H_{k'}\} = I_{N_{FFT}}N_0$，$\check{a}_{k'} = [\check{a}_{0,k'}, \cdots, \check{a}_{N_{FFT}-1,k'}]^T$；$\check{H}$为一个$N_{FFT} \times N_{FFT}$

的循环矩阵。

对于$N_{\mathrm{FFT}}=8$，$N_{\mathrm{DS}}=3$ 的情况，循环矩阵为

$$\check{\boldsymbol{H}}=\begin{bmatrix}\check{h}_0 & 0 & 0 & 0 & 0 & 0 & \check{h}_2 & \check{h}_1\\ \check{h}_1 & \check{h}_0 & 0 & 0 & 0 & 0 & 0 & \check{h}_2\\ \check{h}_2 & \check{h}_1 & \check{h}_0 & 0 & 0 & 0 & 0 & 0\\ 0 & \check{h}_2 & \check{h}_1 & \check{h}_0 & 0 & 0 & 0 & 0\\ 0 & 0 & 0 & \check{h}_1 & \check{h}_0 & 0 & 0 & 0\\ 0 & 0 & 0 & \check{h}_2 & \check{h}_1 & \check{h}_0 & 0 & 0\\ 0 & 0 & 0 & 0 & \check{h}_2 & \check{h}_1 & \check{h}_0 & 0\\ 0 & 0 & 0 & 0 & 0 & \check{h}_2 & \check{h}_1 & \check{h}_0\end{bmatrix} \tag{11.29}$$

对于任何循环矩阵$\check{\boldsymbol{H}}$，都满足 $\boldsymbol{F}^{\mathrm{H}}\check{\boldsymbol{H}}\boldsymbol{F}$ 是一个对角线矩阵，则

$$\boldsymbol{y}_{k'}=\boldsymbol{F}^{\mathrm{H}}\check{y}_{k'} \tag{11.30}$$

$$\boldsymbol{y}_{k'}=\boldsymbol{F}^{\mathrm{H}}\check{\boldsymbol{H}}\boldsymbol{F}\boldsymbol{a}_{k'}+\boldsymbol{F}^{\mathrm{H}}\check{\boldsymbol{n}}_{k'} \tag{11.31}$$

$$\boldsymbol{y}_{k'}=\boldsymbol{H}\boldsymbol{a}_{k'}+\boldsymbol{n}_{k'} \tag{11.32}$$

式中：$\boldsymbol{E}\check{N}_{k'}\check{N}_{k'}^{\mathrm{H}}=I_{N_{\mathrm{FFT}}}N_0$，$\boldsymbol{H}=\mathrm{diag}(H_0,\ H_1,\ \cdots,\ H_{N_{\mathrm{FFT}}}-1)$，有

$$H_q=\frac{1}{F_{\mathrm{FFT}}}\sum_{l=0}^{N_{\mathrm{FFT}}-1}\check{h}_l\mathrm{e}^{\mathrm{j}2\pi ql/N_{\mathrm{FFT}}} \tag{11.33}$$

即

$$y_{k',q}=H_q a_{k',q}+n_{k',q} \tag{11.34}$$

式中，$k'=0,\ 1,\ \cdots,\ N-1$，$q=0$。

通过矢量化 $y_{k'}(k'=0,\ 1,\ \cdots,\ N-1)$，可以得到完整的观测。

2. 均衡器

我们的观测模型允许用因式分解 $p(\boldsymbol{Y}=\boldsymbol{y}\mid\boldsymbol{A},\ \mathcal{M})$ 的方法导出一个结构的均衡器[7]。由于噪声样本在不同子载波 q 和时刻 k 间是独立的，有

$$p(\boldsymbol{Y}=\boldsymbol{y}\mid\boldsymbol{A}=\boldsymbol{a},\mathcal{M})\propto\prod_{k=0}^{N-1}\exp\left(-\frac{1}{N_0}\|\boldsymbol{y}_k-\boldsymbol{H}\boldsymbol{a}_k\|^2\right) \tag{11.35}$$

$$=\prod_{k=0}^{N-1}\prod_{q=0}^{N_{\mathrm{FFT}-1}}\exp\left(-\frac{1}{N_0}|\boldsymbol{y}_{k,q}-\boldsymbol{H}_q\boldsymbol{a}_{k,q}|^2\right) \tag{11.36}$$

因此 $p(\boldsymbol{Y}=\boldsymbol{y}\mid\boldsymbol{A},\ \mathcal{M})$ 的因子图由 $N\times N_{\mathrm{FFT}}$个不相交的图组成，从而可得 $\mu_{\mathrm{eq}\to A_{k,q}}(a)\propto\exp(-|y_{k,q}-H_q a|^2N_0)$。注意，从均衡器到解映射器的消息不需要从解映射器到均衡器的消息 $\mu_{A_{k'q'}\to\mathrm{eq}}(a)$。因此，OFDM 的均衡仅仅需要执行一次，并不需要迭代。

在实际的 OFDM 系统中，不同的子载波可能用不同的星座集（如这取决

于子载波 q 的信道质量 $|H_q|$ ）。上述内容很容易推广到这种情况。

11.4　本章要点

在本章中，我们展示了从接收到的信号 $r(t)$ 里获取合适的观测模型 y 的方法。我们聚焦于单用户传输，其中发射机和接收机都只配备了一个天线。我们考虑了单载波和多载波调制两种情况。与传统接收机设计的一次性方法相比，因子图使我们能够以一种优雅的方法导出接近理想性能的迭代接收机。

对于单载波传输，我们讨论了匹配滤波器接收机、白化匹配滤波器接收机以及过采样接收机。大部分情况下都要用到带 MMSE 或者 MC 均衡的滑动窗均衡器。对于多载波调制，我们推导出了标准的 OFDM 接收机。从这样的观测模型中得到了著名的 OFDM 结构化（无迭代）均衡器。

第 12 章

均衡：多天线通信

12.1 概　　述

从第 2 章可知，在多天线（或 MIMO）通信中，发送机和/或接收机配备有多个天线（图 12.1）。多个接收天线可以接收到发送信号的多个独立的信号备份，通过这种分集使通信更为可靠：当一个接收天线接收到的信号处于深度衰落时，另一个天线接收到的信号可能经过了更理想的信道。多个发射天线既可以增加数据传输总量（因为独立的数据流可以在不同的天线上发射），也可以确保更可靠的通信（通过分集）。接收机的任务是整合多个天线上的信息并且尽可能分离来自不同发射天线的信号。在本章中，我们将应用因子图框架，导出用于单载波和多载波调制的接收机。尤其将详细描述用于空时编码、空间复用和 MIMO - OFDM 的接收机。

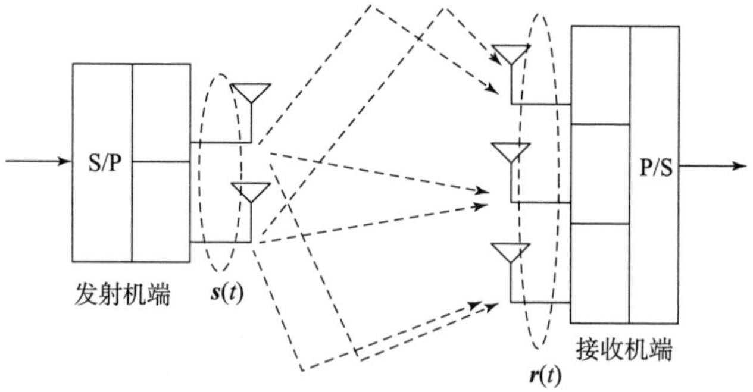

图 12.1　当发射天线数 $N_T = 2$ 和接收天线数 $N_R = 3$ 时的单用户多天线通信：被发送的 N_T 维等效基带信号 $s(t)$ 在此等效基带信道内传播，被接收机内的热噪声影响（得到被接收的等效基带信号可用 N_R 维矢量 $r(t)$ 表示）

我们将在合适的地方提及多个技术文献中的等价接收机。

本章内容安排如下：

- 在 12.2 节中，我们关注单载波调制并讲解如何得到一个合适的观测 y，如何计算从均衡器节点到解映射器节点的消息。空间复用和空时编码都将会被涉及。
- 12.3 节讨论以 MIMO - OFDM 系统的多载波调制。

12.2　单载波调制

12.2.1　接收信号波形

由 2.4.1 节，我们可以把特定时间 t 的发送信号写成 $N_T \times 1$ 的矢量$\boldsymbol{s}(t)$：

$$\boldsymbol{s}(t) = \sqrt{E_s}\sum_{k=-\infty}^{+\infty} \boldsymbol{a}_k p(t-kT) \tag{12.1}$$

式中：$\boldsymbol{a}_k$ 为第 k 个符号时间的发送符号矢量。

在接收机端，可以将接收信号表示为 N_R 长的矢量：

$$\boldsymbol{r}(t) = \sum_{k=-\infty}^{+\infty}\sum_{n=1}^{N_T} a_k^{(n)} \boldsymbol{h}^{(n)}(t-kT) + \boldsymbol{n}(t) \tag{12.2}$$

式中：$\boldsymbol{h}^{(n)}(t)$ 代表第 n 个发射天线与各个接收天线间的等效信道；$a_k^{(n)}$ 是在第 k 个符号时间被第 n 个发射天线发送的符号。

每根天线上的高斯噪声都是白噪声（频谱上是白的），并且各个天线上的噪声相互独立（我们称为在空间上是白的）。下面讨论两种发送模式：空时编码和空间复用。

1. 空时编码

让我们重温在第 2 章的 Alamouti 模式。我们的目标是用 Alamouti 空时分组码[22]通过 $N_T=2$，$N_R=1$ 的 MIMO 信道发送序列 a_0，a_1，…，a_{N_s-1}。假设 N_s 为偶数，我们将符号两两结合成对，第 k 对为（a_{2k}，a_{2k+1}）（$k=0$，1，…，$N_s/2-1$）。发送每一对都用两个符号间隔：在符号发送间隔 $2k$，我们发送 $\boldsymbol{a}_{2k}=[a_{2k}\quad a_{2k+1}]^T$，同时在符号发送间隔 $2k+1$，我们发送 $\boldsymbol{a}_{2k+1}=[-a_{2k+1}^*\quad a_{2k}^*]^T$。Alamouti 码是正交空时分组码的特例[23,24]。

2. 空间复用

在空间复用中，符号直接通过 MIMO 信道发送：N_s 个符号的序列（a_0，a_1，…，a_{N_s-1}）能在 N_s/N_T 符号间隔内发送完。在第 k 个符号间隔 $k \in \{0$,

1，⋯，$N_s/N_T-1\}$ 发送

$$\boldsymbol{a}_k = [a_k^{(1)}, a_k^{(2)}, \cdots, a_k^{(N_T)}]^T \tag{12.3}$$

和

$$\boldsymbol{a}_k = [a_{kN_T}, a_{kN_T+1} \cdots, a_{(k+1)N_T-1}]^T \tag{12.4}$$

12.2.2 频率平坦信道下的接收机

在频率平坦信道中，我们能将第 n 个发射天线和第 m 个接收天线间的信道表示为

$$h_m^{(n)}(t) = \alpha_m^{(n)} p(t-\tau) \tag{12.5}$$

式中：$p(t-\tau)$ 为速率为 $1/T$ 的平方根奈奎斯特发送脉冲；τ 为发送机与接收机间的传播时延（对于所有发送和接收天线都相同）；$\alpha_m^{(n)}$ 代表第 n 个发射天线和第 m 个接收天线间的复信道增益（包括发送能量）。

接收天线间的等效信道可表示为

$$\boldsymbol{h}^{(n)}(t) = \begin{bmatrix} \alpha_1^{(n)} \\ \vdots \\ \alpha_{N_R}^{(n)} \end{bmatrix} p(t-\tau) \tag{12.6}$$

在第 m 个接收天线处使用滤波器 $p^*(-t-\tau)$，在时间 $k'T(k' \in \mathrm{Z})$ 处对滤波器的输出进行采样，有

$$y_{m,k'} = \sum_{k=-\infty}^{+\infty} \int_{-\infty}^{+\infty} p^*(-u-\tau) r(-u+k'T) \mathrm{d}u \tag{12.7}$$

$$y_{m,k'} = \sum_{n=1}^{N_T} \alpha_m^{(n)} a_{k'}^{(n)} + n_{m,k'} \tag{12.8}$$

噪声采样值在空间和时间上都不相关：$E\{N_{m,k} N_{m',k'}^*\} = N_0 \delta_{k-k'} \delta_{m-m'}$。固定 k'，矢量化后得到大小为 $N_R \times 1$ 的矢量：

$$\boldsymbol{y}_{k'} = \boldsymbol{H}\boldsymbol{a}_{k'} + \boldsymbol{n}_{k'} \tag{12.9}$$

式中，$\boldsymbol{H}$ 为 $N_R \times N_T$ 信道矩阵，$[\boldsymbol{H}]_{m,n} = \alpha_m^{(n)}$。

1. 空时编码

式（12.9）中的信道矩阵是一个 1×2 的矢量。将时间 $2k$ 处的观测写为

$$y_{2k} = [\alpha^{(1)} \quad \alpha^{(2)}] \begin{bmatrix} a_{2k} \\ a_{2k+1} \end{bmatrix} + n_{2k} \tag{12.10}$$

在时间 $2k+1$ 处，有

$$y_{2k+1} = [\alpha^{(1)} \quad \alpha^{(2)}] \begin{bmatrix} -a_{2k+1}^* \\ a_{2k}^* \end{bmatrix} + n_{2k+1} \tag{12.11}$$

对 y_{2k+1} 取复共轭，并矢量化，可得

$$\begin{bmatrix} y_{2k} \\ y_{2k+1}^{*} \end{bmatrix} = \begin{bmatrix} \alpha^{(1)} & \alpha^{(2)} \\ (\alpha^{(2)})^{*} & -(\alpha^{(1)})^{*} \end{bmatrix} \begin{bmatrix} a_{2k} \\ a_{2k+1} \end{bmatrix} + \begin{bmatrix} n_{2k} \\ n_{2k+1}^{*} \end{bmatrix} \tag{12.12}$$

和

$$\begin{bmatrix} y_{2k} \\ y_{2k+1}^{*} \end{bmatrix} = \check{\boldsymbol{H}} \begin{bmatrix} a_{2k} \\ a_{2k+1} \end{bmatrix} + \begin{bmatrix} n_{2k} \\ n_{2k+1}^{*} \end{bmatrix} \tag{12.13}$$

Alamouti 模式保证了矩阵 $\tilde{\boldsymbol{H}}$ 是正交矩阵，有

$$\tilde{\boldsymbol{H}}^{\mathrm{H}} \tilde{\boldsymbol{H}} = \begin{bmatrix} E_{\mathrm{h}} & 0 \\ 0 & E_{\mathrm{h}} \end{bmatrix} \tag{12.14}$$

式中，$E_{\mathrm{h}} = |\alpha^{(1)}|^2 + |\alpha^{(2)}|^2$。

根据上述公式，可得

$$\tilde{\boldsymbol{y}}_k = \frac{1}{E_{\mathrm{h}}} \tilde{\boldsymbol{H}}^{\mathrm{H}} \begin{bmatrix} y_{2k} \\ y_{2k+1}^{*} \end{bmatrix} \tag{12.15}$$

$$\tilde{\boldsymbol{y}}_k = \begin{bmatrix} a_{2k} \\ a_{2k+1} \end{bmatrix} + \tilde{\boldsymbol{n}}_k \tag{12.16}$$

$$\tilde{\boldsymbol{y}}_k = \begin{bmatrix} \tilde{y}_{2k} \\ \tilde{y}_{2k+1} \end{bmatrix} \tag{12.17}$$

式中，$E\{\check{N}_k \check{N}_{k'}^{\mathrm{H}}\} = \delta_{k-k'} \boldsymbol{I}_2 N_0 / E_{\mathrm{h}}$。

将 $\tilde{y}_k (k = 0, 1, \cdots, N_s/2 - 1)$ 矢量化为 $\tilde{y}$，可得

$$\tilde{\boldsymbol{y}} = \boldsymbol{a} + \boldsymbol{n} \tag{12.18}$$

由式（12.18）导出如下似然函数：

$$p(\boldsymbol{Y} = \check{\boldsymbol{y}} \mid \boldsymbol{A} = \boldsymbol{a}, \mathcal{M}) \propto \exp\left(-\frac{E_{\mathrm{h}}}{N_0} \| \tilde{\boldsymbol{y}} - \boldsymbol{a} \|^2\right) \tag{12.19}$$

$$= \prod_{k=0}^{N_s - 1} \exp\left(-\frac{E_{\mathrm{h}}}{N_0} | \tilde{\boldsymbol{y}}_k - \boldsymbol{a}_k |^2\right) \tag{12.20}$$

因此 $p(\boldsymbol{Y} = \boldsymbol{y} | \boldsymbol{A}, \mathcal{M})$ 的因子图由 N_s 个不相交的图组成。对这些不相交的图应用 SPA 即可得到结构化均衡器[22]。

注意到从均衡器到解映射器的消息不需要从解映射器到均衡器的消息 $\mu_{A_l \to \mathrm{eq}}(a_l)$。因此，空时分组码的均衡只需要执行一次，而不需要迭代。慢变信道也可以采用 Alamouti 模式：只要信道在 2 个连续符号间隔内保持不变。

2. 空间复用

我们可以使用一个基于观测式（12.9）的结构化方法。我们将观测 y_0，

y_1，…，y_{N_s/N_T-1}矢量化以得到长矢量 $\boldsymbol{y}$。因为在不同时刻 k 的噪声采样值是相互独立的，有

$$p(\boldsymbol{Y}=\boldsymbol{y}\mid\boldsymbol{A}=\boldsymbol{a},\mathcal{M})=\prod_{k=0}^{N_s/N_T-1}p(\boldsymbol{Y}_k=\boldsymbol{y}_k\mid\boldsymbol{A}_k=\boldsymbol{a}_k,\mathcal{M}) \quad (12.21)$$

和

$$p(\boldsymbol{Y}=\boldsymbol{y}\mid\boldsymbol{A}=\boldsymbol{a},\mathcal{M})\propto\prod_{k=0}^{N_s/N_T-1}\exp\left(-\frac{1}{N_0}\|\boldsymbol{y}_k-\boldsymbol{H}\boldsymbol{a}_k\|^2\right) \quad (12.22)$$

利用图 12.2 中的因子图，导出结构化均衡器[106-108]：

$$\mu_{\mathrm{eq}\to A_k^{(n)}}(a)\propto\sum_{\boldsymbol{a}_k\in\Omega^{N_T}:a_k^{(n)}=a}\exp\left(-\frac{1}{N_0}\|\boldsymbol{y}_k-\boldsymbol{H}\boldsymbol{a}_k\|^2\right)\prod_{n'\neq n}\mu_{(A_k^{(n')})\to\mathrm{eq}}(a_k^{(n')}) \quad (12.23)$$

此均衡器的整体复杂度是 $O(N_s|\Omega|^{N_T})$。对观测值 $\boldsymbol{y}_k=\boldsymbol{H}\boldsymbol{a}_k+\boldsymbol{n}_k$ 应用 MMSE 均衡[109]或 MC 均衡[100]可以极大地降低复杂度。注意这些近似只在图 12.2 的单个节点上进行。对于 $N_T>1$ 的情况，因为从均衡器到解映射器的消息依赖于从解映射器到均衡器的消息，所以均衡器全是迭代的。

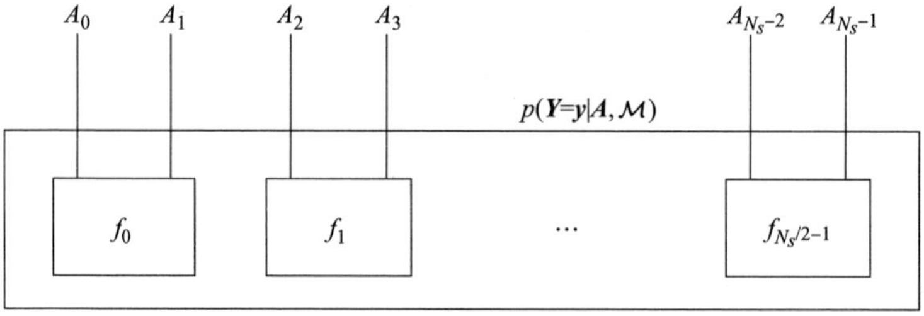

图 12.2　对使用空间复用的频率平坦 MIMO 系统的 $p(\boldsymbol{Y}=\boldsymbol{y}|\boldsymbol{A},\mathcal{M})$ 的因子图

在此例中，有

$N_T=2$，$f_m(a_{2m},a_{am+1})=\exp(-\|\boldsymbol{y}_m-\boldsymbol{H}\boldsymbol{a}_m\|^2/N_0)$，$\boldsymbol{a}_m=[a_{2m}\quad a_{2m+1}]^T$

12.2.3　频率选择性信道下的接收机

1. 接收机

在各个接收天线上过采样的接收机可以如下推导。我们对接收天线接收到的波形用速率 N/T 的平方根奈奎斯特脉冲进行滤波，接着对滤波后的信号在时刻 $kT+mT/N(m=0,1,\cdots,N-1,k\in\mathbf{Z})$ 进行采样。由矢量化时刻 $kT+mT/N$ 的 N_R 个观测，可得到（见 11.2.4 节）

$$\boldsymbol{y}_k^{(m)} = \sum_{n=1}^{N_{\mathrm{T}}} \sum_{l=L_{\min}}^{L_{\max}} \boldsymbol{h}_l^{(n,m)} a_{k-l}^{(n)} + \boldsymbol{n}_k^{(m)} \tag{12.24}$$

式中：$\boldsymbol{h}_l^{(n,m)}$ 为 $N_{\mathrm{R}} \times 1$ 的信道冲激响应矢量，表示从第 n 个发射天线到 N_{R} 个接收天线，其包含时刻 $kT + mT/N$（其中 $L_{\min} \leqslant l \leqslant L_{\max}$，$0 \leqslant m \leqslant N-1$）；$\boldsymbol{n}_k^{(m)}$ 为时刻 $kT+mT/N$ 时第 N_{R} 个接收天线处的噪声。

噪声采样值在空间和时间上不相关：

$$\mathbb{E}\{\boldsymbol{N}_k^{(m)}(\boldsymbol{N}_{k'}^{(m')})^{\mathrm{H}}\} = \delta_{k-k'}\delta_{m-m'}\boldsymbol{I}_{N_{\mathrm{R}}}N_0 \tag{12.25}$$

引入 $\boldsymbol{a}_k = [a_k^{(1)},\ a_k^{(2)},\ \cdots,\ a_k^{(N_{\mathrm{T}})}]^{\mathrm{T}}$ 和 $N_{\mathrm{R}} \times N_{\mathrm{T}}$ 矩阵 $\boldsymbol{H}_l^{(m)} = [\boldsymbol{h}_l^{(1,m)},\ \boldsymbol{h}_l^{(2,m)},\ \cdots,\ \boldsymbol{h}_l^{(N_{\mathrm{T}},m)}]^{\mathrm{T}}$，有

$$\boldsymbol{y}_k^{(m)} = \sum_{l=L_{\min}}^{L_{\max}} \boldsymbol{H}_l^{(m)} a_{k-l} + \boldsymbol{n}_k^{(m)} \tag{12.26}$$

再次矢量化采样值（先固定 k，然后遍历全部的 k），可得

$$\boldsymbol{y} = \boldsymbol{H}\boldsymbol{a} + \boldsymbol{n} \tag{12.27}$$

例 12.1

当 $L_{\min}=0$，$L_{\max}=1$，$N=1$，$N_{\mathrm{T}}=2$，$N_{\mathrm{R}}=2$ 时，只有 $m=0$ 才能满足 $N=1$，因此可以去掉上标 m。假设取观测 $y_k(k=-1,0,1,2,3)$，有

$$\boldsymbol{y} = [\boldsymbol{y}_{-1}^{\mathrm{T}}\quad \boldsymbol{y}_0^{\mathrm{T}}\quad \boldsymbol{y}_1^{\mathrm{T}}\quad \boldsymbol{y}_2^{\mathrm{T}}\quad \boldsymbol{y}_3^{\mathrm{T}}]^{\mathrm{T}} = \begin{bmatrix} \boldsymbol{H}_1 & \boldsymbol{H}_0 & 0 & 0 & 0 & 0 \\ 0 & \boldsymbol{H}_1 & \boldsymbol{H}_0 & 0 & 0 & 0 \\ 0 & 0 & \boldsymbol{H}_1 & \boldsymbol{H}_0 & 0 & 0 \\ 0 & 0 & 0 & \boldsymbol{H}_1 & \boldsymbol{H}_0 & 0 \\ 0 & 0 & 0 & 0 & \boldsymbol{H}_1 & \boldsymbol{H}_0 \end{bmatrix} \begin{bmatrix} \boldsymbol{a}_{-2} \\ \boldsymbol{a}_{-1} \\ \boldsymbol{a}_0 \\ \boldsymbol{a}_1 \\ \boldsymbol{a}_2 \\ \boldsymbol{a}_3 \end{bmatrix} \begin{bmatrix} \boldsymbol{n}_{-1} \\ \boldsymbol{n}_0 \\ \boldsymbol{n}_1 \\ \boldsymbol{n}_2 \\ \boldsymbol{n}_3 \end{bmatrix}$$

2. 均衡器

我们只考虑空时复用的情况：可以采用 MMSE 滑动窗均衡器[110-112]，可能会采用 MC 均衡器（带滑动窗）。空间复用的 MIMO 均衡器总是需要来自解映射器的消息。因此，均衡以迭代的方式进行。

12.3　多载波调制

12.3.1　接收信号波形

由 2.4.2 节可知，在第 n 个发射天线上的发送信号可以写为

$$s^{(n)}(t) = \sqrt{\frac{E_s N_{\mathrm{FFT}}}{N_{\mathrm{FFT}} + N_{\mathrm{CP}}}} \sum_{k=-\infty}^{+\infty} \sum_{l=-N_{\mathrm{CP}}}^{N_{\mathrm{FFT}-1}} \check{a}_{l,k}^{(n)} p^{(n)}(t - lT - kT_{\mathrm{OFDM}}) \qquad (12.28)$$

式中：$\check{a}_{l,k}^{(n)}$代表第 n 个发射天线发送的第 k 个 OFDM 符号上的第 l 个时域值。

在有 N_{R} 个接收天线的接收机处，时刻 t 被接收信号可以表示为 $N_{\mathrm{R}} \times 1$ 的矢量：

$$\boldsymbol{r}(t) = \sum_{k=-\infty}^{+\infty} \sum_{n=1}^{N_{\mathrm{T}}} \sum_{l=-N_{\mathrm{CP}}}^{N_{\mathrm{FFT}-1}} \check{a}_{l,k}^{(n)} \boldsymbol{h}^{(n)}(t - lT - kT_{\mathrm{OFDM}}) + \boldsymbol{n}(t) \qquad (12.29)$$

式中：$\boldsymbol{h}^{(n)}(t)$ 代表第 n 个发射天线与众多接收天线间的等效信道（包括因子 $\sqrt{E_s N_{\mathrm{FFT}}/(N_{\mathrm{FFT}} + N_{\mathrm{CP}})}$）。

长为 N_s 的编码数据符号序列随着 $N_s/(N_{\mathrm{FFT}} N_{\mathrm{T}})$ 个连续 OFDM 符号被发送。我们将用 $a_{q,k}^{(n)}$ 表示第 n 个发射天线上用第 q 个子载波随第 k 个 OFDM 符号发送的符号。

12.3.2 MIMO-OFDM 接收机

1. 接收机

每个接收天线处有一个基本 OFDM 接收机（图 12.3）：对信号用速率 $1/T$ 的平方根奈奎斯特脉冲进行滤波，得到在时刻 t 的 $N_{\mathrm{R}} \times 1$ 观测：

$$\check{\boldsymbol{y}}(t) = \sum_{k=-\infty}^{+\infty} \sum_{n=1}^{N_{\mathrm{T}}} \sum_{l=-N_{\mathrm{CP}}}^{N_{\mathrm{FFT}-1}} \check{a}_{l,k}^{(n)} \check{\boldsymbol{h}}^{(n)}(t - lT - kT_{\mathrm{OFDM}}) + \check{\boldsymbol{n}}(t) \qquad (12.30)$$

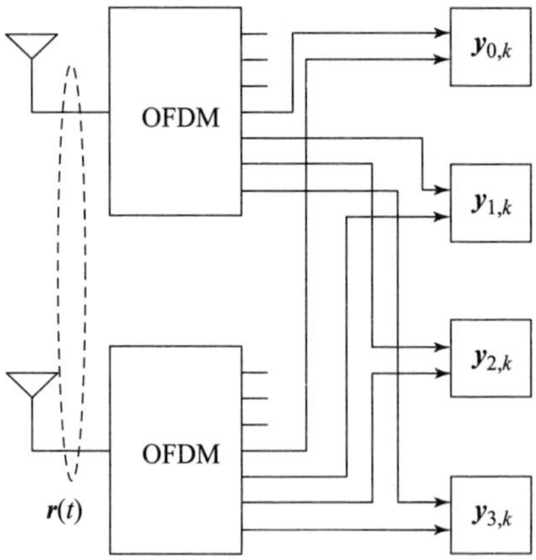

图 12.3　$N_{\mathrm{R}}=2$，而 $N_{\mathrm{FFT}}=4$ 的子载波且循环前缀长度为 3 的 MIMO－OFDM 接收机

在支持时间内，$\boldsymbol{h}^{(n)}(t)$ 定义与单天线情况下类似：如图 12.4 所示，信

道 $\boldsymbol{h}^{(n)}(t)=0$ 对所有支持时间 $[t_{\min}, t_{\max}]$ 外的时间 t 恒成立。为了标记方便，假设对所有 $\boldsymbol{h}^{(n)}(t)(n\in\{1, 2, \cdots, N_{\mathrm{T}}\})$ 的时间支持是 $[0, N_{\mathrm{DS}}T)$，其中 $N_{\mathrm{DS}}<N_{\mathrm{CP}}+1$。在时刻 $l'T+k'T_{\mathrm{OFD}}$ 采样，其中 $l'=0, 1, \cdots, N_{\mathrm{FFT}}-1$，$k'=0, 1, \cdots, N-1$，舍弃对应循环前缀的采样值，应用 DFT 矩阵 $\boldsymbol{F}^{\mathrm{H}}$，得出 OFDM 符号 k、接收天线 m、子载波 q 下的下列观测（见 11.3.2 节）：

$$y_{q,k,m}=\sum_{n=1}^{N_{\mathrm{T}}}H_{q,m}^{(n)}a_{q,k}^{(n)}+n_{q,k,m} \tag{12.31}$$

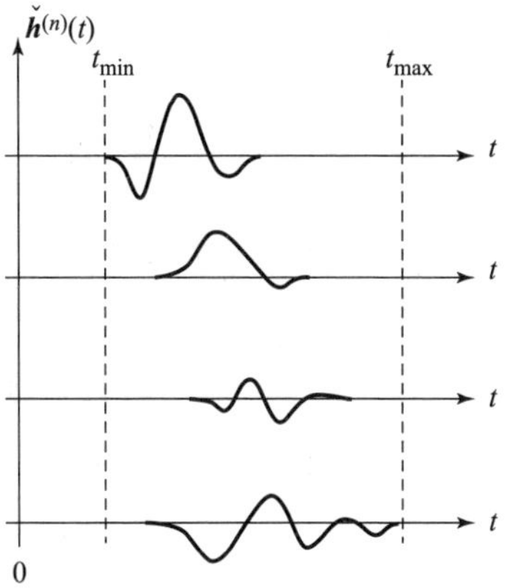

图 12.4　$N_{\mathrm{R}}=4$ 的 MIMO - OFDM 信道 $\check{\boldsymbol{h}}^{(n)}(t)$ 的支持时间

如果对单个子载波和单个 OFDM 符号感兴趣，则可以将众多接收天线的观测矢量化为 $N_{\mathrm{R}}\times 1$ 矢量，则

$$\boldsymbol{y}_{q,k}=\boldsymbol{H}_{q}\boldsymbol{a}_{q,k}+\boldsymbol{n}_{q,k} \tag{12.32}$$

式中：$E\{\boldsymbol{N}_{q,k}\boldsymbol{N}_{q',k'}^{\mathrm{H}}\}=\delta_{k-k'}\delta_{q-q'}\boldsymbol{N}_0\boldsymbol{I}_{N_{\mathrm{R}}}$，$a_{q,k}=[a_{q,k}^{(1)}, \cdots, a_{q,k}^{(N_{\mathrm{T}})}]^{\mathrm{T}}$，$\boldsymbol{H}_l$ 是一个从多天线发送端到多天线接收端的第 l 个子载波的 $N_{\mathrm{R}}\times N_{\mathrm{T}}$ 信道增益矩阵矩阵。

MIMO - OFDM 接收机可以被看作和子载波一一对应的多个频率平坦信道标准 MIMO 接收机。最终的观测值 $\boldsymbol{y}$ 可以由对全体 q、k 的 $\boldsymbol{y}_{q,k}$ 矢量化得到。

2. 均衡器

因为在不同时刻 k，不同子载波 q 的噪声采样值是相互独立的，我们能够将似然函数表示为

$$p(\boldsymbol{Y}=\boldsymbol{y}\mid\boldsymbol{A}=\boldsymbol{a},\mathcal{M})=\prod_{q=0}^{N_{\mathrm{FFT}}-1}\prod_{k=0}^{N-1}p(\boldsymbol{Y}_{q,k}=\boldsymbol{y}_{q,k}\mid\boldsymbol{A}_{q,k}=\boldsymbol{a}_{q,k},\mathcal{M}) \tag{12.33}$$

$$p(\boldsymbol{Y}=\boldsymbol{y}\mid\boldsymbol{A}=\boldsymbol{a},\mathcal{M})\propto\prod_{q=0}^{N_{\mathrm{FFT}}-1}\prod_{k=0}^{N-1}\exp\left(-\frac{1}{N_0}\|\boldsymbol{y}_{q,k}-\boldsymbol{H}_q\boldsymbol{a}_{q,k}\|^2\right)\quad(12.34)$$

得到结构化均衡器[113,114]：

$$\mu_{\mathrm{eq}\to A_{q,k}^{(n)}}(a)\propto\sum_{\boldsymbol{a}_{q,k}\in\Omega^{N_\mathrm{T}}:a_{q,k}^{(n)}=a}\exp\left(-\frac{1}{N_0}\|\boldsymbol{y}_{q,k}-\boldsymbol{H}_q\boldsymbol{a}_{q,k}\|^2\right)\prod_{n'\neq n}\mu_{(A_{q,k}^{(n')})\to\mathrm{eq}}(a_{q,k}^{(n')})\quad(12.35)$$

此均衡器的整体复杂度是 $O(N_s|\Omega|^{N_\mathrm{T}})$。另外，我们能利用 MMSE 均衡器[113]或 MC 均衡器降低整体复杂度。注意当 $N_\mathrm{T}>1$ 时，均衡器是迭代的。

12.4 本章要点

在理论上，MIMO 系统相比单天线系统有很大的容量增益。为了在实际中充分利用潜在的增益，我们必须考虑如何设计最先进的迭代接收机。对于单载波和多载波调制，分别推导了这样的接收机；除了频率平坦信道下的正交空时编码之外，其他接收机都需要在均衡和解映射/译码间进行迭代。

第 13 章

均衡：多用户通信

13.1 概　　述

在多用户通信中，用户将信号通过一个相同的信道传输到一个接收机（图 13.1）。为了让接收机能够从多用户中成功地恢复信息，信道必须在用户间共享。

多址接入技术，如时分多址（Time - Division Multiple Access，TDMA）和频分多址（Frequency - Division Multiple Access，FDMA），可以使得用户之间完全正交，并且接收机可以变得简单，但与此同时带宽效率却会明显下降。直接序列码分多址技术（Direct - Sequence Code - Division Multiple Access，DS - CDMA）可以克服这个困难，其所有用户同时用相同的频率带宽来传输信号。传统的直接序列码分多址接收机由一组单用户检测器组成（也就是 Rake 接收机[115]），每个对应一个用户。多址接入干扰（Multiple - Access Interference，MAI）在 Rake 接收机的输出端可以被消除。

Verdú[31]的开创性工作表明，进行多用户联合信息检测可以获得显著的性能增益。这就是所谓的多用户检测（Multi - User Detection，MUD）。由于理想的 MUD 通常很难实现，迭代 MUD 的研究[97,116]已经得到学术界的关注。Wang 和 Poor 的文献［98］是迭代 MUD 的代表性工作。在这一章里，我们将看到因子图框架下 DS - CDMA 体制的迭代 MUD。

另外一种著名的多址接入技术是正交频分多址（OFDMA），其用户被分配不同的子载波。之后可以看到，如果满足同步约束的条件，用户之间在接收机端将保持正交，并且进行简单的非迭代均衡。

尽管还有很多其他的多址接入体制，我们将在本章推导出一般性的均衡器。同时读者也应注意，多用户通信与多天线通信非常相似：多用户系统能被看作一个发射天线在空间中被分离的 MIMO 系统（因为它们属于不同的用户）。

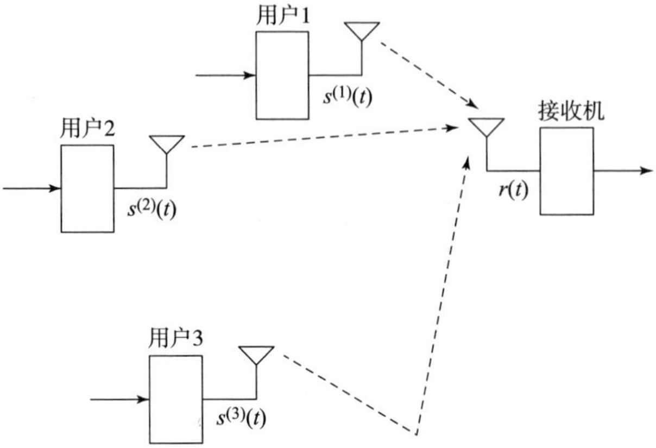

图 13.1　有着 $N_u=3$ 的活跃用户的多用户，单天线通信传输到一个单一的接收机

图中，用户 k 的相应的基带传输信号为 $s^{(k)}(t)$，在经过信道传输后，接收机获得一个被热噪声干扰的 N_u 个信号的叠加。

本章内容安排如下：

- 在 13.2 节介绍 DS－CDMA，考虑同步与非同步传输两种情况。
- 在 13.3 节讨论 OFDMA。

13.2　直接序列码分多址

13.2.1　接收信号波形

在第 n 个用户传输的信号可以写为（见 2.5 节）

$$s^{(n)}(t) = \sqrt{E_s^{(n)}}\sum_{k=-\infty}^{+\infty} a_k^{(n)} p^{(n)}(t-kT) \tag{13.1}$$

式中：$a_k^{(n)}$ 为第 n 个用户发送的第 k 个符号；$p^{(n)}(t)$ 为第 n 个用户的发送脉冲。

这个脉冲可以表示为

$$p^{(n)}(t) = \frac{1}{\sqrt{N_{SG}}}\sum_{i=0}^{N_{SG}-1} d_i^{(n)} p_s\left(t - i\frac{T}{N_{SG}}\right) \tag{13.2}$$

式中：$\boldsymbol{d}^{(n)} = [d_0^{(n)}, d_1^{(2)}, \cdots, d_{N_{SG}-1}^{(n)}]^T$ 是第 k 个用户的扩频序列，并且 $p_s(t)$ 是

一个速率为 N_{SG}/T 的平方根奈奎斯特脉冲。一共有 N_u 个用户，接收信号可以写为

$$r(t) = \sum_{n=1}^{N_u}\sum_{k=-\infty}^{+\infty} a_k^{(n)} h^{(n)}(t-kT) + n(t) \tag{13.3}$$

式中：$h^{(n)}(t)$ 为第 n 个等效信道，可以表示为

$$h^{(n)}(t) = \sqrt{E_s^{(n)}}\int_{-\infty}^{+\infty} h_{ch}^{(n)}(u)p^{(n)}(t-u)\,du \tag{13.4}$$

13.2.2　同步传输下的接收机

1. 接收机

在传统的同步传输体制中，发射端信号到达接收机之后首先进行同步处理。此外，假设传输经过频率平坦信道，有

$$h_{ch}^{(n)}(t) = a^{(n)}\delta(t-\tau) \tag{13.5}$$

则

$$h^{(n)}(t) = \sqrt{E_s^{(n)}}a^{(n)}p^{(n)}(t-\tau) \tag{13.6}$$

我们用一组 N_u 匹配滤波器对接收信号滤波，每个用户分配一个滤波器：$(h^{(n')}(-t))^*(n'=1,2,\cdots,N_u)$。在时刻 $k'T$ 对第 n 个滤波器的输出采样，可得

$$y^{(n')}k' = \sum_{n=1}^{N_u}\sum_{k=-\infty}^{+\infty} a_k^{(n)} g^{(n',n)}k'-k + n^{(n')}k' \tag{13.7}$$

和

$$g_k^{(n',n)} = \int_{-\infty}^{+\infty}(h^{(n')}(u))*h^{(n)}(k'T+u)\,du \tag{13.8}$$

$$= \frac{A^{(n',n)}\delta_{k'}}{N_{SG}}(d^{(n')})^{H}d^{(n)} \tag{13.9}$$

式中：$A^{(n',n)} = \sqrt{E_s^{(n)}E_s^{(n')}}(a^{(n')})^*a^{(n)}$。

对于所有的 n'，矢量化 $y_k'^{(n')}$ 可得 $k'T$ 时刻的 $N_u\times 1$ 观测：

$$\boldsymbol{y}_{k'} = \boldsymbol{H}\boldsymbol{a}_{k'} + \boldsymbol{n}_{k'} \tag{13.10}$$

式中：$\boldsymbol{H}$ 为一个 $N_u\times N_u$ 的矩阵，则

$$[\boldsymbol{H}]_{n',n} = \frac{A^{(n',n)}}{N_{SG}}(d^{(n')})^{H}d^{(n)} \tag{13.11}$$

和

$$E\{N_{k'}N_{k''}^{H}\} = \delta_{k'-k''}\boldsymbol{N}_0\boldsymbol{H} \tag{13.12}$$

在一些情况下，用户的扩频序列可以设计成正交的。此时，式（13.8）可以简化为

$$\frac{A^{(n',n)}}{N_{\mathrm{SG}}}(d^{(n')})^{\mathrm{H}}d^{(n)} = A^{(n,n)}\delta n - n' \tag{13.13}$$

矩阵 $\boldsymbol{H}$ 变成了一个对角阵。最后的观测结果 $\boldsymbol{y}$ 是由堆积 y'_k 获得的，对于所有的 k'。

2. 均衡器

由于噪声矢量 $\boldsymbol{n}_k$ 在不同的时刻 k 是相互独立的，有

$$p(\boldsymbol{Y} = \boldsymbol{y}|\boldsymbol{A} = \boldsymbol{a},\mathcal{M}) = \prod_{k=0}^{N_s-1} p(\boldsymbol{Y}_k = \boldsymbol{y}_k|\boldsymbol{A}_k = \boldsymbol{a}_k,\mathcal{M}) \tag{13.14}$$

$$p(\boldsymbol{Y} = \boldsymbol{y}|\boldsymbol{A} = \boldsymbol{a},\mathcal{M}) \propto \prod_{k=0}^{N_s-1} \exp\left(-\frac{1}{N_0}(\boldsymbol{y}_k - \boldsymbol{H}\boldsymbol{a}_k)^{\mathrm{H}}\boldsymbol{H}^{-1}(\boldsymbol{y}_k - \boldsymbol{H}\boldsymbol{a}_k)\right) \tag{13.15}$$

并且可得图 13.2 中的因子图。接着得到一个结构化均衡器[116]：

$$\mu_{\mathrm{eq}\to A_k^{(n)}}(a) \propto \sum_{a_k\in\Omega^{N_{\mathrm{u}}}:a_k^{(n)}=a} \exp\left(-\frac{1}{N_0}(\boldsymbol{y}_k - \boldsymbol{H}\boldsymbol{a}_k)^{\mathrm{H}}\boldsymbol{H}^{-1}(\boldsymbol{y}_k - \boldsymbol{H}\boldsymbol{a}_k)\right) * \prod_{n'\neq n}\mu_{A_k^{(n')}\to\mathrm{eq}}(a_k^{(n')}) \tag{13.16}$$

其计算复杂度为 $O(N_s|\Omega|^{N_{\mathrm{u}}})$ 。这种均衡器能够用 MMSE 均衡器[98]或 MC 均衡器[100]简化。可以发现，当 $N_{\mathrm{u}}>1$ 时均衡器是迭代的。

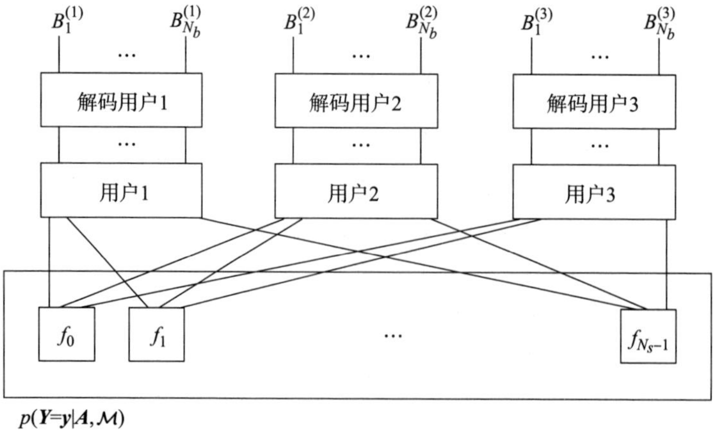

图 13.2　用户 $N_{\mathrm{u}}=3$ 的 DS－CDMA 同步传输系统因子图

（节点 f_k 代表函数 p（$Y_k=y_k|A_k=a_k$，$\mathcal{M}$），$k=0$，1，…，N_s-1）

在用户扩频码正交的情况下，$p(\boldsymbol{Y} = \boldsymbol{y}|\boldsymbol{A},\mathcal{M})$ 能够被因式分解为

$$p(\boldsymbol{Y}=\boldsymbol{y}|\boldsymbol{A}=\boldsymbol{a},\mathcal{M}) \propto \prod_{k=0}^{N_s-1}\exp\left(-\frac{1}{N_0}(\boldsymbol{y}_k-\boldsymbol{H}\boldsymbol{a}_k)^{\mathrm{H}}\boldsymbol{H}^{-1}(\boldsymbol{y}_k-\boldsymbol{H}\boldsymbol{a}_k)\right) \tag{13.17}$$

$$p(\boldsymbol{Y}=\boldsymbol{y}|\boldsymbol{A}=\boldsymbol{a},\mathcal{M}) \propto \prod_{k=0}^{N_s-1}\prod_{n=1}^{N_u}\exp\left(-\frac{1}{N_0 A^{(n,n)}}|\boldsymbol{y}^{(n)}-\boldsymbol{A}^{(n,n)}a|^2\right) \tag{13.18}$$

则

$$\mu_{\mathrm{eq}\to A_k^{(n)}}(a) \propto \exp\left(-\frac{1}{N_0\boldsymbol{A}^{(n,n)}}|\boldsymbol{y}_k^{(n)}-\boldsymbol{A}^{(n,n)}\boldsymbol{a}|^2\right) \tag{13.19}$$

这样就导出了一个无迭代的结构化均衡器。

13.2.3　异步传输下的接收机

在非同步传输中，用户之间不再同步并且信道是频率选择性的。这意味着第 n 个用户的信道在接收端是这样的：

$$h^{(n)}\mathrm{ch}(t) = \sum_{l=0}^{L-1} a_l^{(n)}\delta(t-\tau l^{(n)}) \tag{13.20}$$

下面考虑两种接收机：匹配滤波接收机和过采样接收机。

13.2.3.1　匹配滤波接收机

这种情况下的匹配滤波器与同步情况下一样（图 13.3）。用一组匹配滤波器来对接收到的信号进行滤波，每个用户分配一个：$(h^{(n')}(-t))^*(n'=1,2,\cdots,N_{\mathrm{u}})$。在时刻 $k'T$ 对第 n 个滤波器的输出进行采样：

$$y_{k'}^{(n')} = \sum_{n=1}^{N_u}\sum_{k=-\infty}^{+\infty} a_k^{(n)} g_{k'-k}^{(n',n)} + n_{k'}^{(n')} \tag{13.21}$$

$$y_{k'}^{(n')} = \sum_{n=1}^{N_u}\left\{\sum_{l=L_{\min}}^{L_{\max}^{(n)}} g_l^{(n',n)} a_{k'-l}^{(n)}\right\} + n_{k'}^{(n')} \tag{13.22}$$

式中：$L_{\min}^{(n)}\in\mathbf{Z}$ 和 $L_{\max}^{(n)}\in\mathbf{Z}$，$g_l^{(n',n)}$ 如式（13.8）所定义。

噪声信号现在是相关的：

$$E\{N_{k'}^{(n')}(N_{k''}^{(n'')})^*\} = N_0 g_{k'-k''}^{(n',n'')} \tag{13.23}$$

令 $L_{\min}=\min_n L_{\min}^{(n)}, L_{\max}=\max_n L_{\max}^{(n)}$，有

$$y_{k'}^{(n')} = \sum_{n=1}^{N_u}\sum_{l=L_{\min}}^{L_{\max}} g_l^{(n',n)} a_{k'-l}^{(n)} + n_{k'}^{(n')} \tag{13.24}$$

对于固定的 k'，矢量化可得观测为

$$\boldsymbol{y}'_k = \tilde{\boldsymbol{H}}\tilde{\boldsymbol{a}}_{k'} + \boldsymbol{n}_{k'} \tag{13.25}$$

式中：$\tilde{\boldsymbol{a}}_{k'}$ 为一个 $N_u*(L_{\max}-L_{\min+1})*1$ 的矢量，$\tilde{\boldsymbol{a}}_{k'}=[\boldsymbol{a}_{k'-L_{\max}}^{\mathrm{T}},\cdots,a_{k'-L_{\min}}^{\mathrm{T}}]^{\mathrm{T}}$，

$\boldsymbol{a}_{k'} = [a_{k'}^{(1)}, \cdots, a_{k'}^{(N_u)}]$；$\tilde{\boldsymbol{H}}$ 为一个 $N_u * N_u(L_{\max} - L_{\min} + 1)$ 的矩阵。

对于不同的 k' 矢量化，可得

$$\boldsymbol{y} = \boldsymbol{Ha} + \boldsymbol{n} \tag{13.26}$$

式中：$\boldsymbol{H}$ 为一个带状矩阵。

注意，噪声通常不是白噪声。

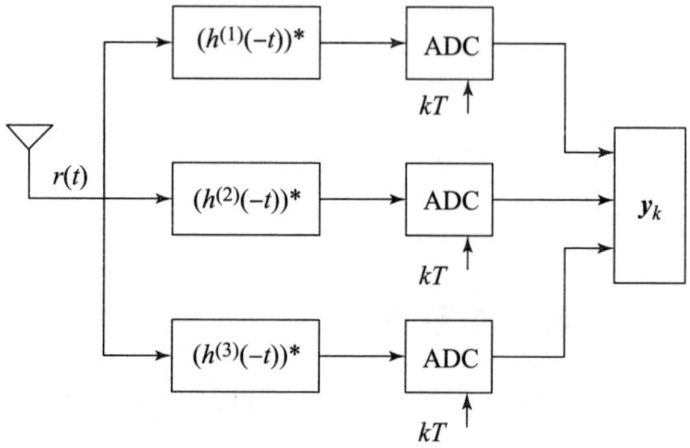

图 13.3　$N_u=3$ 个用户时对应的 DS－CDMA 非同步匹配滤波器接收机

例 13.1

考虑一个 $N_u=2$ 用户的系统，$N_{SG}=2$，$L_{\min}=1$，$L_{\max}=3$，有

$$\boldsymbol{y}_{k'} = [y_{k'}^{(1)} \quad y_{k'}^{(2)}]^{\mathrm{T}}$$

$$\boldsymbol{a}_{k'} = [a_{k'}^{(1)} \quad a_{k'}^{(2)}]^{\mathrm{T}}$$

$$\tilde{\boldsymbol{a}}_{k'} = [a_{k'-3}^{(1)} \quad a_{k'-3}^{(2)} \quad a_{k'-2}^{(1)} \quad a_{k'-2}^{(2)} \quad a_{k'-1}^{(1)} \quad a_{k'-1}^{(2)}]^{\mathrm{T}}$$

则

$$\tilde{\boldsymbol{H}} = \begin{bmatrix} g_3^{(1,1)} & g_3^{(1,2)} & g_2^{(1,1)} & g_2^{(1,2)} & g_1^{(1,1)} & g_1^{(1,2)} \\ g_3^{(2,1)} & g_3^{(2,2)} & g_2^{(2,1)} & g_2^{(2,2)} & g_1^{(2,1)} & g_1^{(2,2)} \end{bmatrix}$$

然后关于 k' 和 $k'+1$ 进行矢量化，即

$$\begin{bmatrix} y_{k'}^{(1)} \\ y_{k'}^{(2)} \\ y_{k'+1}^{(1)} \\ y_{k'+1}^{(2)} \end{bmatrix} = \begin{bmatrix} g_3^{(1,1)} & g_3^{(1,2)} & g_2^{(1,1)} & g_2^{(1,2)} & g_1^{(1,1)} & g_1^{(1,2)} & 0 & 0 \\ g_3^{(2,1)} & g_3^{(2,2)} & g_2^{(2,1)} & g_2^{(2,2)} & g_1^{(2,1)} & g_1^{(2,2)} & 0 & 0 \\ 0 & 0 & g_3^{(1,1)} & g_3^{(1,2)} & g_2^{(1,1)} & g_2^{(1,2)} & g_1^{(1,1)} & g_1^{(1,2)} \\ 0 & 0 & g_3^{(2,1)} & g_3^{(2,2)} & g_2^{(2,1)} & g_2^{(2,2)} & g_1^{(2,1)} & g_1^{(2,2)} \end{bmatrix} \cdot$$

$$\begin{bmatrix} a_{k'-3}^{(1)} \\ a_{k'-3}^{(2)} \\ a_{k'-2}^{(1)} \\ a_{k'-2}^{(2)} \\ a_{k'-1}^{(1)} \\ a_{k'-1}^{(2)} \\ a_{k'}^{(1)} \\ a_{k'}^{(2)} \end{bmatrix} + \begin{bmatrix} n_{k'}^{(1)} \\ n_{k'}^{(2)} \\ n_{k'+1}^{(1)} \\ n_{k'+1}^{(2)} \end{bmatrix}$$

13.2.3.2　过采样接收机

用一个速率为 T/N 的平方根奈奎斯特滤波器对信号 $r(t)$ 进行滤波，可得

$$y_{\mathrm{OS}}(t) = \sum_{n=1}^{N_u} \sum_{k=-\infty}^{+\infty} a_k^{(n)} h_{\mathrm{OS}}^{(n)}(t - kT) + n_{\mathrm{OS}}(t) \tag{13.27}$$

在时刻 $k'T + mT/N$ 采样，可得

$$y_{k'}^{(m)} = \sum_{n=1}^{N_u} \sum_{k=-\infty}^{+\infty} a_k^{(n)} h_{\mathrm{OS}}^{(n)}(k'T + mT/N - kT) + n_{k'}^{(m)} \tag{13.28}$$

$$= \sum_{n=1}^{N_u} \sum_{k=L_{\min}}^{L_{\max}} h_k^{(n,m)} a_{k'-k}^{(n)} + n_{k'}^{(m)} \tag{13.29}$$

此时，噪声样本是不相关的：$E\{N_k^{(m)}(N_{k'}^{(m')})^*\} = N_0\delta m - m'\delta_{k-k'}$。这与 $N_{\mathrm{R}}=1$ 的过采样 MIMO 接收机模型一模一样。将观测矢量化（先固定 k'，然后对不同的 k'）再次得到模型：

$$\boldsymbol{y} = \boldsymbol{Ha} + \boldsymbol{n} \tag{13.30}$$

- **均衡器**

匹配滤波器接收机和过采样接收机都会需要一个滑动窗 MMSE 均衡器[97,98]或一个 MC 均衡器，并且有可能与一个滑动窗相结合。

13.3　正交频分多址

我们在 2.5 节介绍过 OFDMA。在 OFDMA 中，有 N_{u} 个用户，每个用户有一根天线。每个用户都应用标准 OFDM 来数据传输。从接收机的观点看来，这使得 OFMDA 和 MIMO – OFDM 非常相似。接下来将并不意外地看到，MIMO – OFDM 技术实际上在此处可以被重用（见 12.3 节）。

13.3.1 接收信号波形

在时刻 t，拥有 N_R 个天线的接收机接收到的信号可以表示为 $N_R \times 1$ 矢量：

$$\boldsymbol{r}(t) = \sum_{k=-\infty}^{+\infty}\sum_{n=1}^{N_u}\sum_{l=-N_{CP}}^{N_{FFT}-1} \check{a}_{l,k}^{(n)}\boldsymbol{h}^{(n)}(t - lT - kT_{OFDM}) + \boldsymbol{n}(t) \quad (13.31)$$

式中：$\boldsymbol{h}^{(n)}(t)$ 为一个 $N_R \times 1$ 矢量，表示第 n 个发送天线与各个接收天线间的等效信道。

在 OFDMA 中，不同的用户 n 分配了不同的子载波 q：用户 n 被分配集合 $S_n \subset \{0,\cdots,N_{FFT}-1\}$，且对于 $n' \neq n$，有 $S_n \cap S_{n'} = \varnothing$。用户们只允许使用其分配的子载波发送信息。简明起见，假设对于全体 n，$|S_n| = N_{FFT}/N_u$，则通过使用 $N = N_s/|S_n| = N_sN_u/N_{FFT}$ 个连续 OFDM 符号，用户 n 的 N_s 长编码数据符号序列被发送出去。用 $a_{q,k}^{(n)}$ 表示第 n 个用户第 q 个子载波随第 k 个 OFDM 符号发送的符号，其中 $q \in S_n$。当 $q \notin S_n$ 时，$a_{q,k}^{(n)} = 0$。

13.3.2 OFDMA 接收机

1. 接收机

每个接收天线处有一个基本 OFDM 接收机（图 12.3）：对信号用速率 $1/T$ 的平方根奈奎斯特脉冲进行滤波，得到在时刻 t 的 $N_R \times 1$ 观测值：

$$\check{\boldsymbol{y}}(t) = \sum_{k=-\infty}^{+\infty}\sum_{n=1}^{N_u}\sum_{l=-N_{CP}}^{N_{FFT}-1} \check{a}_{l,k}^{(n)}\check{\boldsymbol{h}}^{(n)}(t - lT - kT_{OFDM}) + \check{\boldsymbol{n}}(t) \quad (13.32)$$

对于信道 $\check{\boldsymbol{h}}^{(n)}(t)$ 的支持的定义和 MIMO-OFDM 系统下相同：$\check{\boldsymbol{h}}^{(n)}(t) = 0$ 对所有支持时间 $[t_{min}, t_{max}]$ 外的时间 t 恒成立。为了标记方便，假设对所有 $\check{\boldsymbol{h}}^{(n)}(t)(n \in \{1,2,\cdots,N_T\}$ 的时间支持是 $[0, N_{DS}T)$，其中 $N_{DS} < N_{CP}+1$。注意到支持时间的约束需要用户在一定程度上实现同步。对于同步的要求可以通过加长 N_{CP} 来降低：不同用户 $\check{\boldsymbol{h}}^{(n)}(t)$ 的支持时间必须在时间窗内重叠而不超出 $(N_{CP}+1)T$。在时刻 $l'T + k'T_{OFD}$ 采样，其中 $l' = 0,1,\cdots,N_{FFT}-1$，$k' = 0,1,\cdots,N-1$，舍弃对应循环前缀的采样值，应用 DFT 矩阵 $\boldsymbol{F}^H$，得出 OFDM 符号 k、接收天线 m、子载波 q 的观测值（见 12.3 节）：

$$y_{q,k,m} = \sum_{n:q \in S_n} H_{q,m}^{(n)}a_{q,k}^{(n)} + n_{q,k,m} \quad (13.33)$$

则

$$\mathbb{E}\{N_{q,k,m}N_{q',k',m'}^{*}\} = \delta_{k-k'}\delta_{m-m'}\delta_{q-q'}N_0 \quad (13.34)$$

由于对全体 $n' \neq n$，有 $S_n \cap S_{n'} = \varnothing$，式（13.33）可以简化为

$$y_{q,k,m} = H_{q,m}^{(i_q)} a_{q,k}^{(i_q)} + n_{q,k,m} \tag{13.35}$$

式中：i_q 为分配了子载波 q 的（唯一的）用户的索引。

如果我们专注于一个子载波并将不同接收天线的观测值矢量化为 $N_R \times 1$ 的矢量，可得

$$\boldsymbol{y}_{q,k} = \boldsymbol{H}_q^{(i_q)} a_{q,k}^{(i_q)} + \boldsymbol{n}_{q,k} \tag{13.36}$$

式中，$H_q^{(i_q)}$ 为 $N_R \times 1$ 矢量 $\boldsymbol{H}_q^{(i_q)} = [H_{q,1}^{(i_q)}, \cdots, H_{q,N_R}^{(i_q)}]^T$。

由以上公式可以得出

$$\mathbb{E}\{\boldsymbol{N}_{q,k}\boldsymbol{N}_{q',k'}^{H}\} = N_0 \boldsymbol{I}_{N_R}\delta_{k-k'}\delta_{q-q'} \tag{13.37}$$

最终的观测值 $\boldsymbol{y}$ 可以由对全体 q、k 的 $y_{q,k}$ 矢量化得到。

2. 均衡器

由于用户们被分配了不相交的子载波集合，并且由于不同时刻不同子载波下的噪声采样值是相互独立的，则似然函数可以表示为

$$p(\boldsymbol{Y} = \boldsymbol{y} \mid \boldsymbol{A} = \boldsymbol{a}, \mathcal{M}) = \prod_{q=0}^{N_{\mathrm{FFT}}-1} \prod_{k=0}^{N-1} p(\boldsymbol{Y}_{q,k} = \boldsymbol{y}_{q,k} \mid A_{q,k}^{(i_q)} = a_{q,k}^{i_q}, \mathcal{M}) \tag{13.38}$$

$$p(\boldsymbol{Y} = \boldsymbol{y} \mid \boldsymbol{A} = \boldsymbol{a}, \mathcal{M}) \propto \prod_{q=0}^{N_{\mathrm{FFT}}-1} \prod_{k=0}^{N-1} \exp\left(-\frac{1}{N_0}\| \boldsymbol{y}_{q,k} - \boldsymbol{H}_q^{(i_q)} a_{q,k}^{i_q} \|^2\right) \tag{13.39}$$

由此导出无迭代的结构化均衡器：

$$\mu_{\mathrm{eq} \to A_{q,k}^{(i_q)}}(a) \propto \exp\left(-\frac{1}{N_0}\| \boldsymbol{y}_{q,k} - \boldsymbol{H}_q^{(i_q)} a_{q,k}^{i_q} \|^2\right) \tag{13.40}$$

其整体复杂度是 $O(N_s N_u |\Omega|)$。此接收机可以很容易地扩展到不同用户使用不同星座集的情形。

13.4　本章要点

多用户通信的接收机和多天线通信的接收机非常相似。在本章中，我们考虑了两种多址技术：DS - CDMA 和 OFDMA。对于 DS - CDMA，我们讨论了同步和异步的细节，并推导出了迭代的均衡器。在 OFDMA 中，用户们被分配了不重叠的子载波，因子图框架导出了无迭代的均衡器。

第 14 章

同步和信道估计

14.1 概　　述

在之前的章节中，我们总是采用模型 $\boldsymbol{y}=\boldsymbol{h}(\boldsymbol{a})+\boldsymbol{n}$ ，其中 $\boldsymbol{h}(\cdot)$ 为一个已知函数（通常以矩阵 $\boldsymbol{H}$ 的形式表示）。函数 $\boldsymbol{h}(\cdot)$ 取决于物理信道（$h_{\mathrm{ch}}(t)$）以及接收机中其他的操作。物理信道可能是时变的，因此接收机需要进行信道估计。另外，传输可能是突发性的，因此对于每个突发信号，接收机必须和它进行锁定，即需要进行定时同步、载波相位同步和载波频率同步。

在过去的几十年里，人们对于几乎所有可以想出的数字传输方案都提出了各种各样的信道估计和同步算法。它们通常利用接收信号的统计特性，或利用数据流中的已知符号序列（训练符号），对应的算法分别称为非数据辅助的（Non－Data－Aided，NDA）和数据辅助的（Data－Aided，DA）。关于信道估计和同步的权威文献详见文献［117，118］。最近，在译码/解映射/均衡和估计之间进行迭代的迭代信道估计方法变得更加流行，对应的算法称为编码辅助的（Code－Aided，CA）[119,120]。这些方法通常利用了期望最大化（EM）算法[121]或其变体。

由于因子图非常适合于解决统计推断问题，尝试将它们应用于信道估计和同步中是有意义的。这一想法最初可见文献［122］，后来在文献［123，124］中成功应用于追踪相位噪声。

本章内容安排如下：

- 在 14.2 节展示如何使用因子图进行信道估计，并且说明这种方法与传统信道估计算法的不同之处。
- 14.3 节提供了一个追踪频率平坦时变信道的例子。

14.2　信道估计，同步和因子图

14.2.1　传统方法

我们的目标是创建分布 $p(\boldsymbol{B},\ \boldsymbol{Y}=\boldsymbol{y} \mid \mathcal{M})$ 的因子图。模型$\mathcal{M}$包含信道函数 $\boldsymbol{h}(\cdot)$。在大多数情况下，这个函数可以通过一小组参数完整地描述，我们设为 $\boldsymbol{d}$。例如，在多径信道中，$\boldsymbol{d}$ 由 L 个信道增益和 L 个传播延迟组成：$\boldsymbol{d}=[(\tau_0,\alpha_0),\cdots,(\boldsymbol{\tau}_{L-1},\alpha_{L-1})]$。传统接收机在进行数据检测之前可以确定 $\boldsymbol{d}$ 的估计 $\hat{d}$，$\hat{d}$ 估计的准确性取决于具体情况。一旦 $\boldsymbol{d}$ 被估计出来，就可以建立起 $p(\boldsymbol{B},\boldsymbol{Y}=\boldsymbol{y}|\boldsymbol{D}=\hat{\boldsymbol{d}},\mathcal{M})$ 的因子图，此时模型$\mathcal{M}$将不再包括信道函数。在该因子图上运行 SPA 将得到（近似）边缘分布 $p(B_k|\boldsymbol{Y}=\boldsymbol{y},\boldsymbol{D}=\hat{\boldsymbol{d}},\boldsymbol{M})$，然后就可以做出关于信息位的最终判决。我们在之前的内容中都隐含地采用了这种方法。

14.2.2　因子图方法

传统方法从某种程度上讲是特设性的。一种更系统化处理 $\boldsymbol{D}$ 的方法如下。与往常一样，创建一个 $p(\boldsymbol{B},\ \boldsymbol{Y}=\boldsymbol{y} \mid \mathcal{M})$ 的因子图：

$$p(\boldsymbol{B},\boldsymbol{Y}=\boldsymbol{y} \mid \mathcal{M})=p(\boldsymbol{Y}=\boldsymbol{y} \mid \boldsymbol{B},\mathcal{M})p(\boldsymbol{B} \mid \mathcal{M}) \tag{14.1}$$

打开节点并包含编码比特和编码符号，可得

$$p(\boldsymbol{Y}=\boldsymbol{y},\boldsymbol{A},\boldsymbol{C}|\boldsymbol{B},\mathcal{M})=p(\boldsymbol{Y}=\boldsymbol{y}|\boldsymbol{A},\mathcal{M})p(\boldsymbol{A}|\boldsymbol{C},\mathcal{M})p(\boldsymbol{C}|\boldsymbol{B},\mathcal{M}) \tag{14.2}$$

现在可以打开节点 $p(\boldsymbol{Y}=\boldsymbol{y}|\boldsymbol{A},\mathcal{M})$ 包含信道参数：

$$p(\boldsymbol{Y}=\boldsymbol{y},\boldsymbol{D} \mid \boldsymbol{A},\mathcal{M})=p(\boldsymbol{Y}=\boldsymbol{y} \mid \boldsymbol{A},\boldsymbol{D},\mathcal{M})p(\boldsymbol{D} \mid \mathcal{M}) \tag{14.3}$$

假设信道参数独立于数据符号（一般而言这一假设成立）。得到的因子图如图 14.1 所示。

将 SPA 应用于该图得到 $p(B_k|\boldsymbol{Y}=\boldsymbol{y},\mathcal{M})$，由此可得信息比特的最终判决。观察其与上一节的不同之处：因子图方法不需要对信道参数 d 进行明确的估计。因此，因子图接收机可以被认为是非相干的。读者可以很容易地验证，传统方法可以被看作是节点 $p(\boldsymbol{D}|\mathcal{M})$ 在边 D_k 上传递狄拉克分布：

$$uD_k \rightarrow eq(d_k)=\delta(d_k-\hat{d}_k) \tag{14.4}$$

图 14.1 所示为 $p(\boldsymbol{B},\boldsymbol{Y}=\boldsymbol{y} \mid \mathcal{M})$ 的因子图，打开节点以展示其结构。除了译码、解映射和均衡的标准任务之外，现在存在与信道估计/同步相关的新节点 $p(\boldsymbol{D}|\mathcal{M})$。

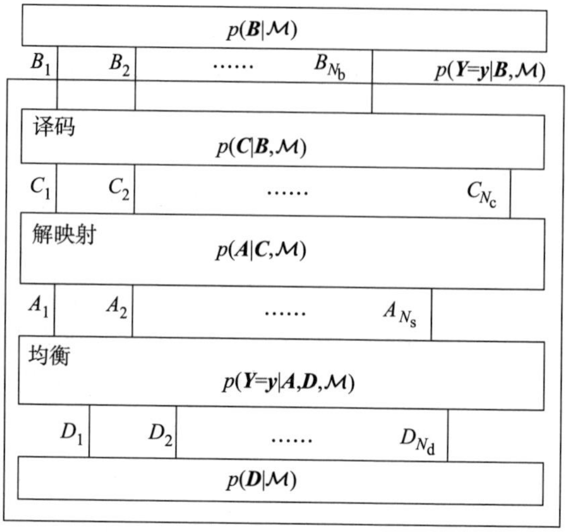

图 14.1 p（B，$Y=y$ | p（B，$Y=y$ | $\mathcal{M}$））的因子图

注解

参数 $\boldsymbol{D}$ 和其他参数（信息比特 $\boldsymbol{B}$、编码比特 $\boldsymbol{C}$ 和编码符号 $\boldsymbol{A}$）之间存在一些重要的差异。

（1）通常 $\boldsymbol{D}$ 属于连续域而非离散域。这意味着消息将是概率密度函数（而不是概率质量函数）。因此，我们必须按照 5.3.4 节中的描述表示消息。

（2）从接收波形 $r(t)$ 到观测 $\boldsymbol{y}$ 的转换可能与 $\boldsymbol{D}$ 的值相关。例如，匹配滤波接收机依赖于对等效信道 $h(t)$ 的了解。在这种情况下，创建 $p(\boldsymbol{B},\boldsymbol{Y}=\boldsymbol{y}\mid\mathcal{M})$ 的因子图是没有意义的。相反，必须创建 $p(\boldsymbol{B},\boldsymbol{R}=\boldsymbol{r}|\mathcal{M})$ 的因子图，其中 $\boldsymbol{r}$ 是 $r(t)$ 的矢量表示。

（3）参数 $\boldsymbol{D}$ 和物理信道的模型有关。该模型可能但不一定反映物理信道的真实情形。相应的先验分布 $p(\boldsymbol{D}|\mathcal{M})$ 也基于该模型。

14.3　示例

14.3.1　问题描述

为了了解如何使用因子图进行信道估计，让我们考虑一个示例（受文献［123，124］启发）：单载波、多用户、单天线系统中频率平坦时变信道的信道估计。假设经过适当的匹配滤波和采样后，时刻 k（$k=0$，1，…，N_s-1）的观测为

$$y_k = d_k a_k + n_k \tag{14.5}$$

式中：$d_k \in C$ 是时刻 k 的未知信道增益，并且有 $E\{N_k N_{k'} *\} = \delta_{k-k'} N_0 / E_s$。

矢量化观测，可得

$$\boldsymbol{y} = \boldsymbol{Ha} + \boldsymbol{n} \tag{14.6}$$

式中：$\boldsymbol{H} = \mathrm{diag}\{\boldsymbol{d}\}$ 且 $\boldsymbol{d} = [d_0, d_1, \cdots, d_{N_s-1}]^{\mathrm{T}}$。

为了应用前面介绍的技术，需要先验分布 $p(\boldsymbol{D})$。假设信道可以表示为一阶马尔可夫模型：

$$p(\boldsymbol{D}) = p(D_0) \prod_{k=1}^{N_s-1} p(D_k \mid D_{k-1}) \tag{14.7}$$

其中，初始分布 $p(D_0)$ 和转移分布 $p(D_k | D_{k-1})$ 对于接收机都是已知的。

14.3.2　因子图

$p(\boldsymbol{B}, \boldsymbol{Y} = \boldsymbol{y})$ 的因子图可以打开（使用符号的简写），即

$$p(\boldsymbol{b}, \boldsymbol{a}, \boldsymbol{c}, \boldsymbol{d}, \boldsymbol{y}) \propto p(\boldsymbol{y} \mid \boldsymbol{a}, \boldsymbol{d}) p(\boldsymbol{a} \mid \boldsymbol{c}) p(\boldsymbol{c} \mid \boldsymbol{b}) p(\boldsymbol{b}) p(\boldsymbol{d}) \tag{14.8}$$

$$p(\boldsymbol{b}, \boldsymbol{a}, \boldsymbol{c}, \boldsymbol{d}, \boldsymbol{y}) = p(d_0) p(y_0 \mid a_0, d_0) \prod_{k=1}^{N_s-1} p(y_k \mid a_k, d_k) p(d_k \mid d_{k-1}) \cdot p(\boldsymbol{a} \mid \boldsymbol{c}) p(\boldsymbol{c} \mid \boldsymbol{b}) p(\boldsymbol{b}) \tag{14.9}$$

相应的因子图如图 14.2 所示。

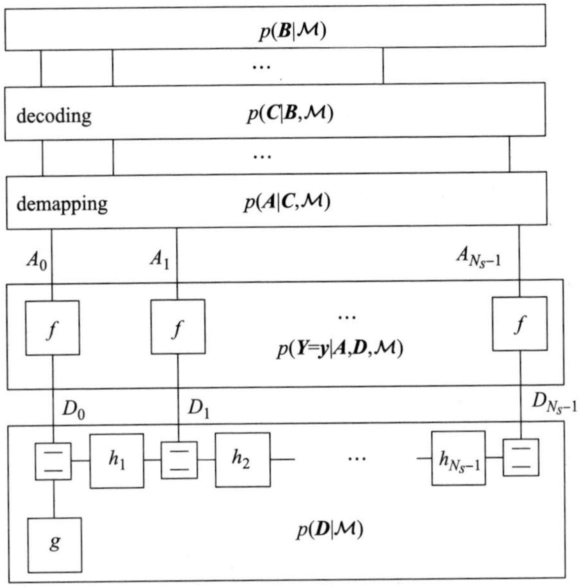

图 14.2　$p(\boldsymbol{B}, \boldsymbol{Y}=\boldsymbol{y} \mid \mathcal{M})$ 的因子图

打开节点可以展示结构。$f(A_k,D_k)$ 节点代表函数 $p(y_k|A_k,D_k)$，$g(D_0)$ 代表 $p(D_0)$，$h_k(D_k,D_{k-1})$ 代表 $p(D_k|D_{k-1})$。

14.3.3 和积算法

我们将推导图 14.3 所示的消息。由于图 14.3 中有环，因此可以采用许多调度消息的方法。让我们考虑以下调度。

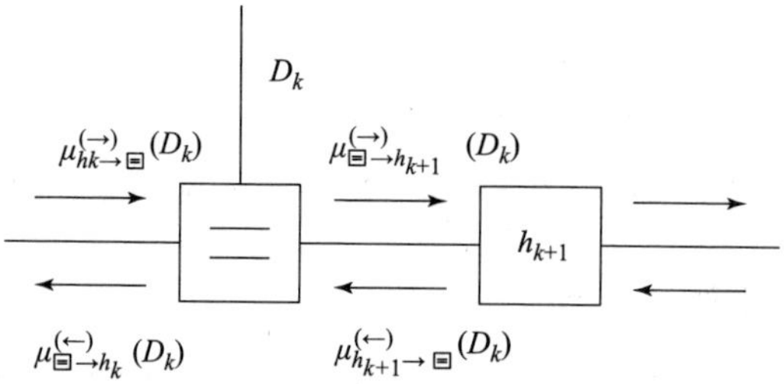

图 14.3　消息的详细视图

1. 初始化

（1）将 $\mu_{f\rightarrow D_k}(D_k)$ 初始化为均匀分布。

（2）令 $\mu_{g\rightarrow D_0}(d_0)=p(D_0=d_0)$。

2. 消息更新

（1）从左到右计算前向消息：

$$\mu^{(\rightarrow)}_{\boxminus\rightarrow h_1}(d_0)\propto\mu_{f\rightarrow D_0}(d_0)\mu_{g\rightarrow D_0}(d_0)$$

$$\mu^{(\rightarrow)}_{h_k\rightarrow\boxminus}(d_k)\propto\int p(D_k=d_k\mid D_{k-1}=d_{k-1})\mu^{(\rightarrow)}_{\boxminus\rightarrow h_k}(d_{k-1})\mathrm{d}d_{k-1}$$

$$\mu^{(\rightarrow)}_{\boxminus\rightarrow h_{k+1}}(d_k)\propto\mu_{f\rightarrow D_k}(d_k)\mu^{(\rightarrow)}_{h_k\rightarrow\boxminus}(dk)$$

（2）从右到左计算消息：

$$\mu^{(\leftarrow)}_{\boxminus\rightarrow h_{N_s-1}}(d_{N_s-1})=\mu_{f\rightarrow D_{N_s-1}}(d_{N_s-1})$$

$$\mu^{(\leftarrow)}_{h_k\rightarrow\boxminus}(d_{k-1})\propto\int p(D_k=d_k\mid D_{k-1}=d_{k-1})\mu^{(\leftarrow)}_{\boxminus\rightarrow h_k}(d_k)\mathrm{d}d_k$$

$$\mu^{(\leftarrow)}_{\boxminus\rightarrow h_k}(d_k)\propto\mu^{(\leftarrow)}_{h_{k+1}\rightarrow\boxminus}(d_k)\mu^{f\rightarrow D_k}(d_k)$$

（3）计算上行消息：

$$\mu_{D_k\rightarrow f}(d_k)\propto\mu^{(\leftarrow)}_{h_{k+1}\rightarrow\boxminus}(d_k)\mu^{(\rightarrow)}_{h_k\rightarrow\boxminus}(d_k)$$

$$\mu_{A_k\rightarrow\mathrm{dem}}(a_k)\propto\int p(y_k\mid a_k,d_k)\mu_{D_k\rightarrow f}(d_k)\mathrm{d}d_k$$

（4）执行解映射和译码，得到下行消息 $\mu_{\mathrm{dem}\rightarrow A_k}(A_k)$。

（5）计算下行消息：

$$\mu_{f \to D_k}(D_k) \propto \sum_{a_k \in \Omega} p(y_k \mid a_k, d_k) \mu_{\text{dem} \to A_k}(a_k)$$

（6）回到步骤（1）。

3. 终止

经过多次迭代之后，我们计算出近似边缘 $p(B_k | \boldsymbol{Y} = \boldsymbol{y}, \mathcal{M})$ 并且做出最终判决：

$$\hat{b}_k = \arg\max_{b \in \mathbb{B}} p(B_k = b \mid \boldsymbol{Y} = \boldsymbol{y}, \mathcal{M})$$

由于边 D_k 上的消息没有闭式解，必须采用近似技术，如量化和粒子化表示和计算消息，详见 5.3.4 节所述。此外，假设的时间模型式（14.7）可能并不准确，而且可能导致估计不稳健。这些实际的内容在文献［123，124］中有详细阐述。

14.4　本章要点

通过在 $p(\boldsymbol{B}, \boldsymbol{Y} = \boldsymbol{y} \mid \mathcal{M})$ 因子图中引入信道和同步参数，因子图可以应用于信道函数未知的场景。然而此举也将会在图中引入额外的环。接收机需要已知信道参数的先验分布，它可能准确，也可能不准确（甚至无法得到）。信道函数通常由一组连续变量表征，为了以有效的方式表示边上传递的消息，需要采用量化、参数化表示和非参数化表示等技术。

附　　录

附录 1　重要的矩阵类型

（1）若矩阵 $\boldsymbol{A}$ 是 $M \times N$ 的矩阵，其中 $A_{i,j} = a_{i-j}(i = 0,1,\cdots,M-1, j = 0,1,\cdots,N-1)$，则 $\boldsymbol{A}$ 为长度为 $M+N-1$ 的序列 $a = [a_{-N+1},\cdots,a_{M-1}]$ 构成的托普利兹矩阵。换句话说，矩阵 $\boldsymbol{A}$ 中从左到右的对角线上的元素不变。例如，一个 4×5 的托普利兹矩阵：

$$\boldsymbol{A} = \begin{bmatrix} a_0 & a_{-1} & a_{-2} & a_{-3} & a_{-4} \\ a_1 & a_0 & a_{-1} & a_{-2} & a_{-3} \\ a_2 & a_1 & a_0 & a_{-1} & a_{-2} \\ a_3 & a_2 & a_1 & a_0 & a_{-1} \end{bmatrix}$$

（2）序列 $\boldsymbol{a} = [a_0, a_1, \cdots, a_{M-1}]$ 构成的大小为 $M \times N$ 的循环矩阵（circulant matrix）$\boldsymbol{A}$ 是托普利兹矩阵并满足 $a_i = a_{i+N}$，即

$$\boldsymbol{A} = \begin{bmatrix} a_0 & a_3 & a_2 & a_1 & a_0 \\ a_1 & a_0 & a_3 & a_2 & a_1 \\ a_2 & a_1 & a_0 & a_3 & a_2 \\ a_3 & a_2 & a_1 & a_0 & a_3 \end{bmatrix}$$

（3）带矩阵（或包矩阵）$\boldsymbol{A}$ 中 $A_{i,j} = 0(j-i < -K_1$ 或 $j-i > K_2)$，其中 K_1 和 K_2 均大于 0。

（4）在上述定义中，通过用矩阵代替标量元素，可以将托普利兹矩阵、循环矩阵、带矩阵的概念扩展到块矩阵。

附录 2　随机变量和分布

我们使用大写字母表示随机变量，小写字母表示随机变量的实现/实例。

因此 $\mathbf{Z}$ 是随机变量，z 是集合 $\mathbf{Z}$ 的实现。这样的表示有一些缺陷，因为矩阵和矢量随机变量使用了相同的表示：$\mathbf{Z}$ 可以是一个随机变量矢量或是一个矩阵。随机变量可以是离散的或是连续的。连续随机变量通过一个闭合的子集 $\mathbb{R}^N$ 或者 $\mathbb{C}^N$ 定义（$N \geqslant 1$）。离散随机变量在有限或无限的集合中取值。$\mathbf{Z}$ 的分布（概率质量函数或概率密度函数）可写为 $p_Z(z)$，$p(\mathbf{Z}=z)$ 或 $p(z)$，其中 $z \in \mathbf{Z}$。分布本身将表示为 $p_Z(\cdot)$ 或[①]$p(\mathbf{Z})$。当 z 服从分布 $p_Z(z)$ 时，记为 $z \sim p_Z(z)$ 或 $z \sim p_Z(\cdot)$。函数 $f(z)$ 关于随机变量 $\mathbf{Z}$ 的期望可表示为

$$E_Z\{f(\mathbf{Z})\} = \int_Z f(z) p_Z(z) \mathrm{d}z$$

对于离散随机变量，积分可用求和替换。

1. 狄拉克分布

狄拉克函数（Dirac distribution）$\delta(z)$ 定义为

$$\int_{-\infty}^{+\infty} h(z)\delta(z-z_0)\mathrm{d}z = h(z_0)$$

式中：$z_0 \in \mathbb{R}$；$h(z)$ 为任何可积函数；离散狄拉克函数 $\delta(k)(k \in Z)$ 定义为当 $k=0$ 时 $\delta_k = 1$，否则 $\delta_k = 0$。

2. 高斯分布

高斯分布（Gaussian distribution）和正态分布（normal distribution）理所当然是最重要的分布。任何高斯随机变量 $\mathbf{Z}$ 都可以通过它的均值

$$E\{\mathbf{Z}\} = \boldsymbol{m}$$

和协方差矩阵

$$E\{(\mathbf{Z}-\boldsymbol{m})(\mathbf{Z}-\boldsymbol{m})^{\mathrm{H}}\} = \boldsymbol{\Sigma}$$

确定。其中，$\boldsymbol{A}^{\mathrm{H}}(\boldsymbol{A}^{\mathrm{T}})$ 代表矩阵 $\boldsymbol{A}$ 的共轭转置（转置）。当 $\mathbf{Z}$ 为实数时，记为 $p_Z(z) = \mathcal{N}_z(\boldsymbol{m},\boldsymbol{\Sigma})$；对于实数部分和虚数部分相独立的复数 $\mathbf{Z}$，并且有相同的协方差矩阵 $\frac{1}{2}\Sigma$，记为 $\mathcal{N}_x^{C}(\boldsymbol{m},\boldsymbol{\Sigma})$，当 Σ 是非奇异矩阵时，$\mathbf{Z}$ 的概率分布可被表示为闭合形式：

$$N_z(\boldsymbol{m},\boldsymbol{\Sigma}) = \frac{1}{\sqrt{(2\pi)^N \det\boldsymbol{\Sigma}}}\exp\left(-\frac{1}{2}(z-\boldsymbol{m})^{\mathrm{T}}\boldsymbol{\Sigma}^{-1}(z-\boldsymbol{m})\right)$$

则

$$N_z^{C}(\boldsymbol{m},\boldsymbol{\Sigma}) = \frac{1}{\pi^N \det\boldsymbol{\Sigma}}\exp\left(-\frac{1}{2}(z-\boldsymbol{m})^{\mathrm{H}}\boldsymbol{\Sigma}^{-1}(z-\boldsymbol{m})\right)$$

当 Σ 是奇异矩阵时，高斯分布不能通过它们的概率分布来描述。假设所

① 这是有些非正统的表示方式，但是它很便于使用。

有的方差矩阵都为非奇异的，存在一些其他的相关讨论①，但本书将不再赘述。高斯分布具有一些非常有用的性质。我们仅讨论实数分布；对于复数分布，转置应被替换为共轭转置。

（1）$\boldsymbol{Z}_1$ 和 $\boldsymbol{Z}_2$ 是独立高斯随机变量，服从分布 $p_{\boldsymbol{Z}_1}(\boldsymbol{z}_1) = \mathcal{N}_{\boldsymbol{z}_1}(\boldsymbol{m}_1, \boldsymbol{\Sigma}_1)$ 和 $p_{\boldsymbol{Z}_2}(\boldsymbol{z}_2) = \mathcal{N}_{\boldsymbol{z}_2}(\boldsymbol{m}_2, \boldsymbol{\Sigma}_2)$，则对于具有合适的维度矩阵 $\boldsymbol{A}$ 和 $\boldsymbol{B}$，$\boldsymbol{Z}_3 = \boldsymbol{A}\boldsymbol{Z}_1 + \boldsymbol{B}\boldsymbol{Z}_2$ 也是高斯随机变量，并且服从分布 $p_{\boldsymbol{Z}_3}(\boldsymbol{z}_3) = \mathcal{N}_{\boldsymbol{z}_3}(\boldsymbol{m}_3, \boldsymbol{\Sigma}_3)$，有

$$\boldsymbol{m}_3 = \boldsymbol{A}\boldsymbol{m}_1 + \boldsymbol{B}\boldsymbol{m}_2$$

则

$$\boldsymbol{\Sigma}_3 = \boldsymbol{A}\boldsymbol{\Sigma}_1\boldsymbol{A}^{\mathrm{T}} + \boldsymbol{B}\boldsymbol{\Sigma}_2\boldsymbol{B}^{\mathrm{T}}$$

（2）两个高斯分布 $p_{\boldsymbol{Z}}(\boldsymbol{z}) = \mathcal{N}_{\boldsymbol{z}}(m_1, \boldsymbol{\Sigma}_1)$ 和 $p_{\boldsymbol{Z}}(\boldsymbol{z}) = \mathcal{N}_{\boldsymbol{z}}(\boldsymbol{m}_2, \boldsymbol{\Sigma}_2)$ 相乘，可以得到另一个高斯分布：

$$\mathcal{N}_{\boldsymbol{z}}(\boldsymbol{m}_1, \boldsymbol{\Sigma}_1) N_{\boldsymbol{z}}(\boldsymbol{m}_2, \boldsymbol{\Sigma}_2) = C \times \mathcal{N}_{\boldsymbol{z}}(\boldsymbol{m}_3, \boldsymbol{\Sigma}_3)$$

其中乘积常数 C 不依赖于 $\boldsymbol{z}$，有

$$\boldsymbol{\Sigma}_3^{-1} = \boldsymbol{\Sigma}_1^{-1} + \boldsymbol{\Sigma}_2^{-1}$$

和

$$\boldsymbol{\Sigma}_3^{-1} m_3 = \boldsymbol{\Sigma}_1^{-1} m_1 + \boldsymbol{\Sigma}_2^{-1} m_2$$

（3）当 $\boldsymbol{Z}$ 是高斯的且 $\boldsymbol{z} = [\boldsymbol{z}_1 \quad \boldsymbol{z}_2]^{\mathrm{T}} \sim \mathcal{N}_{\boldsymbol{z}}(\boldsymbol{m}, \boldsymbol{\Sigma})$，有

$$\boldsymbol{m} = \begin{bmatrix} \boldsymbol{m}_1 \\ \boldsymbol{m}_2 \end{bmatrix}$$

和

$$\Sigma = \begin{bmatrix} \Sigma_{11} & \Sigma_{12}^{\mathrm{T}} \\ \Sigma_{12} & \Sigma_{22} \end{bmatrix}$$

则 $\boldsymbol{Z}_1$ 的边缘为 $p_{\boldsymbol{Z}_1}(\boldsymbol{z}_1) = \mathcal{N}_{\boldsymbol{z}_1}(\boldsymbol{m}_1, \Sigma_{11})$，条件分布为 $p_{\boldsymbol{Z}_1|\boldsymbol{Z}_2}(\boldsymbol{z}_1 \mid \boldsymbol{z}_2) = \mathcal{N}_{\boldsymbol{z}_1}(\boldsymbol{m}_{1|2}(\boldsymbol{z}_2), \Sigma_{1|2})$，有

$$\boldsymbol{m}_{1|2}(\boldsymbol{z}_2) = \boldsymbol{m}_1 + \Sigma_{12}\boldsymbol{\Sigma}_{22}^{-1}(\boldsymbol{z}_2 - \boldsymbol{m}_2)$$

和

$$\boldsymbol{\Sigma}_{1|2} = \boldsymbol{\Sigma}_1 - \boldsymbol{\Sigma}_{12}\boldsymbol{\Sigma}_{22}^{-1}\boldsymbol{\Sigma}_{12}^{\mathrm{T}}$$

3. 贝叶斯规则

我们整本书都建立在尊敬的托马斯·贝叶斯（1702—1761）的工作基础之上。他引入了逆概率（inverse probability）的概念。虽然“贝叶斯的”（Bayesian）概念并不比逆概率广泛很多，但依然需要回忆一下这一基本的

① 例如 Cramer – Wold 方法。

思想。我们想要从一个观测 $\boldsymbol{y}$ 中估计一个参数 x，直接的概率是函数 $p_{Y|X}(\boldsymbol{y}|\boldsymbol{x})$（现在被称作“似然函数”），而逆概率是后验分布 $p_{X|Y}(\boldsymbol{x}|\boldsymbol{y})$。一种形式的贝叶斯规则给出了下列联合分布、边缘分布和条件分布的关系：

$$p_{Z_1,Z_2}(z_1,z_2) = p_{Z_1|Z_2}(z_1|z_2)p_{Z_2}(z_2)$$

和

$$= p_{Z_2|Z_1}(z_2|z_1)p_{Z_1}(z_1)$$

假设 z_2 是离散随机变量，$p_{Z_1}(z_1) = \sum_{z_2} p_{Z_1,Z_2}(z_1,z_2)$，则

$$p_{Z_2|Z_1}(z_2|z_1) = \frac{p_{Z_1|Z_2}(z_1|z_2)p_{Z_2}(z_2)}{\sum_z p_{Z_1|Z_2}(z_1|z_2)p_{Z_2}(z_2)}$$

上式完美地涵盖了在这本书中所使用的多种运算：对概率进行相乘、相加以及对函数归一化使得它们成为概率分布。

附录 3　信号表示

总的来说，一个信号 $r(t)$ 的矢量表示 $\boldsymbol{r}$ 可以通过将 $r(t)$ 映射到一组标准正交基函数 $\{\varphi_0(t),\varphi_1(t),\cdots,\varphi_{N-1}(t)\}$ 上获得，即

$$r_k = \int_{-\infty}^{+\infty} r(t)\varphi_k(t)\,\mathrm{d}t$$

可得 $r = [r_0,r_1,\cdots,r_{N-1}]^{\mathrm{T}}$。因为基函数是标准正交的，则

$$r(t) = \sum_{k=0}^{N-1} r_k\varphi_k(t)$$

注意，以足够高的速率对带限信号采样等价于采用了一组特殊的基函数（如时延转移 sinc 脉冲）。在许多情况下 $N = +\infty$。若信号是随机过程，则矢量 $\{r_k\}$ 的取值将会是一组随机变量。

参 考 文 献

[1] C. E. Shannon. A mathematical theory of communication [J]. Bell System Technical Journal, 1948, 27: 379-423.

[2] G. D. Forney and G. Ungerboeck. Modulation and coding for linear Gaussian channels [J]. IEEE Transactions of Information Theory, 1998, 44 (6): 2384-2415.

[3] C. Berrou, A. Glavieux, and P. Thitimajshima. Near Shannon limit error-correcting coding and decoding: turbo codes [C]. In Proc. IEEE International Conference on Communications (ICC), 1064-1070, Geneva, Switzerland, May 1993.

[4] S. Aji and R. McEliece. The generalized distributive law [J]. IEEE Transactions on Information Theory, 2000, 46: 325-353.

[5] B. J. Frey. Graphical Models for Machine Learning and Digital Communications [M]. MIT Press, 1998.

[6] J. M. Wozencraft and I. M. Jacobs. Principles of Communications Engineering [M]. Wiley, 1967.

[7] J. G. Proakis. Digital Communications [M]. 4th edition. McGraw-Hill, 2001.

[8] S. Haykin. Communication Systems [M]. Wiley, 2000.

[9] T. S. Rappaport. Wireless Communications: Principles and Practice [M]. Prentice-Hall, 2001.

[10] B. Sklar. Digital Communications: Fundamentals and Applications [M]. Prentice-Hall, 2001

[11] J. R. Barry, E. A. Lee, and D. G. Messerschmitt. Digital Communication [M]. Springer, 2003.

[12] D. Tse and P. Viswanath. Fundamentals of Wireless Communication [M]. Cambridge University Press, 2005.

[13] A. Goldsmith. Wireless Communications [M]. Cambridge University Press,

2005.

[14] A. Molisch. Wireless Communications [M]. Wiley-IEEE Press, 2005.

[15] S. Benedetto and E. Biglieri. Principles of Digital Transmission with Wireless Applications [M]. Springer, 1999.

[16] J. D. Parsons. The Mobile Radio Propagation Channel [M]. Wiley, 2000.

[17] J. A. C. Bingham. Multicarrier modulation for data transmission: an idea whose time has come [J]. IEEE Communications Magazine, 1990, 28 (5): 5 – 14.

[18] S. B. Weinstein and P. M. Ebert. Data transmission by frequency-division multiplexing using the discrete Fourier transform [J]. IEEE Transactions on Communication Technology, 1971, 19 (5): 628 – 634.

[19] J. H. Winters, J. Salz, and R. D. Gitlin. The impact of antenna diversity on the capacity of wireless communication systems [J]. IEEE Transactions on Communications, 1994 (COM – 42): 1740 – 1751.

[20] G. J. Foshini and M. J. Gans. On limits of wireless communication in a fading environment when using multiple antennas [J]. Wireless Personal Communications, 1998, 6 (3): 311 – 335.

[21] I. Telatar. Capacity of multi-antenna Gaussian channels [R]. AT&T Bell Labs internal Technical Memorandum, 1995.

[22] S. M. Alamouti. A simple transmit diversity technique for wireless communications [J]. IEEE Journal on Selected Areas in Communications, 1998, 16 (8): 1451 – 1458.

[23] V. Tarokh, N. Seshadri, and A. R. Calderbank. Space-time codes for high data rate wireless communications: performance criterion and code construction [J]. IEEE Transactions on Communications, 1998, 44 (2): 744 – 765.

[24] V. Tarokh, H. Jafarkhani, and A. R. Calderbank. Space-time block codes from orthogonal design [J]. IEEE Transactions on Information Theory, 1999, 45 (5): 1456 – 1467.

[25] D. Gesbert, M. Shafi, D. Shiu, P. J. Smith, and A. Naguib. From theory to practice: an overview of MIMO space-time coded wireless systems [J]. IEEE Journal on Selected Areas in Communications, 2003, 21 (3): 281 – 302.

[26] A. Paulraj, R. Nabar, and Dhananjay Gore. Introduction to Space-Time Wireless Communications [M]. Cambridge University Press, 2003.

[27] L. Zheng and D. Tse. Diversity and multiplexing: a fundamental tradeoff in multiple antenna channels [J]. IEEE Transactions on Information Theory, 2003 (49): 1073 - 1096.

[28] G. D. Golden, G. J. Foschini, R. A. Valenzuela, and P. W. Wolniansky. Detection algorithm and initial laboratory results using the V-BLAST space-time communication architecture [J]. Electronics Letters, 1999, 35 (1): 14 - 15.

[29] G. G. Raleigh, and J. M. Cioffi. Spatio-temporal coding for wireless communication [J]. IEEE Transactions on Communications, 1998, 46 (3): 57 - 366.

[30] H. Bölcskei, D. Gesbert, and A. J. Paulraj. On the capacity of OFDM-based spatial multiplexing systems [J]. IEEE Transactions on Communications, 2002, 50 (2): 225 - 234.

[31] S. Verdú. Multiuser Detection [M]. New York, Cambridge University Press, 1998.

[32] A. Jamalipour, T. Wada, and T. Yamazato. A tutorial on multiple access technologies for beyond 3G mobile networks [J]. IEEE Communications Magazine, 2005, 43 (2): 110 - 117.

[33] R. Pickholtz, D. Schilling, and L. Milstein. Theory of spread-spectrum communications-a tutorial [J]. IEEE Transactions on Communications, 1982, 30 (5): 855 - 884.

[34] R. Scholtz. The spread spectrum concept [J]. IEEE Transactions on Communications, 1977, 25 (8): 748 - 755.

[35] R. L. Peterson, R. E. Ziemer, and D. E. Borth. Introduction to Spread Spectrum Communications [M]. Prentice-Hall, 1995.

[36] H. Sari and G. Karam. Orthogonal frequency division multiple access and its applications to CATV networks [J]. European Transactions on Telecommunications, 1998, 9 (6): 507 - 516.

[37] Cheong Yui Wong, R. S. Cheng, K. B. Lataief, and R. D. Murch. Multiuser OFDM with adaptive subcarrier, bit, and power allocation [J]. IEEE Journal on Selected Areas in Communications, 1999, 17 (10): 1747 - 1758.

[38] H. L. Van Trees. Detection, Estimation, and Modulation Theory [M]. Wiley, 2001.

[39] S. M. Kay. Fundamentals of Statistical Signal Processing, Volume I: Estimation Theory [M]. Prentice-Hall, 1993.

[40] E. L. Lehmann and G. Casella. Theory of Point Estimation [M]. Springer, 2003.

[41] V. Poor. An Introduction to Signal Detection and Estimation [M]. Springer, 1998.

[42] C. P. Robert and G. Casella. Monte Carlo Statistical Methods [M]. Springer, 2005.

[43] W. R. Gilks, S. Richardson, and D. J. Speigelhalter. Markov Chain Monte Carlo in Practice [M]. Chapman & Hall, 1995.

[44] G. Fishman. Monte Carlo: Concepts, Algorithms and Applications [M]. Springer, 2003.

[45] B. W. Silverman. Density Estimation for Statistics and Data Analysis [M]. Chapman & Hall, 1986.

[46] D. J. C. MacKay. Information Theory, Inference and Learning Algorithms [M]. Cambridge University Press, 2003.

[47] R. M. Neal. Probabilistic inference using Markov chain Monte Carlo methods [R]. Dept. of Computer Science. University of Toronto, 1993.

[48] A. Doucet and X. Wang. Monte Carlo methods for signal processing: a review in the statistical signal processing context [J]. IEEE Signal Processing Magazine, 2001, 22 (6): 152 – 170.

[49] S. Geman and D. Geman. Stochastic relaxation, Gibbs distributions, and the Bayesian restoration of images [J]. IEEE Transactions on Pattern Analysis and Machine Intelligence, 1984, 6: 721 – 741.

[50] R. G. Gallager. Low Density Parity Check Codes [M]. MIT Press, 1963.

[51] F. Spitzer. Random fields and interacting particle systems [C]. In M. A. A. Summer Seminar Notes, Mathematical Association of America, 1971.

[52] G. D. Forney, Jr. The Viterbi algorithm [J]. Proceedings of the IEEE, 1973, 61: 286 – 278.

[53] R. Kindermann and J. Snell. Markov Random Fields and their Applications [M]. American Mathematical Society, 1980.

[54] R. M. Tanner. A recursive approach to low complexity codes [J]. IEEE Transactions on Information Theory, 1981, IT-27 (5): 533 – 547.

[55] S. J. Lauritzen and D. J. Spiegelhalter. Local computations with probabilities on graphical structures and their application to expert systems [J]. Journal of the Royal Statistical Society B, 1988 (50): 157 -224.

[56] J. Pearl. Probabilistic Reasoning in Intelligent Systems: Networks of Plausible Inference [M]. San Mateo, Morgan Kaufmann, 1988.

[57] N. Wiberg. Codes and decoding on general graphs [D]. Sweden: Linköping University, 1996.

[58] F. Kschischang, B. Frey, and H. -A. Loeliger. Factor graphs and the sum-product algorithm [J]. IEEE Transactions on Information Theory, 2001, 47 (2): 498 -519.

[59] G. D. Forney. Codes on graphs: normal realizations [J]. IEEE Transactions on Information Theory, 2001, 47 (2): 520 -545.

[60] H. -A. Loeliger. An introduction to factor graphs [J]. IEEE Signal Processing Magazine, 2004, 21 (1): 28 -41.

[61] J. S. Yedidia, W. T. Freeman, and Y. Weiss. Constructing free energy approximations and generalized belief propagation algorithms [J]. IEEE Transactions on Information Theory, 2005, 51 (7): 2282 -2312.

[62] J. Dauwels. On graphical models for communications and machine learning: algorithms, bounds, and analog implementation [D]. ETH Zürich, December 2005.

[63] M. J. Wainwright and M. I. Jordan. Graphical models, exponential families, and variational inference [R]. UC Berkeley, Dept. of Statistics, September 2003.

[64] P. Robertson,P. Hoeher, and E. Villebrun. Optimal and sub-optimal maximum a posteriori algorithms suitable for turbo decoding [J]. European Transactions on Telecommunications (ETT), 1997, 8 (2): 119 -125.

[65] M. S. Arulampalam, S. Maskell, N. Gordon, and T. Clapp. A tutorial on particle filters for online nonlinear/non-Gaussian Bayesian tracking [J]. IEEE Transactions on Signal Processing, 2002, 50 (2): 174 -188.

[66] E. Sudderth, A. Ihler, W. Freeman, and A. Willsky. Nonparametric belief propagation [R]. MIT, Laboratory for Information and Decision Systems, October 2002.

[67] Y. Weiss. Correctness of local probability propagation in graphical models with loops [J]. Neural Computation, 2000, 12: 1 -41.

[68] S. Ikeda, T. Tanaka, and S. Amari. Information geometry of turbo and low-density paritycheck codes [J]. IEEE Transactions on Information Theory, 2004, 50 (6): 1097 -1114.

[69] M. J. Wainwright, T. S. Jaakkola, and A. S. Willsky. A new class of upper bounds on the log partition function [J]. IEEE Transactions on Information Theory, 2005, 51, 7: 2313 -2335.

[70] B. D. O. Anderson and J. B. Moore. Optimal Filtering [M]. Prentice-Hall, 1979.

[71] A. C. Harvey. Forecasting, Structural Time Series Models and the Kalman Filter [M]. Cambridge University Press, 1991.

[72] J. Durbin and S. J. Koopman. Time Series Analysis by State Space Methods [M]. Oxford University Press, 2001.

[73] A. Doucet, N. de Freitas, and N. Gordon. Sequential Monte Carlo Methods in Practice [M]. Springer, 2001.

[74] L. R. Rabiner. A tutorial on hidden Markov models and selected applications in speech recognition [J]. Proceedings of the IEEE, 1989, 77, 2: 257 - 286.

[75] D. Simon. Optimal State Estimation: Kalman, HInfinity, and Nonlinear Approaches [M]. Wiley, 2006.

[76] S. Korl. A factor graph approach to signal modelling, system identification, and filtering [D]. ETH Zürich, July 2005.

[77] H. -A. Loeliger. Least squares and Kalman filtering on Forney graphs [C]. In Festschrift in Honour of David Forney on the Occasion of His 60th Birthday, 113 -135. Kluwer, 2002.

[78] A. Doucet, S. Godsill, and C. Andrieu. On sequential Monte Carlo sampling methods for Bayesian filtering [J]. Statistics and Computing, 2000, 10 (3): 197 -208.

[79] P. M. Djuric, J. H. Kotecha, Jianqui Zhang, Yufei Huang, T. Ghirmai, M. F. Bugallo, and J. Miguez. Particle filtering [J]. IEEE Signal Processing Magazine, 2003, 20 (5): 19 -38.

[80] N. J. Gordon, D. J. Salmond, and A. F. M. Smith. Novel approach to nonlinear/ non-Gaussian Bayesian state estimation [J]. IEE Proceedings-F, Radar and Signal Processing, 1993, 140 (2): 107 -113.

[81] D. Divsalar, H. Jin, and R. J. McEliece. Coding theorems for ' turbo-like

codes' [C]. In Proc. 36th Allerton Conf. on Communications, Control and Computing, 201 –210, September 1998.

[82] D. J. C. MacKay. Good error-correcting codes based on very sparse matrices [J]. IEEE Transactions on Information Theory, 1999, 45, 2: 399 –431.

[83] P. Elias. Coding for noisy channels [J]. IRE Convention Record, 1933, 3 (4): 37 –46.

[84] Shu Lin and D. J. Costello. Error Control Coding [M]. Prentice-Hall, 2004.

[85] E. Biglieri. Coding for Wireless Channels [M]. Springer, 2005.

[86] S. Benedetto and G. Montorsi. Design of parallel concatenated convolutional codes [J]. IEEE Transactions on Communications, 1996, 42 (5): 409 – 429.

[87] D. J. C. MacKay. Online database of low-density parity check codes [EB/OL]. http://www. inference. phy. cam. ac. uk/mackay/codes/data. html.

[88] L. R. Bahl, J. Cocke, F. Jelinek, and J. Raviv. Optimal decoding of linear codes for minimising symbol error rate [J]. IEEE Transactions on Information Theory, 1974, 20: 284 –287.

[89] S. Benedetto, D. Divsalar, G. Montorsi, and F. Pollara. Serial concatenation of interleaved codes: performance analysis, design, and iterative decoding [J]. IEEE Transactions on Information Theory, 1998, 44 (3): 909 –926.

[90] E. Zehavi. 8-PSK trellis codes for Rayleigh fading channels [J]. IEEE Transactions on Communications, 1992, 41: 873 –88.

[91] G. Caire, G. Taricco, and E. Biglieri. Bit-interleaved coded modulation [J]. IEEE Transactions on Information Theory, 1998, 44: 927 –946.

[92] S. ten Brink, J. Speidel, and J. C. Yan. Iterative demapping and decoding for multilevel modulation [C]. In IEEE GLOBECOM'98, 1998, 1: 579 –584.

[93] X. Li and J. A. Ritcey. Trellis-coded modulation with bit interleaving and iterative decoding [J]. IEEE Journal on Selected Areas in Communications, 1999, 17 (4): 715 –724.

[94] X. Li, A. Chindapol, and J. A. Ritcey. Bit-interleaved coded modulation with iterative decoding and 8PSK signaling [J]. IEEE Transactions on Communications, 2002, 50 (8): 1250 –1257.

[95] G. Ungerboeck. Channel coding with multilevel/phase signal [J]. IEEE Transactions on Information Theory, 1982, 28: 55 –66.

[96] A. Glavieux, C. Laot, and J. Labat. Turbo equalization over a frequency

selective channel [C]. In Proceedings of the International Symposium on Turbo Codes, 96 - 102. Brest, France, September 1997.

[97] X. Wang and H. V. Poor. Iterative (turbo) soft interference cancellation and decoding for coded CDMA [J]. IEEE Transactions on Communications, 1999, 47 (7): 1046 - 1061.

[98] X. Wang and H. V. Poor. Wireless Communication Systems: Advanced Techniques for Signal Reception [M]. Prentice-Hall, 2003.

[99] R. Koetter. A. C. Singer, and M. Tüchler. Turbo equalization [J]. Signal Processing Magazine, 2004, 21 (1): 67 - 80.

[100] B. Farhang-Boroujeny. H. Zhu, and S. Shi. Markov chain Monte Carlo algorithms for CDMA and MIMO communication systems [J]. IEEE Transactions on Signal Processing, 2006, 54 (5): 1896 - 1909.

[101] J. Luo, K. R. Pattipati, P. K. Willett, and F. Hasegawa. Near-optimal multiuser detection in synchronous CDMA using probabilistic data association [J]. IEEE Communications Letters, 2001, 5 (9): 361 - 363.

[102] D. O. North. An analysis of the factors which determine signal/noise discrimination in pulsed carrier systems [R]. RCA Labs, Princeton, NJ, 1943.

[103] G. D. Forney. Maximum-likelihood sequence estimation of digital sequences in the presence of intersymbol interference [J]. IEEE Transactions on Information Theory, 1972, 18 (3): 363 - 378.

[104] M. Tüchler, R. Koetter, and A. C. Singer. Turbo-equalization: principles and new results [J]. IEEE Transactions on Communications, 2002, 50 (5): 754 - 767.

[105] D. Reynolds and X. Wang. Low-complexity turbo-equalization for diversity channels [J]. Signal Processing, 2000, 81 (5): 989 - 995.

[106] B. M. Hochwald and S. ten Brink. Achieving near-capacity on a multiple-antenna channel [J]. IEEE Transactions on Communications, 2003, 51 (3): 389 - 399.

[107] S. Haykin, M. Sellathurai, Y. de Jong, and T. Willink. Turbo-MIMO for wireless communications [J]. IEEE Communications Magazine, 2004, 42 (10): 48 - 53.

[108] R. Visoz and A. O. Berthet. Iterative decoding and channel estimation for space-time BICM over MIMO block fading multipath AWGN channel [J]. IEEE Transactions on Communications, 2003, 51 (8): 1358 - 1367.

[109] M. Witzke, S. Baro, F. Schreckenbach, and J. Hagenauer. Iterative detection of MIMO signals with linear detectors [C]. In Conference Record of the Thirty-Sixth Asilomar Conference, 1, 289 – 293, 2002.

[110] G. Bauchand N. Al-Dhahir. Reduced-complexity space-time turbo-equalization for frequency-selective MIMO channels [J]. IEEE Transactions on Wireless Communications, 2002, 1 (4): 819 – 828.

[111] Shoumin Liu and Zhi Tian. Near-optimum soft decision equalization for frequency selective MIMO channels [J]. IEEE Transactions on Signal Processing, 2004, 52 (3): 721 – 733.

[112] X. Wautelet, A. Dejonghe, and L. Vandendorpe. MMSE-based fractional turbo receiver for space-time BICM over frequency selective MIMO fading channels [J]. IEEE Transactions on Signal Processing, 2004, 52 (6): 1804 – 1809.

[113] B. Lu, GuosenYue, and X. Wang. Performance analysis and design optimization of LDPCcoded MIMO OFDM systems [J]. IEEE Transactions on Signal Processing, 2004, 52 (2): 348 – 361.

[114] R. Piechocki. Space-time techniques for W-CDMA and OFDM [D]. University of Bristol, 2002.

[115] R. Price and P. E. Green. A communication technique for multi-path channels [J]. Proceedings of the IRE, 1958, 46 (3): 555 – 570.

[116] J. Boutros and G. Caire. Iterative multiuser joint decoding: unified framework and asymptotic analysis [J]. IEEE Transactions on Information Theory, 2002, 48 (7): 1772 – 1793.

[117] H. Meyr, M. Moeneclaey, and S. A. Fechtel. Synchronization, Channel Estimation, and Signal Processing [M]. Wiley, 1997.

[118] U. Mengali and A. N. D'Andrea. Synchronization Techniques for Digital Receivers [M]. Plenum Press, 1997.

[119] C. N. Georghiades and J. C. Han. Sequence estimation in the presence of random parameters via the EM algorithm [J]. IEEE Transactions on Communications, 1997, 45 (3): 300 – 308.

[120] N. Noels, V. Lottici, A. Dejonghe, H. Steendam, M. Moeneclaey, M. Luise, and L. Vandendorpe. A theoretical framework for soft information based synchronization in iterative (turbo) receivers [J]. EURASIP Journal on Wireless Communications and Networking JWCN, Special issue on Advanced

Signal Processing Algorithms for Wireless Communications, 2005 (2): 117 –129.

[121] A. P. Dempster, N. M. Laird, and D. B. Rubin. Maximum likelihood from incomplete data via the EM algorithm [J]. Journal of the Royal Statistical Society B, 1977, 39 (1): 1 –38.

[122] A. P. Worthen and W. E. Stark. Unified design of iterative receivers using factor graphs [J]. IEEE Transactions on Information Theory, 2001, 47 (2): 843 –849.

[123] J. Dauwels and H. -A. Loeliger. Phase estimation by message passing [C]. In Proc. IEEE International Conference on Communications (ICC), 523 –527, Paris, France, June 2004.

[124] G. Colavolpe, A. Barbieri, and G. Caire. Algorithms for iterative decoding in the presence of strong phase noise [J]. IEEE Journal on Selected Areas in Communications, 2005, 23 (9): 1748 –1757.